COSMOGRAPHIE

ÉLÉMENTAIRE.

COSMOGRAPHIE
ÉLÉMENTAIRE,
DIVISÉE EN PARTIES
ASTRONOMIQUE ET GÉOGRAPHIQUE.

OUVRAGE dans lequel on a tâché de mettre les vérités les plus intéressantes de la Physique céleste, à la portée de ceux même qui n'ont aucune notion de Mathématiques;

AVEC DES PLANCHES ET DES CARTES.

DÉDIÉE à Monseigneur LE DUC D'ANGOULÊME,

PAR M. MENTELLE, Historiographe de Mgr le Comte D'ARTOIS, de l'Académie des Sciences & Belles-Lettres de Rouen, &c. &c.

Opinionum commenta delet dies, Naturæ judicia confirmat.
CICER. L. II, de Nat. Deor. 5.

A PARIS,

Chez l'AUTEUR, hôtel de Mayence, près d'un Notaire, rue de Seine, fauxbourg S. Germain.

M. DCC. LXXXI.

Avec Approbation, & Privilège du Roi.

A V I S.

Le prix de cet Ouvrage broché, est de...... 5 liv.
Avec les Cartes enluminées.................... 5 liv. 12 f.

L'*Auteur le fera parvenir* franc de port, *dans toutes les villes où va la Poste de France : il prie que l'on ait la bonté d'*affranchir *de même les lettres & l'argent qui lui seront adressés à ce sujet.*

Il se fera un devoir d'offrir une remise du cinquième du prix de ce Livre, aussi bien que des deux autres nommés ci-dessous, à ceux de MM. les Souscripteurs de la Géographie comparée qui les feront prendre chez lui ; car les frais de la Poste le privent du plaisir de procurer ce foible avantage à MM. les Souscripteurs auxquels il faudroit l'adresser en province.

On trouve aussi chez l'Auteur les deux Ouvrages suivans qui sont de lui.

Elémens de l'Histoire Romaine, avec une Carte & des Planches, *in-12,* 2 vol. broché. 5 liv.

Géographie abrégée de la Grèce ancienne, *in-8°.* broché. 1 liv. 10 f.

On a fait à l'usage des Collèges & des Maisons d'éducation, une édition de la Cosmographie élémentaire *qui se vend brochée en carton,* 3 liv. 12 f.

A SON ALTESSE ROYALE
MONSEIGNEUR
LE DUC D'ANGOULÊME.

*M*ONSEIGNEUR;

*S'il est honorable pour moi d'avoir obtenu
que mon Ouvrage parût sous les auspices de
VOTRE ALTESSE ROYALE, il n'est
pas moins flatteur d'espérer qu'il pourra
bientôt contribuer à son instruction. Cet*

*a 3

avantage eſt le plus précieux, ſans doute, de ceux auxquels il me fût poſſible d'aſpirer. J'ai principalement cherché, dans cette Coſmographie, à préſenter d'une manière ſimple & élémentaire les vérités ſublimes que l'on a découvertes ſur le Syſtême du Monde, & que l'on ne doit pas ignorer dans le ſiècle éclairé où nous vivons.

Quel que ſoit, d'ailleurs, le ſuccès de mon travail, daignez voir, MONSEIGNEUR, dans cet effort de mon zèle, une foible preuve de mon empreſſement à ſeconder les ſages vues qui dirigent votre éducation, ainſi que du très-profond reſpect avec lequel je ſuis,

De VOTRE ALTESSE ROYALE,

MONSEIGNEUR,

Le très-humble & très-obéiſſant Serviteur,
MENTELLE.

AVERTISSEMENT.

L'Ouvrage que je préfente au Public a pour objet, comme fon titre l'annonce, la defcription de l'Univers. Il eft divifé en deux Parties, l'une Aftronomique, l'autre Géographique.

Dans la première, on trouve expofées, autant qu'il eft poffible de le faire fans calcul, les principales découvertes de l'efprit humain fur le fyftême du Monde. Ces découvertes, & particulièrement celles dont on eft redevable aux grands Géomètres de ce fiècle, font confignées dans de favans Mémoires hériffés de calculs, &, par cette raifon, impénétrables à la curiofité du plus grand nombre des Lecteurs. Il en réfulte que, malgré les progrès immenfes de l'Aftronomie, beaucoup de perfonnes, inftruites d'ailleurs, fe croient fondées à révoquer en doute les vérités les plus inconteftables, & regardent comme encore ignorée la caufe de plufieurs phénomènes, tels que le Flux & le Reflux de la Mer, la Préceffion des Equinoxes, &c. fur laquelle il n'y a plus aujourd'hui la moindre incertitude parmi ceux qui s'occupent de Géométrie, de Phyfique, ou

d'Astronomie. J'ai donc cru rendre un fer-
vice essentiel au Public en lui présentant
les résultats des meilleurs Ouvrages en ce
genre, débarrassés de tout l'appareil de
l'Analyse qui a conduit à ces vérités sublimes. On sent bien que pour remplir
cet objet, il étoit nécessaire de connoître
à fond tout ce qui a été fait sur cette matière. Je dois donc publier, autant par re-
connoissance que pour inspirer de la confiance à mes Lecteurs, que je suis infiniment redevable, pour cette Partie de
mon Ouvrage, à un Géomètre illustre de
l'Académie des Sciences, que sa modestie
m'empêche de nommer, mais que le plaisir de servir l'amitié, & le désir de répandre des vérités intéressantes, ont déterminé à me consacrer quelques momens
de son loisir. Cette Partie Astronomique
est suivie de la description de quelques
machines utiles pour expliquer les principaux phénomènes célestes. Dans la Partie Géographique, je n'ai présenté que les
divisions générales des principales Parties
du Globe Terrestre, dont la connoissance
est absolument indispensable. Ceux qui
desireront de plus grands détails, les trouveront dans ma *Géographie comparée.*

J'espère que ce nouvel Ouvrage sera

utile, non-feulement dans l'éducation de la Jeuneffe, mais encore aux Gens du monde, en mettant à leur portée les grandes vérités de la Phyfique célefte. Le titre de cet Ouvrage pourroit me faire foupçonner de ne répéter ici que ce que j'ai dit au commencement de ma *Géographie comparée ;* mais la manière nouvelle & beaucoup plus étendue avec laquelle tout ce qui concerne l'Aftronomie eft traité dans cette *Cofmographie,* détruira jufqu'à l'idée de ce foupçon. D'ailleurs, en y joignant des *Elémens de Géographie,* j'ai eu en vue cette partie du Public pour laquelle l'acquifition d'un Ouvrage auffi étendu que ma Géographie comparée, feroit trop difpendieufe.

On va voir ci-après le rapport qu'en ont fait MM. les Commiffaires de l'Académie des Sciences.

EXTRAIT DES REGISTRES

De l'Académie Royale des Sciences, du 16 Décembre 1780.

NOUS avons examiné, par ordre de l'Académie, MM. de Montigny, Bézout & moi (1), un Ouvrage de M. MENTELLE, qui a pour titre : *Cosmographie Elémentaire.*

Cet Ouvrage est divisé en deux parties ; la première a pour objet le Système du Monde : voici le plan que l'Auteur a suivi pour traiter cette matière intéressante.

Dans le premier Chapitre, il expose le Système du Monde, tel qu'il est en lui-même ; il présente avec beaucoup de précision & de clarté ce que les observations ont appris de plus remarquable sur le Soleil, les Planètes & leurs Satellites, les Comètes & les Etoiles.

Le second Chapitre a pour objet la cause générale des phénomènes célestes. L'Auteur parle d'abord de la pesanteur en général, & de ses principaux effets. Après avoir donné des notions très-justes sur la pesanteur à la surface de la Terre, il prouve que c'est elle qui retient la Lune dans son orbite, & qu'elle diminue en raison du carré de la distance au centre de la Terre. Il fait voir que c'est en vertu de leur pesanteur vers le Soleil, que les Planètes & les Comètes se meuvent dans des ellipses, conformément aux loix de Képler ; & il en conclut que la pesanteur a lieu généralement entre les plus petites parties de la matière, ensorte qu'à la surface du globe le plus petit que l'on puisse imaginer, il existe, comme à la surface de la Terre, une sorte de pesanteur proportionnelle à sa masse, & qui diminue en raison du carré des distances à son centre. De cette loi générale de la Nature, il déduit les rapports des masses du Soleil, de la Terre, de Jupiter, de Saturne, & les principaux phénomènes de la pesanteur à leur surface. Il considère ensuite les perturbations que les Planètes, leurs Satellites & les Comètes éprouvent en vertu de leur action mu-

(1) M. Du Séjour.

tuelle ; & , à cette occasion , il parle de la diminution
de l'obliquité de l'Ecliptique , & de l'inégalité des périodes des Comètes.

Les effets dont nous venons de parler , dépendent des
attractions des Corps célestes considérés en masse ; il
en existe plusieurs qui tiennent à la différence des attractions de leurs parties. Leur explication termine ce second
Chapitre. L'Auteur y fait voir comment la pesanteur se
forme des attractions de toutes les parties de la Terre :
il présente , autant qu'il est possible de le faire sans calcul ,
les principaux résultats de la Théorie de Newton sur la
figure de la Terre , sur la précession des Equinoxes &
la Nutation de l'axe terrestre , & sur le flux & le reflux
de la mer.

Dans le troisième Chapitre, l'Auteur traite des apparences que les Corps célestes présentent à un Observateur placé sur la surface de la Terre ; ces apparences sont
de deux espèces. Les unes se rapportent au mouvement
des Corps célestes , & les autres à leur lumière. En considérant ces premières , l'Auteur explique avec beaucoup
de clarté tout ce qui est relatif au mouvement diurne
des Corps célestes , à l'inégalité des Saisons , aux rétrogradations des Planètes , & à l'aberration des Etoiles. Il
donne des idées très-exactes sur la longitude & la latitude des lieux de la Terre , sur les différentes manières
de les obtenir , sur la parallaxe , &c. La considération
des apparences relatives à la lumière des Corps célestes
le conduit à parler des Phases de la Lune , de celles de
Vénus, des Eclipses , des passages de Vénus & de Mercure sur le Soleil , & des apparences de l'anneau de Saturne. Enfin il termine ce Chapitre en parlant des Atmosphères du Soleil & des Planètes , & en particulier
de celle de la Terre & de ses réfractions.

On voit , par cet exposé , que l'Auteur n'a rien omis de
tout ce que l'Astronomie offre de plus intéressant ; la
Méthode qu'il a suivie est très-simple : les différens objets
qu'il traite nous ont paru présentés avec beaucoup d'exactitude , de clarté , & de manière à être facilement en-
tendus de ceux même qui n'ont pas des notions bien
étendues en Mathématiques. Pour ne rien laisser à dési-
rer sur une matière aussi importante, M. MENTELLE

expofe dans un *Précis hiftorique* fur l'Aftronomie, les progrès de cette Science, & les obligations dont elle eft redevable aux grands Hommes qui l'ont cultivée dans les différens fiècles: enfin il donne la defcription de quelques machines dont on fait ufage pour expliquer les phénomènes céleftes.

La feconde partie de l'Ouvrage eft deftinée à la Géographie; l'Auteur y donne les notions générales de la Géographie; il décrit avec méthode les principales parties de la furface du Globe, en indiquant les montagnes & les fleuves de chaque Pays, la nature de leur Gouvernement, fes villes les plus confidérables. Il termine cette Partie par une Defcription de la France.

Cette Cofmographie, faite avec foin, fera très-utile à l'éducation de la Jeuneffe & pour les Gens du Monde, en leur donnant des notions parfaitement juftes fur les grandes découvertes que l'on a faites en Aftronomie. La manière fimple, élégante & précife avec laquelle elles font expofées dans cet Ouvrage, doit le faire lire avec intérêt; & il nous paroît très-propre à répandre des vérités importantes qui ne font pas encore fuffifamment connues. Nous croyons en conféquence qu'il mérite l'approbation de l'Académie.

FAIT au Louvre le 16 Décembre 1780.

DE MONTIGNY, BEZOUT, DIONIS DU SÉJOUR.

Je certifie le préfent Extrait conforme à l'Original & au Jugement de l'Académie. Ce 16 Décembre 1780.

Le Marquis DE CONDORCET.

TABLE DES ARTICLES.

PARTIE ASTRONOMIQUE.

CHAPITRE SECOND.

Art. II.

* b

TABLE DES ARTICLES.

PARTIE GÉOGRAPHIQUE.

CHAPITRE QUATRIÈME.

TABLE DES ARTICLES. xxiij

Fin de la Table.

Les Cartes font placées à la fin de chacune des divifions auxquelles elles ont rapport, ainfi:

La Planche des figures eft entre les pages 174 & 175.

La Mappemonde, entre les pages 266 & 267.

La Carte d'Europe, entre les pages 306 & 307.

La Carte d'Afie, entre les pages 338 & 339.

La Carte d'Afrique, entre les pages 366 & 367.

La Carte de l'Amérique feptentrionale, entre les pages 376 & 377.

La Carte de l'Amérique méridionale, entre les pages 386 & 387.

La Carte de la France, entre les pages 426 & 427.

On trouvera dans l'Errata, page 428, des corrections effentielles.

COSMOGRAPHIE

COSMOGRAPHIE ÉLÉMENTAIRE.

INTRODUCTION.

Comme je ferai obligé, dans cette Cosmographie (1), de faire un fréquent usage des notions suivantes d'Arithmétique & de Géométrie, & qu'elles peuvent être facilement entendues de ceux même qui n'ont aucune connoissance de Mathématiques, je vais les exposer ici en peu de mots, pour que l'on ne soit pas obligé de les chercher ailleurs.

NOTIONS D'ARITHMÉTIQUE.

Rapport ou raison de deux grandeurs.

On nomme Rapport ou raison de deux grandeurs, le nombre de fois que la première contient

---

(1) *Cosmographie.* Ce mot est formé de deux mots grecs Κόσμος, *l'Univers*, & de γραφω, *je décris.*

                                                 * A

la seconde : ainsi la raison de 12 à 4 est 3, parce que 12 contient trois fois 4.

Deux grandeurs font en *raison directe*, lorsque l'une d'elles croissant, l'autre croît en même rapport, & devient double ou triple quand la première devient double ou triple. Elles font, au contraire, en *raison inverse* ou *réciproque*, lorsque l'une d'elles croissant, l'autre diminue dans le même rapport, c'est-à-dire, que l'une devenant double ou triple, l'autre est réduite à la moitié ou au tiers.

Carré d'un nombre.

Le Carré d'un nombre est le produit de ce nombre par lui-même : ainsi le carré de 3 est 9, parce que 3 multiplié par 3 donne 9.

Cube d'un nombre.

Le Cube d'un nombre est le produit de ce nombre par son carré. Par exemple, le cube de 3 est 27, parce que ce dernier nombre est le produit de 9, carré de 3, par le nombre 3 lui-même.

Décimales.

Comme on trouvera dans la suite, des nombres composés de chiffres séparés par une virgule, je vais faire entendre ce qu'ils expriment.

Considérons, par exemple, le nombre 34,578 ; nous observerons que les chiffres placés avant la virgule se comptent à l'ordinaire : ainsi le nombre précédent est composé d'abord de 34 unités ; ensuite les chiffres placés après la virgule font des parties de l'unité qui diminuent de dix en dix, à mesure qu'ils s'éloignent de cette virgule : ainſi les unités du 5, qui eſt immédiatement après la virgule, font des *dixièmes* ; les unités du 7 font des *centièmes* ; & les unités du 8 des *millièmes*. D'où il ſuit que le nombre 34,578 eſt égal à 34 unités, 5 dixièmes, 7 centièmes, & 8 millièmes ; ou ce qui revient au même, à 34 unités 578 millièmes ; ou à 34578 millièmes.

Les chiffres qui font après la virgule ſe nomment *Décimales* ; & l'on peut compter comme à l'ordinaire, un nombre qui en renferme. Mais alors ſes unités, au lieu d'être de véritables unités, ne font plus que des dixièmes, s'il y a un chiffre après la virgule ; ou des centièmes, s'il y en a deux ; ou des millièmes, s'il y en a trois ; ou des dix millièmes, s'il y en a quatre, & ainſi de ſuite. Par exemple, le nombre 5793,465 eſt égal à 5 millions 793 mille 465 dix millièmes : & celui-ci, 0,397 eſt égal à 397 millièmes.

Les Décimales font du plus grand uſage dans tous les calculs ; & leur avantage conſiſte en ce que la loi de la diminution de dix en dix des unités d'un chiffre à meſure que l'on va de la gauche vers la droite, s'y trouvant obſervée, toutes les opérations d'arithmétique ſe font avec la même facilité & de la même manière que ſur les nombres entiers.

NOTIONS DE GÉOMÉTRIE.

Cercle.

Si la ligne *o a* (fig. 1) tourne ſur ſon extrémité *o*, elle décrira une figure ronde, que l'on nomme *Cercle*, & le point *a* marquera fucceffivement tous les points de la courbe *a*, *b*, *c*, *f*.

Le point *o* eft *le centre*; la courbe tracée par le point *a*, *la circonférence*.

La ligne *a e* qui paffe par le centre, & partage le Cercle en deux parties égales, s'appelle *diamètre*; fa moitié *a o*, ou *o e*, s'appelle *rayon*.

Chaque point de la circonférence, pouvant toujours être confidéré comme l'extrémité de la ligne *o a*, eft également éloigné de ce centre *o*; ainfi tous les rayons que l'on peut tirer du centre à la circonférence font égaux entre eux.

Chaque portion de la circonférence, grande ou petite, s'appelle *Arc de Cercle*, comme *a b*, *b c*, &c.

Degrés.

On divife la circonférence de tout cercle en 360 parties égales que l'on nomme Degrés, & que l'on exprime ainfi *deg.* ou ° ou ᵈ. Chaque degré fe divife en 60 *minutes*, que l'on exprime par ′; chaque minute en 60 *fecondes*, exprimées par ″; chaque feconde en 60 *tierces* ‴, & ainfi de fuite.

Le demi-cercle *a b e* (fig. 1.) a par conféquent 180ᵈ, & le quart de cercle *a b*, en a 90.

Angle.

Un Angle eft l'intervalle que laiffent entre elles deux lignes, *a o* & *b o*, réunies à l'une de leurs extrémités (fig. 1).

On fuppofe toujours le point où fe réuniffent ces lignes placé au centre *o* d'un cercle tel que *a b c*, & l'on nomme mefure de l'Angle le nombre de degrés d'une portion de circonférence, tracée réellement ou fuppofée, que laiffent entre elles les deux lignes aux extrémités oppofées au point *o*, telle eft la portion *a b*. Le point *o* fe nomme *le fommet de l'Angle.*

Tout Angle qui, comme *a o b*, comprend 90^d, fe nomme *Angle droit*, & les deux lignes qui forment cet Angle font alors perpendiculaires entre elles. Un Angle qui a moins de 90^d, tel que *f o c*, ou *f o e*, eft nommé *Angle aigu* ; & tout Angle qui a plus de 90^d, tel que *a o c*, ou *a o f*, eft appelé *Angle obtus.*

Parallèles.

On nomme *Parallèles* deux lignes telles que A B & C D (fig. 2), qui, dans tous leurs points font à égale diftance l'une de l'autre. Il eft vifible que ces deux droites prolongées à l'infini, foit à droite foit à gauche, ne fe rencontreront jamais. Mais fi deux lignes, telles que M N & O P (fig. 3), finiffent par fe rencontrer ; vers la gauche, par exemple, elles iront en convergeant vers ce côté, & en divergeant, ou en s'écartant l'une de l'autre, vers la droite : confidérées à gauche, elles feront *convergentes* ; & confidérées à droite, elles feront *divergentes.*

Triangle.

On nomme *Triangle* une figure terminée par trois lignes droites, telle eft la figure A B C (fig. 4).

Si l'un des angles du Triangle eft droit, la figure fe nomme *Triangle rectangle*, & le côté oppofé à l'angle droit fe nomme *hypoténufe.* Ce feroit le côté B C, dans le cas où l'angle A feroit droit.

Si l'un des angles du Triangle eft obtus, le triangle fe nomme *obtusangle*.

Et il fe nomme *obliqueangle*, ou *acutangle*, fi les trois angles font aigus.

Les Triangles ont cette propriété générale, que la fomme de leurs angles, ou ce qui revient au même, le nombre des degrés qu'ils renferment, eft toujours égal à deux angles droits, c'eft-à-dire, à 180 ^{d}.

Ellipse.

L'Ellipfe eft une figure ovale (fig. 5) fort effentielle à connoître en Aftronomie. On peut la tracer ainfi.

Aux deux points F f fixez les extrémités d'un fil : au moyen d'une pointe ou d'un crayon qui peut gliffer le long du fil, tracez la courbe M A B dans la partie inférieure, & la courbe B N M dans la partie fupérieure, vous aurez une ellipfe A M N B dont les points F f feront appelés *foyers*. Il eft aifé de fentir que fi les points ou foyers F f fe réuniffoient au point C, l'Ellipfe fe changeroit en un cercle.

Parabole (1).

Mais fi le point f s'éloignoit à l'infini (fig. 6) du point F, la longueur du grand axe feroit infinie, & la portion finie M B N de l'Ellipfe formeroit une courbe que l'on nomme *Parabole*.

---

(1) *Parabole.* Ce mot eft formé de Παρα, *par*, & de ϐαλλω, *jetter au loin*.

On voit ainſi que la Parabole n'eſt qu'une Ellipſe infiniment alongée, & dont les foyers s'éloignent à l'infini; & par conſéquent qu'une Ellipſe dont les foyers ſont très-éloignés l'un de l'autre, ſe confond ſenſiblement avec une Parabole dans une petite partie de ſa circonférence.

Tangente.

Une ligne telle que P H Q (fig. 5) qui ne fait que toucher l'Ellipſe, ou plus généralement une courbe quelconque, ſe nomme *Tangente* de cette courbe.

Sphère.

Si l'on conçoit un demi-cercle A M B (fig. 7) tourner autour de ſon diamètre A B, il formera, par ſa révolution, un ſolide que l'on nomme *Sphère.*

Il eſt clair que tous les points de la ſurface de ce ſolide ſeront également éloignés du centre C, & que tous les rayons menés du centre à cette ſurface ſeront égaux entre eux & perpendiculaires à la ſurface.

Sphéroïde de révolution.

Si, au lieu de faire tourner un cercle A M B (fig. 7) ſur l'axe A B, on faiſoit tourner une autre courbe quelconque, telle qu'une demi-Ellipſe, cette courbe produiroit par ſa révolution un ſolide que l'on nomme *Sphéroïde de révolution*, & qui, dans le cas où la courbe eſt une demi-Ellipſe, s'appelle *Ellipſoïde de révolution.*

A 4

Inclinaison de deux Plans.

Que l'on imagine deux Plans A M B & A N B, (fig 8) qui se coupent suivant la droite A B ces deux Plans formeront un angle entre eux. Pour le mesurer, il faut faire passer perpendiculairement à ces deux Plans un cercle M N R O, dont le centre C soit sur leur intersection A B ; le nombre de degrés que renfermera l'arc M N de ce cercle, compris entre les deux Plans, sera la mesure de l'angle qu'ils forment, ou, ce qui revient au même, de l'inclinaison de l'un de ces Plans sur l'autre.

COSMOGRAPHIE

ÉLÉMENTAIRE,

PARTIE ASTRONOMIQUE.

JE traiterai dans le Premier Chapitre des Corps célestes & de leurs mouvemens, tels qu'ils font en eux-mêmes, & tels que les observations nous les ont fait connoître. Dans le second, je traiterai de la cause générale qui produit ou qui entretient tous ces mouvemens. J'expliquerai dans le troisieme, les apparences que les Corps célestes doivent présenter à un Spectateur placé sur la Terre. Enfin, pour ne rien laisser à desirer sur une matière aussi importante, je terminerai cette Partie de mon Ouvrage, par une Histoire abrégée de l'Astronomie.

CHAPITRE PREMIER.

Des Corps célestes, & de leurs mouvemens tels qu'ils font en eux-mêmes.

ON comprend sous le nom de Corps célestes, le SOLEIL, les PLANÈTES, leurs SATELLITES; les COMÈTES, & les ETOILES. Le Soleil, les Planètes, leurs Satellites & les Comètes, forment enfemble ce que l'on nomme notre *Syftême Pla-nétaire*. Les Etoiles fixes appartiennent à d'autres Syftêmes, ainfi je n'en parlerai qu'après avoir expofé ce qui appartient au nôtre.

Les obfervations nous ont appris que c'eft autour du Soleil que la Terre, ainfi que les autres Planètes, & même les Comètes font leurs révolutions.

Il paroît donc naturel de parler d'abord de cet Aftre, & de voir enfuite ce qui fe paffe autour de lui dans l'efpace.

ARTICLE PREMIER.

Du Soleil.

1°. LE Soleil eft un corps fphérique & lumi-neux par lui-même, qui nous paroît ftable au milieu de l'Univers. Je dis qu'il nous *paroît*, par-ce qu'en effet la théorie fait appercevoir qu'il doit éprouver un léger déplacement, par l'action des Planètes fur lui; & que d'ailleurs il eft probablement emporté dans l'efpace par un mou-vement commun à tout notre fyftême. J'aurai occafion de revenir dans la fuite fur cet objet.

2°. En eftimant le diamètre du Soleil en lieues, il eft évalué par les dernières obfervations, à 319397 lieues, comprenant chacune 2283 toifes. Ce diamètre eft 111 fois & $\frac{1}{48}$ plus grand que celui de la Terre, d'où il fuit que le Soleil eft prefque 1 million 400 mille fois plus gros qu'elle, parce que les Sphères étant entre elles, comme les cubes de leurs diamètres, le cube de 111 $\frac{1}{48}$ est, en nombre rond, 1 million 400 mille.

3°. On a depuis plus d'un siècle, découvert des taches sur la surface du Soleil : en les observant on est parvenu à s'assurer que cet astre a un mouvement de rotation sur lui-même, en 25 j. & 12 h. à-peu-près.

Son axe de rotation est incliné d'environ 82 ^{d} 30′, par rapport au plan de l'orbite de la Terre.

4°. C'est du Soleil, comme d'un foyer toujours subsistant, que nous vient la lumière dont nous jouissons pendant le jour, ainsi que celle de la Lune & des Planètes que ces corps nous renvoient par réflection.

Cette lumière du Soleil ne nous parvient pas dans un seul instant ; elle emploie *huit* minutes environ à faire ce trajet ; ainsi, dans cet intervalle de tems, elle parcourt 34,761,680 lieues. Nous verrons ci-après comment on s'est assuré de la réalité & de la quantité de ce mouvement progressif de la lumière.

Les rayons de lumière, tels qu'ils nous viennent du Soleil, sont composés d'une infinité de rayons homogènes de différentes couleurs. Ils se décomposent à la surface de la Terre, par les réfractions & les réflections qu'ils éprouvent. Delà naît cette variété prodigieuse de couleurs répandue sur toute la nature ; mais ce n'est pas ici qu'il convient de traiter cet objet purement physique, ni d'entrer dans le détail des belles expériences, à l'aide desquelles Newton est parvenu à ces grandes découvertes.

ARTICLE II.

Des Planètes.

POUR mettre plus d'ordre & de clarté dans ce que je dirai des Planètes, je vais le diviſer en pluſieurs Paragraphes au moyen deſquels on en pourra ſuivre les détails, ſans perdre de vue l'enſemble.

§. I.

Des noms des Planètes, & des figures par leſquelles on les déſigne quelquefois.

Les Planètes (fig. 9), dans l'ordre de leur proximité au Soleil ſont :

Mercure, ☿.

Venus, ♀.

La Terre, ♁.

Mars, ♂.

Jupiter, ♃.

Saturne, ♄.

J'ai mis à côté de ces différens noms l'eſpèce de ſigne ſymbolique par lequel on déſigne quelquefois les Planètes, au lieu de les nommer : & afin que l'on y attache une idée qui les fixe plus profondément dans la mémoire, je vais mettre ici l'explication que l'on en donne ordinairement.

Le ſigne de Mercure, ☿, eſt *un caducée.*

Celui de Vénus, ♀, *un miroir* avec ſon manche.

Celui de la Terre, ♁, *une boule* ſurmontée d'une croix.

Celui de Mars, ♂, *une flèche* avec *un bouclier.*

Celui de Jupiter, ♃, *un Z barré.* Le Z eſt la premiere lettre de *Zeus* (Ζεύς), nom de Jupiter en langue grecque.

Enfin celui de Saturne, ♄, eſt *une faulx,* emblême du tems, dont les Mythologues ont ſuppoſé que ce perſonnage étoit le Dieu.

On nomme Planètes *inférieures* celles qui ſont plus près que la Terre du Soleil ; & Planètes *ſupérieures,* celles qui en ſont plus éloignées.

§. II.

Diamètre des Planètes.

On ſe tromperoit beaucoup ſi l'on croyoit que la groſſeur de chaque Planète eſt relative à ſon éloignement du Soleil, puiſque la Terre qui en eſt plus près que Jupiter, eſt plus petite que lui ; tandis qu'il eſt plus gros que Saturne qui cependant eſt la Planète la plus éloignée du Soleil.

Il faut donc, autant qu'il eſt poſſible, retenir la grandeur de leurs différens diamètres, évalués en lieues. Je vais les préſenter ici en y joignant le diamètre du Soleil.

	Diamètre en lieues.
Le Soleil	319397
Mercure	1166
Vénus	2748
La Terre	2865
Mars	1899
Jupiter	32264
Saturne	28600

Si, pour ſe former une idée de la ſurface

respective de ces Planètes, on vouloit tracer sur un papier des cercles qui en eussent les proportions, on pourroit partir du diamètre de la Terre, en l'estimant *d'une ligne* : alors on auroit pour représenter

Le Soleil, un cercle de *neuf pouces trois lignes* de diamètre, ou, ce qui revient au même, de **111** lignes.

Mercure, un cercle d'*un peu moins d'une demi-ligne*.

Venus, un cercle de *presque une ligne*.

La Terre, un cercle d'*une ligne*.

Mars, un cercle d'*un peu plus d'une demi-ligne*.

Jupiter, un cercle de *onze lignes*.

Saturne, un cercle d'*un peu moins de dix lignes*.

§. III.

Des Orbites des Planètes en général, & des Élémens de ces Orbites.

Les Planètes décrivent autour du Soleil, non des Cercles, mais des Ellipses : on les appelle orbites des Planètes, (fig. 9).

Avant de parler de ce qui est particulier à chacune de ces orbites, je vais exposer d'abord ce qui leur est commun à toutes en général, & définir ce que l'on nomme *Elémens des orbites des Planètes.*

Par Elémens des orbites des Planètes on entend les *lignes* & les *points* principaux de ces orbites, qui en déterminent la nature.

Excentricité.

Le Soleil n'occupe pas le centre (fig. 5) C de l'Ellipse B A M N que décrit une Planète quelconque ; mais il eſt placé à l'un des foyers F de cette Ellipſe. La diſtance CF eſt ce que l'on nomme *Excentricité*: elle n'eſt pas fort conſidérable, & les orbites des Planètes ſont à-peu-près circulaires.

Périhélie & Aphélie (1).

On peut remarquer dans la circonférence des orbites des Planètes, quatre points principaux.

Celui où la Planète eſt dans ſa plus grande proximité du Soleil, & que l'on nomme *Périhélie;*

Celui où elle eſt dans ſon plus grand éloignement, & que l'on nomme *Aphélie;*

Et ceux où elle eſt à une diſtance moyenne.

Ainſi l'Ellipſe B A M N étant toujours ſuppoſée l'orbite d'une Planète, dont le Soleil occupe le foyer F ; l'extrémité B du grand axe, la plus voiſine de F ſera le point du Périhélie ; l'autre extrémité M ſera le point de l'Aphélie ; & les deux extrémités A & N du petit axe A N feront les points des diſtances moyennes. La diſtance F A qui eſt toujours égale à la moitié du grand axe B M, eſt ce que l'on nomme *diſtance moyenne.*

Nœuds & inclinaiſons des orbites.

La poſition des différentes orbites des Planètes dans l'eſpace, n'eſt pas la même : elles ſont inclinées les unes par rapport aux autres. Pour déterminer ces inclinaiſons, on les rap-

---

(1) *Périhélie* & *Aphélie.* Dans ces deux mots, *hélie* vient du grec Hᵘλιος, *le Soleil;* le mot περι ſignifie *autour, auprès;* αφ' ou απο marque l'éloignement.

porte à un plan commun qui eſt celui de l'orbite de la Terre, que l'on nomme *Ecliptique* (1).

Le plan de chaque orbite coupe celui de
l'Ecliptique : les points où ces orbites le coupent
ſe nomment *nœuds* ; & l'on nomme *ligne des nœuds*
celle qui eſt ſuppoſée aller d'un nœud à l'autre.
On voit ainſi que les nœuds ſont aux deux
endroits où cette ligne rencontre l'orbite de la
Planète.

L'inclinaiſon du plan de chaque orbite par
rapport à l'orbite de la Terre, & la poſition
de la ligne des nœuds, déterminent ſa ſituation
dans l'eſpace.

Ainſi dans l'orbite de chaque Planète, il y
a cinq choſes à conſidérer.

1°. Sa *moyenne diſtance*, qui eſt la moitié de
ſon grand axe.

2°. Son *excentricité.*

3°. La *poſition* de l'Aphélie & du Périhélie.

4°. La *Ligne des nœuds.*

5°. L'*inclinaiſon* de ſon plan ſur celui de l'orbite terreſtre ou de l'Ecliptique.

C'eſt-là ce que l'on nomme *Elémens des orbites
des Planètes.*

Les obſervations ont appris que ces Elémens
ne ſont pas les mêmes dans les différens ſiècles.
Leurs changemens ſont, à la vérité, peu ſenſibles dans l'intervalle d'un petit nombre d'années. Mais ils le deviennent lorſque l'on compare
l'état actuel du Ciel avec celui des tems reculés.

---

(1) *Ecliptique* vient du grec Ἐκλεπεῖν, *défaillir, éclipſer.*
On a ainſi nommé ce cercle, parce que c'eſt dans ſon
plan qu'arrivent les Eclipſes.

§. IV.

§. IV.

Des loix selon lesquelles les Planètes se meuvent dans leurs orbites.

Les Planètes se meuvent dans leurs Ellipses suivant certaines loix qu'il est très-important de connoître.

Le tems qu'une Planète, partie du point B (fig. 5), emploie à revenir à ce même point, est ce que l'on nomme *sa révolution*. Sa vîtesse, en parcourant son orbite, n'est pas uniforme. Le point B du Périhélie est celui où sa vîtesse est la plus grande. Elle va ensuite en diminuant, à mesure que la Planète s'avance vers l'Aphélie M ; & lorsqu'elle y est parvenue, sa vîtesse est la plus petite possible. Elle recommence à augmenter ensuite par les mêmes degrés, suivant lesquels elle avoit diminué, jusqu'à ce qu'elle soit revenue à son Périhélie.

Pour faire connoître la loi du mouvement de cette Planète, j'obferverai que l'on nomme *rayon vecteur*, toute ligne droite, telle que F T, menée du foyer F, où est le Soleil, à l'orbite de la Planète.

Cela posé, Képler a trouvé par l'observation, que la Planète se meut de B en T, de manière que la surface B F T, comprise entre les rayons vecteurs B F, T F, & l'arc B T de l'Ellipse, croît proportionnellement au tems que la Planète emploie à parcourir cet arc. Ainsi, après un tems double, si la Planète se trouve en R, ce n'est pas l'arc B R qui est double de l'arc B T ; c'est la surface B F R qui est double de la surface B F T.

La loi précédente est relative au mouvement particulier de chaque Planète dans son orbite ; mais il existe une autre loi aussi importante, découverte de même par Képler, & qui lie entre eux les mouvemens des différentes Planètes.

Cette loi consiste en ce que *les carrés des tems des révolutions de deux Planètes quelconques, font entre eux comme les cubes de leurs distances moyennes au Soleil.* Un exemple rendra ceci plus sensible.

La moyenne distance de la Terre au Soleil est à celle de Jupiter à ce même astre, à-peu-près comme 10 est à 52. Les cubes de ces distances font par conséquent dans le rapport du cube de 10 à celui de 52, c'est-à-dire comme 10 est à 1407, à-peu-près.

Or la durée de leurs révolutions est ,
Pour la Terre , de 365 jours ¼.
Pour Jupiter , de 4332 jours.

Et les carrés de ces nombres font entr'eux comme 1877 à 13341 , ou, ce qui revient au même , comme 10 à 1407. Il y a donc le même rapport entre les carrés des tems des révolutions, qu'entre les cubes des distances moyennes de ces deux Planètes ; & la même chose a lieu pour toutes les autres.

Les deux loix que je viens d'exposer font d'autant plus importantes, qu'elles suffisent , à bien peu de chose près, pour déterminer à chaque instant la position de chaque Planète dans son orbite. Il ne faut pas dissimuler cependant qu'elles ne font pas rigoureusement exactes , & que toutes les Planètes, & principalement Jupiter

& Saturne, s'en écartent un peu. Je parlerai ci-
après de la cause de ces légères altérations.

§. V.

*Grandeur des principaux Elémens des orbites de
chaque Planète en particulier.*

Après avoir exposé ce qui concerne le mouvement des Planètes en général, je vais donner
la valeur particulière des principaux Elémens
de leurs orbites.

1°. *Distance moyenne de chaque Planète au Soleil.*

Cette distance moyenne est celle que l'on
emploie ordinairement dans les calculs d'Astronomie (1). C'est aussi celle à laquelle il convient
de s'arrêter ici ; elle est :

lieues.

Pour Mercure de 13456204
Pour Vénus de 25144250
Pour la Terre de 34761680
Pour Mars de 52966122
Pour Jupiter de 180794791
Pour Saturne de 331604504

En supposant que l'on trouvât quelque difficulté à retenir ces nombres, on conservera
au moins une idée du rapport qui existe
entre eux, par celui qui se trouve entre les
nombres 4, 7, 10, 15, 52, 95 ; & qui est,
à-peu-près le même, c'est-à-dire :

(1) *Astronomie* vient de αστρον, *astre*, & de νόμος, *distri-
bution.*

Que Mercure *n'est pas à la moitié* de la diftance de la Terre ;

Que Vénus est *prefqu'à la moitié & demie ;*

Que Mars *est à une fois & demie* de cette diftance;

Que Jupiter *est plus de cinq* fois plus loin ;

Et que Saturne *l'est plus de neuf* fois.

2°. *Tems des révolutions de chaque Planète.*

De la différente diftance des Planètes au
Soleil , il réfulte néceffairement auffi une différence dans le tems qu'elles emploient à faire
leurs révolutions. La Planète la plus près eft celle
qui emploie le moins de tems , & celle qui
eft la plus éloignée en emploie le plus , ainfi
que l'on va le voir.

Mercure fait fa révolution en . . . . . . 87 j. 23 h.
Vénus en . . . . 224 j. 18 h.
La Terre en . . . . 365 j. 6 h. 9′ 10″.
Mars en . . . . 1 an. & 321 j. 22 h.
Jupiter en . . . . 11 ans & 33 j.
Saturne en . . . . 29 ans & 155 j.

Remarque. La révolution de la Terre fe nomme
année *fidérale* (1) , parce que c'eft le tems que cette
Planète, vue du Soleil, emploie à revenir au même
point du ciel , ou , fi l'on veut, à la même Etoile.

Les tems des révolutions des Planètes font
plus confidérables lorfqu'elles font plus éloignées du Soleil , non-feulement parce qu'elles
décrivent des orbites plus grandes , mais encore
parce que leur vîteffe eft moindre. Saturne ,
par exemple , décrit une orbite prefque dix

---

(1) *Sidérale* vient du latin *Sidus*, Etoile.

fois plus grande que celle de la Terre, & cependant il emploie trente fois plus de tems à la décrire : sa vîtesse n'est donc à-peu-près que le tiers de celle de la Terre. On conclut facilement de la deuxième des loix de Képler que j'ai exposée dans le paragraphe précédent, que les vîtesses moyennes des Planètes font réciproquement comme les racines carrées de leurs moyennes distances au Soleil.

Toutes les Planètes se meuvent d'Occident en Orient ; & l'identité de cette direction de mouvement est une des choses les plus singulières du système du monde. Nous verrons, en parlant des Satellites, qu'ils se meuvent dans le même sens ; & c'est aussi le sens dans lequel les Planètes se meuvent sur elles-mêmes. Nous verrons encore ci-après que les plans des orbites des Planètes & des Satellites font peu inclinés les uns aux autres, & que ces orbites font, à-peu-près, circulaires ; ensorte que tout paroît indiquer, avec la plus grande vraisemblance, une cause générale qui a imprimé aux Planètes & aux Satellites les mouvemens qui les animent. Mais quelle est cette cause physique ? C'est ce que personne n'a pu déterminer jusqu'ici d'une manière satisfaisante.

3°. *Excentricité des différentes Planètes.*

Les foyers de chacune des Ellipses que décrivent les Planètes autour du Soleil, ne font pas à une égale distance des centres de ces Ellipses. En supposant la distance moyenne de la Terre au Soleil, divisée en 100000 parties, voici le nombre des parties correspondantes que renferme l'excentricité de chaque Planète :

Parties.

Pour Mercure 7970
Pour Vénus 505
Pour la Terre 1680
Pour Mars 14170
Pour Jupiter 25078
Pour Saturne 54381

4°. Inclinaison des différentes orbites.

J'ai dit précédemment que les plans des orbites des Planètes, étoient inclinés les uns par rapport aux autres, & que cette inclinaison s'estimoit relativement à l'Écliptique.

Cette inclinaison est,
Pour l'orbite de Mercure, de 6° 59′ 20″
Pour celle de Vénus, de . . . 3° 23′ 20″
Pour celle de Mars . . . . . 1° 51′
Pour celle de Jupiter . . . . 1° 19′ 10″
Pour celle de Saturne . . . . 2° 30′ 10″

Remarque. Il ne faut pas perdre de vue ce que j'ai dit, que les *excentricités* des Planètes, & l'*inclinaison* de leurs orbites, ne sont pas les mêmes dans les différens siècles ; c'est pourquoi je préviens que les valeurs précédentes, sont celles qui ont eu lieu au milieu de ce siècle, c'est-à-dire au commencement de 1750.

§. VI.

Des mouvemens des Planètes sur elles-mêmes.

Le plus grand nombre des Planètes paroît avoir un mouvement de rotation sur son axe ; voici, du moins, celles dont ce mouvement *appelé diurne*, est connu :

Vénus fait sa révolution sur elle-même en 23 h. 20′.

La Terre en . . . . 23 h. 56′ 4″.

Mars en . . . . 25 h. 40′.

Jupiter en . . . . 9 h. 50′.

Il est extrêmement probable, que Mercure & Saturne ont également un mouvement de rotation sur eux-mêmes. Si l'on n'a pu jusqu'à présent s'en assurer, cela tient, pour Saturne, au grand éloignement où cette Planète se trouve de nous, ce qui nous empêche d'observer ses taches : car, ce n'est qu'au moyen de la disparition & du retour des taches d'une Planète, que l'on s'assure de sa rotation. Quant à Mercure, comme il est fort près du Soleil, il nous paroît presque toujours plongé dans ses rayons, ce qui nous empêche aussi d'y observer des taches.

Mais l'analogie nous porte à croire que ces deux Planètes sont douées d'un mouvement de rotation, ainsi que les autres.

D'ailleurs il est naturel de penser que le mouvement *de translation* des Planètes autour du Soleil, & leur mouvement *de rotation* sur elles-mêmes, viennent de ce que la force primitive, quelle qu'elle soit, qui les a mises en mouvement, n'a pas passé par leur centre ; car, il est prouvé géométriquement que, pour qu'une

B 4

Planète n'eût point de mouvement de rotation, il feroit indifpenfable que cette force eût exactement paffé par fon centre, ce qui eft infiniment peu probable, puifque ce centre eft un point unique.

Les deux points oppofés fur lefquels une Planète tourne, fe nomment *Pôles* (1).

La ligne qui les joint, & qui paffe par le centre de la Planète, fe nomme *Axe de rotation*.

Le grand cercle qui, fur cette Planète, auroit tous fes points également diftans des deux Pôles, fe nomme *Équateur* (2).

Tous les cercles que l'on pourroit tracer fur cette Planète, en les faifant paffer par les Pôles, fe nomment *Méridiens* (fig. 10) : *p*, *p*, indiquent les Pôles ; *a*, *a*, l'Axe de rotation, qui eft fuppofé dans l'intérieur de la Planète ; *e*, *e*, *e*, *e*, l'Équateur ; *p m p m*, *p n p n*, *p o p o*, les Méridiens.

Je donnerai dans la fuite la raifon de ces différentes dénominations.

§. VII.

De la figure des Planètes, & en particulier de celle de la Terre.

Les Planètes, en conféquence de leur mouvement de rotation, prennent une figure applatie à leurs Pôles ; en forte que leur diamètre eft moins grand dans ce fens, que dans le fens de l'Équateur. Voici le réfultat des recherches que l'on a faites fur la figure de la Terre.

---

(1) *Pôle* vient du grec Πωλεῖν, *tourner*.
(2) *Equateur* vient du latin *Æquare*, divifer en parties égales.

La figure de la Terre eft à-peu-près celle d'une boule ou d'une fphère (1) dont le rayon eft de 1432 lieues $\frac{1}{2}$, à raifon de 13693 pieds, ou, ce qui revient au même, de 2282 toifes par lieue. On a cru pendant long-tems qu'elle étoit parfaitement ronde. Newton & Huyghens fe font apperçus les premiers, qu'elle devoit être un peu applatie vers les Pôles. Huyghens fe fondoit fur ce qu'en vertu du mouvement de rotation de la Terre, les parties voifines de l'Équateur décrivant de plus grands cercles, tendent avec plus de force à s'éloigner du centre de la Terre; à-peu-près comme nous voyons les corps lancés par une fronde s'éloigner avec d'autant plus de vîteffe, que le mouvement de la fronde eft plus rapide.

Huyghens trouvoit, d'après cette confidération, que la Terre étoit une Ellipfoïde de révolution, & que fon diamètre à l'Équateur, devoit furpaffer l'axe de rotation de $\frac{1}{578}$, ou de 6 lieues environ.

En partant d'un principe que je ferai bientôt connoître, Newton trouva une différence plus grande entre les deux axes, & il démontra, qu'en fuppofant la Terre homogène, cette différence devoit être de $\frac{1}{230}$ ou de 13 lieues.

Jufqu'alors la théorie feule donnoit à la Terre une figure applatie vers les Pôles, car les degrés du Méridien, que l'on mefura depuis dans une grande étendue de la France, au commencement de ce fiècle, fembloient indiquer un applatiffement en fens contraire.

_____

(1) *Sphère* vient du grec Σφαῖρα, *boule* ou *globe.*

Cette contradiction entre la théorie & les obfervations fit naître quelques difputes dans le fein
de l'Académie des Sciences. Les partifans de
l'applatiffement de la Terre vers les Pôles, ob-
fervoient, avec raifon, que la différence des
degrés du Méridien, mefurés en France, étoit
trop peu confidérable, pour que les erreurs les
plus légères dans les obfervations, n'influaffent
pas très-fenfiblement dans les réfultats : on pro-
pofa donc, pour décider la queftion, de mefurer *deux* degrés du Méridien, l'un vers le Pôle,
l'autre à l'Équateur. Le Miniftre éclairé (1), qui
avoit alors l'Académie dans fon département,
fentit l'importance de cette opération, & la fit
agréer au Roi ; en conféquence plufieurs Académiciens François allèrent mefurer la grandeur
d'un degré, à Tornéa, en Laponie, tandis que
d'autres allèrent à Quito dans le Pérou.

Il réfulte des opérations de ces Académiciens,
faites avec tout le foin poffible, que les degrés
du Méridien, font d'autant plus grands qu'ils font
plus près du Pôle : c'eft ce que l'on voit par
l'expofé fuivant :

Le degré du Méridien eft,

Toifes.

Sous l'Equateur, de 56757
En France, de 57050
En Laponie, de 57405

La queftion de l'applatiffement de la Terre eft
donc réellement décidée par ces mefures, &

---

(1) M. le Comte de Maurepas.

l'on peut affurer que cette Planète eft applatie vers fes Pôles, ainfi que Huyghens & Newton l'avoient avancé, car des degrés plus grands fuppofent une moindre courbure, ou, ce qui revient au même, un plus grand applatiffement.

Cependant il faut obferver que la figure de la Terre n'eft point régulière, & que la courbure de fes différens Méridiens n'eft pas exactement elliptique, comme les deux grands Géomètres que j'ai nommés plus haut, l'avoient conclu de leur théorie.

Quant à Jupiter, felon M. l'abbé de la Caille, le diamètre de fon Équateur, furpaffe d'un douzième l'axe qui paffe par fes Pôles, enforte que cette Planète eft la plus applatie de toutes celles de notre fyftême, ce qui vient de ce que fon mouvement de rotation eft le plus rapide, puifque, comme on l'a vu, elle tourne fur elle-même en 9 h. 50′ : fon axe eft incliné au plan de fon orbite, d'environ 87^d.

§. VIII.

De la Préceffion des Equinoxes, & de la Nutation de l'axe de la Terre.

J'ai déjà obfervé que la Terre tourne fur elle-même en 23 h. 56′ 4″. L'axe fur lequel elle tourne eft incliné au plan de l'Ecliptique de 66 $^d\frac{1}{2}$ environ, enforte que le plan de l'Equateur fait avec celui de l'Ecliptique un angle de 23 $^d\frac{1}{2}$, ou plus exactement, de 23 ^{d} 28′ : cet angle eft ce que l'on appelle *obliquité de l'Ecliptique.*

Il ne faut pas croire que cette obliquité foit toujours la même, fa variation eft à la vérité

peu fenfible ; mais, en comparant les obfervations anciennes aux obfervations modernes, on
trouve qu'elle va en diminuant, & que, depuis
deux mille ans, elle a diminué de 18 ou 20
minutes; fi cette diminution n'avoit point de
bornes, l'Ecliptique & l'Equateur viendroient un
jour à fe confondre, enforte que, dans cette
pofition, le Soleil étant conftamment dans le
plan de l'Equateur, il régneroit un printems
perpétuel fur la Terre entière. Quelques Philofophes ont cru que cela étoit arrivé & pourroit
arriver encore. J'expoferai ce que l'on peut
conjecturer à cet égard, en parlant de la caufe
de cette diminution de l'obliquité de l'Ecliptique.
Il fuffira d'obferver ici qu'elle dépend d'un changement dans la pofition de l'orbite de la Terre ;
changement que nous avons vu avoir lieu pour
toutes les Planètes.

L'Equateur coupe l'Ecliptique en deux points
que l'on nomme *Points Equinoxiaux ;* & je
nommerai *Ligne des Equinoxes*, ou fimplement
Ligne Equinoxiale (1) la ligne qui paffe par le
centre de la Terre & qui les joint. Ainfi (fig. 11)
T étant le centre de la Terre, T R B A H C fon
orbite, ou l'Ecliptique, M L E R fon Equateur;
on doit concevoir le plan de cet Equateur, non
pas couché fur le plan de l'Ecliptique, mais in-
cliné de 23 $^{d}\frac{1}{2}$: la ligne d'interfection M E de ces
deux plans eft la *Ligne Equinoxiale.* On la nomme
ainfi, parce que l'Equinoxe a lieu lorfque cette
ligne prolongée, paffe par le centre du Soleil S.

(1) Le mot *Equinoxial* vient du latin *nox*, nuit, &
æquus, a, um, égal, égale.

Il eſt clair que cela arrive dans les deux points oppoſés de l'orbite, T & A ; dans tous les autres points, la Ligne Equinoxiale M E, conſervant toûjours à-peu-près ſon paralléliſme pendant le mouvement de la Terre, eſt au-deſſus ou au-deſſous du Soleil S.

Si cette Ligne M E n'avoit point de mouvement autour du centre T de la Terre, il eſt viſible que les Equinoxes arriveroient toûjours lorſque la Terre ſeroit aux points T & A de ſon orbite. Mais tandis que la Terre ſe meut, cette ligne elle-même a un petit mouvement ; enſorte que, lorſque la Terre ſe mouvant dans le ſens T B A C, arrive au point C, la poſition de cette ligne n'eſt plus ſuivant la droite M E, parallèle à T A, mais ſuivant la droite V C K, qui fait avec M E le petit angle E C K, la Ligne des Equinoxes ayant eu un petit mouvement de E en K, c'eſt-à-dire, en ſens contraire de celui de la Terre, qui ſe fait de C vers T ; & c'eſt par cette raiſon que ce mouvement eſt dit *rétrograde.*

En vertu de cette nouvelle poſition, le prolongement de la Ligne Equinoxiale V C K, rencontre le Soleil avant que la Terre ſoit revenue au point T : l'Equinoxe arrive ainſi plutôt que l'année précédente. C'eſt-là le phénomène connu ſous le nom de *Préceſſion des Equinoxes.*

On voit par-là que l'intervalle entre deux Equinoxes du Printemps, & que l'on nomme *année tropique* (1), ou *année civile,* eſt moindre

---

(1) *Tropique* vient du grec Τρωπη, & ſignifie *retour.* On verra dans la ſuite que l'on a donné ce nom à deux

que la révolution moyenne de la Terre, de tout l'intervalle de tems que la Terre emploie à aller de C en T. Suivant les obfervations, l'angle E C K eft de 50″ ⅓. Cet angle eft égal à l'angle C S T. Or la Terre, décrivant environ 59′ de degré par jour, emploie 20′ 22″ de tems à décrire ces 50″ ⅓, ou l'arc C T. D'où il fuit que l'année *tropique*, ou *civile*, eft plus courte que l'année *fidérale* de 20′ 22″. Et comme nous avons vu ci-deffus que cette dernière eft de 365 j. 6 h. 9′ 10″; l'année *tropique* doit être de 365 j. 5 h. 48′ 48″.

Hipparque de Bithinie (1), qui vivoit vers l'an 140 avant J. C., eft le premier qui ait reconnu la Préceffion des Equinoxes. Dans le fiècle préfent, l'illuftre Bradley a fait fur cet objet une découverte non moins importante, & qui avoit dû néceffairement échapper aux inftrumens trop peu exacts dont les Anciens faifoient ufage.

Pour donner une idée de cette découverte, nous obferverons que, durant le mouvement de la Ligne des Equinoxes, l'axe de la Terre conferve toujours à-peu-près la même inclinaifon fur le plan de l'Ecliptique; mais cela n'eft pas rigoureufement exact; & M. Bradley a découvert que fon inclinaifon eft fujette à de très-petites ofcillations qui l'*élèvent* & qui l'*abaiffent* alternativement fur le plan de l'Ecliptique. L'étendue de ces ofcillations eft de 18″ environ:

Cercles au-delà defquels le Soleil nous paroît ne pas s'avancer.

(1) La Bythinie étoit une contrée de l'Afie mineure.

c'eſt ce que l'on nomme *Nutation de l'axe de la Terre.* Sa période eſt d'environ dix-huit ans. Nous verrons ci-après qu'elle eſt exactement la même que celle du mouvement des nœuds de la Lune dont elle dépend.

En même tems que l'axe de la Terre s'élève ou s'abaiſſe ſur le plan de l'Ecliptique, la Ligne des Equinoxes, outre ſon mouvement moyen de 50" ⅓ par an, fait encore de petites oſcillations qui, ſuivant qu'elles s'ajoutent à ce mouvement moyen, ou qu'elles lui ſont contraires, l'accélèrent ou le retardent un peu ; enſorte que ſon mouvement réel autour du centre de la Terre, n'eſt pas exactement uniforme. On a déſigné ces petites inégalités par le nom d'*Equation de la Préceſſion des Equinoxes* ; & leur période eſt la même que celle de la nutation.

§. IX.

Récapitulation concernant les Planètes.

Pour rapprocher ce qui a été dit des Planètes, je vais en préſenter les principaux réſultats dans le tableau ſuivant.

TABLEAU des principaux résultats concernant les Planètes.

NOMS DES PLANÈTES.	DIAMÈTRES DES PLANÈTES EXPRIMÉS		
	En lieues de 2283 toises.	En diamètre de la Terre.	En résultats de comparaison au diamètre de la Terre.
LE SOLEIL.	319377	111 $\frac{1}{48}$.	111 fois aussi grand.
MERCURE.	1166	0,4070	N'ayant que $\frac{2}{5}$.
VÉNUS...	2748	0,9593	Plus petite de $\frac{1}{25}$.
LA TERRE.	2865	1	N'en ayant que $\frac{3}{11}$.
MARS...	1899	0,6628	N'en ayant que $\frac{2}{3}$.
JUPITER...	32264	11,262	11 fois $\frac{1}{4}$ aussi grand.
SATURNE.	28600	9,9825	10 fois aussi grand.

GROSSEUR des Planètes comparée à celle de la Terre.

	En nombres ronds.	En nombres précis.
LE SOLEIL.	1400000 fois plus gros.	1385478.
MERCURE.	La 15.e partie de la Terre.	0,067407
VÉNUS...	Plus petite de $\frac{1}{9}$.	0,88281.
LA TERRE.		
MARS...	$\frac{7}{24}$ ou plus petite de $\frac{1}{9}$.	0,29116.
JUPITER...	1400 fois.	1428.
SATURNE.	1000 environ.	995.

MOYENNES

MOYENNES DISTANCES.

Du Soleil	Lieues de 2283 toises.
A Mercure	13456204
A Vénus	25144350
À la Terre	34761680
A Mars	52966122
A Jupiter	180794791
A Saturne	331604504

RÉVOLUTIONS

Noms des Planètes.	Diurnes.	Annuelles.
Le Soleil.	22j. 12h.	
Mercure.	. . . .	87j. 23h.
Vénus . . .	23h. 20′	224j. 18h.
La Terre.	23h. 56′ 4″	365j. 6h. 9′ 10″.
Mars . . .	24h. 40′	1 an 322j. 22h.
Jupiter . .	9h. 50′	11ans 33j.
Saturne .	. . . .	29ans 155j.

Excentricité en cent millièmes parties de la distance moyenne de la Terre au Soleil.		Obliquité des Orbites.
Mercure .	7970.	6° 59′ 20″.
Vénus . . .	505.	3° 23′ 20″.
La Terre.	1680.	0.
Mars . . .	14170.	1° 51′.
Jupiter . .	25078.	1° 19′ 10″.
Saturne .	54381.	2° 30′ 20″.

ARTICLE III.

Des Satellites (1).

ON entend par Satellites des Planètes, des corps célestes, ou, si l'on veut, des Planètes d'un ordre inférieur, qui ne font leurs révolutions autour du Soleil, que parce qu'elles font emportées par les Planètes autour desquelles elles tournent pendant que celles-ci se meuvent autour de cet astre.

Les seules Planètes auxquelles on a reconnu des Satellites, font la *Terre*, *Jupiter* & *Saturne*. On a soupçonné que Vénus en avoit un; mais les observations de ce Satellite font trop incertaines, pour que l'on se permette ici de prononcer sur son existence.

§. I.

De la Lune.

Le Satellite qui accompagne la Terre dans son cours se nomme *Lune*. C'est un corps à très-peu de chose près sphérique, opaque, & qui ne nous envoie que la lumière qu'il reçoit du Soleil.

La Lune décrit autour de la Terre une orbite presque circulaire, qui n'est pas exactement dans le plan de l'Ecliptique, mais qui lui est inclinée d'environ *cinq* degrés. Les points où cette orbite coupe l'Ecliptique, se nomment *Nœuds de l'orbite de la Lune ;* & la ligne qui les joint

_____

(1) *Satellites* s'est dit des *gardes* qui accompagnent un homme qui leur est supérieur, ou dont ils répondent.

& qui paſſe par le centre de la Terre, ſe nomme *Ligne des nœuds.*

La poſition de la Ligne des nœuds n'eſt pas conſtante ; elle a un mouvement autour du centre de la Terre, & ce mouvement eſt rétrograde, c'eſt-à-dire qu'il ſe fait en ſens contraire de celui de la Lune. Ce Satellite ſe meut comme la Terre, d'Occident en Orient ; & le mouvement de la Ligne des nœuds ſe fait au contraire d'Orient en Occident. Cette Ligne fait un tour entier dans l'intervalle de 18 ans environ.

L'inclinaiſon de l'orbite lunaire à l'Ecliptique eſt variable : la plus petite eſt de 4^d $58' \frac{1}{2}$, & la plus grande de 5^d $17' \frac{1}{2}$.

La diſtance de la Lune à la Terre eſt variable de même. Sa moyenne eſt de 86324 lieues, & elle varie d'environ un dix-huitième, ſoit en plus, ſoit en moins.

Son diamètre vu de la Terre, dans ſa moyenne diſtance, paroît ſous un angle de $31' 31''$. Dans ſa plus grande diſtance il paroît ſous un angle plus petit, & qui n'eſt que de $29' 28''$. Mais dans ſa plus petite diſtance cet angle eſt de $33' 36''$.

On appelle *Périgée* (10), le point de l'orbite de la Lune où elle eſt le plus près de la Terre ; & *Apogée*, celui où elle en eſt le plus loin. Ces deux points ſont, à très-peu de choſe près, diamétralement oppoſés ; mais ils ne ſont pas fixes. Ils ſe meuvent autour de la Terre. Le tems d'une révolution entière de ces points autour de la Terre eſt d'environ 19 ans.

---

(1) *Périgée & Apogée* ſont formés des mêmes prépoſitions que Périhélie, &c. avec le mot Γη, *Terre.*

Le mouvement de ce Satellite dans son orbite est assujetti à un grand nombre d'autres inégalités, dont le détail seroit déplacé dans cet ouvrage. J'obsérverai seulement qu'elles ont, dans tous les tems, exercé la patience & la sagacité des Géomètres & des Astronomes; & que ce n'est que dans ces derniers tems que l'on est parvenu à les représenter exactement par des Tables. *

Le diamètre de la Lune est de 782 lieues, & sa masse n'est qu'un quatre-vingtième environ de celle de la Terre.

Elle n'est pas exactement sphérique; mais la différence est insensible aux observations, & ce n'est que la théorie qui la fait connoître.

La Lune nous présente toujours, à-peu-près, la même face, ce qui n'arriveroit pas si ce Satellite ne tournoit pas sur lui-même. Car il est visible que dans ce cas, à mesure qu'il avanceroit dans son orbite, il nous découvriroit un nouvel hémisphère. Il est de plus nécessaire que la Lune tourne sur elle-même dans le même tems qu'elle tourne autour de la Terre, c'est-à-dire en 27 j. 7 h. & quelques minutes. Si ces deux mouvemens étoient parfaitement les mêmes, nous verrions toujours exactement la même face de la Lune. Mais à cause des petites inégalités auxquelles l'un & l'autre de ces mouvemens sont assujettis, il arrive que la Lune nous découvre & nous cache successivement quelques-unes de ses parties. C'est le phénomène que l'on nomme *Libration* (1).

_____

(1) *Libration.* Ce mot vient du latin *librare*, balancer.

On diftingue trois révolutions de la Lune.

La révolution *fidérale* qui eft fon retour à une même Etoile : elle eft de 27 j. 7 h. 43′ 11″ 5.

La révolution *périodique* (1) qui a rapport aux Equinoxes, & qui doit être un peu moindre que la précédente, à raifon du mouvement rétrograde des Equinoxes : cette révolution eft de 27 j. 7 h. 43′, 4″, 65.

La révolution *fynodique* (2), c'eft-à-dire le retour de la Lune vue de la Terre au Soleil, eft de 29 j. 12 h. 44′, 2″, 9. La raifon pour laquelle elle eft plus grande que les précédentes, vient de ce que, tandis que la Lune s'avance d'Occident en Orient, la Terre fe meut auffi d'Occident en Orient, & le Soleil nous paroît s'avancer dans le même fens. D'où il fuit que lorfque la Lune eft revenue au même point de fon orbite, elle a encore un peu de chemin à faire avant de fe retrouver en conjonction avec le Soleil.

Je renvoie au troifième Chapitre de cet Ouvrage, ce qui regarde les apparences de ce Satellite, comme *Phafes*, *Eclipfes* (3).

---

(1) *Périodique* vient de deux mots grecs, πέρι, *autour*, & ὁδός, *chemin ;* c'eft-à-dire, *la révolution entière.*

(2) *Synodique* vient de deux mots grecs, σύν, *avec,* & ὁδός, *chemin ;* c'eft-à-dire, *chemins qui concourent enfemble.*

(3) *Phafes* fe dit des différens afpects de la Lune : en *Croiffant*, en *Pleine Lune*, &c. Ce mot vient de Φασις, *apparition.* Il en fera parlé ailleurs.

§. II.

Des Satellites de Jupiter.

Autour de Jupiter font *quatre* Satellites ou quatre Lunes, qui font leurs révolutions en décrivant des orbites prefque circulaires. On nomme *premier* Satellite celui qui eft le plus près de Jupiter, & les autres fuivent le même ordre pour leur dénomination.

Tems de la révolution des Satellites de Jupiter.

Premier . . . . 1 j. 18 h. 29′.
Second . . . . 3 j. 23 h. 10.
Troifième . . . . 7 j. 4 h. 0.
Quatrième . . . . 16 j. 18 h. 5.

Ces Satellites font affujettis, dans leurs mouvemens, à la belle loi découverte par Képler, fur les tems des révolutions des Planètes, comparés à leurs moyennes diftances. C'eft-à-dire que les carrés des tems des révolutions de ces Satellites font pareillement entre eux, comme les cubes de leurs diftances moyennes à Jupiter.

On peut donc, au moyen de cette règle, déterminer le rapport des diftances moyennes des trois derniers Satellites à celles du premier. Voici ces diftances moyennes en demi-diamètres de cette Planète.

Moyennes diſtances des Satellites de Jupiter.

Premier . . . . 5 $\frac{7}{10}$.
Second. 9
Troiſième 14
Quatrième . . . . 25 $\frac{3}{10}$.

Ils ſe meuvent, comme Jupiter, d'Occident
en Orient. Les plans de leurs orbites ſont peu
inclinés au plan de l'orbite de Jupiter, comme
on va le voir.

Inclinaiſon des orbites des Satellites de Jupiter.

Orbite du premier Satellite . . . . 3° 18'.
Orbite du ſecond . . . . 3° 8'.
Orbite du troiſième . . . . 3° 18'.
Orbite du quatrième . . . . 2° 36'.

Ces inclinaiſons ſont variables, & celles
que je viens de rapporter ſont les inclinaiſons
moyennes.

D'ailleurs les mouvemens de ces Satellites
ſont aſſujettis à beaucoup d'irrégularités que
l'obſervation & la théorie ont fait connoître.
Je parlerai, dans le troiſième Chapitre, de leurs
Eclipſes & des avantages que l'on en a retiré
pour les progrès de la Géographie.

§. III.

Des Satellites & de l'Anneau de Saturne.

Saturne a cinq Satellites qui ſe meuvent dans
des orbites preſque circulaires. Voici les tems
de leurs révolutions.

Tems des révolutions des Satellites de Saturne.

Premier . . . . 1 j. 21 h. 13′.
Second . . . . 2 j. 17 h. 41′.
Troisième . . . . 4 j. 12 h. 25′.
Quatrième · . . . . 15 j. 22 h. 41′.
Cinquième . . . . 79 j. 7 h. 47′.

Ces Satellites, ainsi que ceux de Jupiter, sont assujettis à la loi de Képler dont nous avons parlé. Voici quelles sont leurs distances moyennes à Saturne, en demi-diamètres de cette Planète.

Distance moyenne du premier Sat. . 4 $\frac{89}{100}$.
Du second . . . . 6 $\frac{27}{100}$.
Du troisième . . . . 8 $\frac{75}{100}$.
Du quatrième . . . . 20 $\frac{3}{10}$.
Du cinquième . . . . 59 $\frac{15}{100}$.

Les orbites des quatre premiers Satellites, sont situés dans le plan de l'anneau de Saturne dont je vais parler, & inclinés d'environ 31^d $\frac{1}{3}$ à l'Ecliptique. A l'égard du cinquième, son orbite est inclinée d'environ 15^d au plan de l'Ecliptique.

Anneau de Saturne..

Saturne présente des phénomènes très-singuliers qui ont été observés la première fois par Galilée ; & depuis, Huyghens a fait voir qu'ils étoient produits par un anneau dont cette Planète est entourée (fig. 30).

Cet anneau est fort mince, presque plan & concentrique à sa Planète. Son diamètre est à celui de cette Planète, comme 3 est à 7. L'espace vide entre le globe & l'anneau est à-peu-près égal à la largeur de l'anneau, & cette largeur est environ égale à un tiers du diamètre de Saturne.

Son plan est incliné d'environ 31ᵈ 20′ sur l'Ecliptique.

Cet anneau n'est point lumineux par lui-même. Semblable à toutes les Planètes, il réfléchit la lumière qu'il reçoit du Soleil.

Je parlerai dans le troisième Chapitre des phases de cet anneau.

ARTICLE IV.

Des Comètes (1).

Les Comètes ne diffèrent des Planètes qu'en ce que leurs orbites, au lieu d'être presque circulaires, font des Ellipses extrêmement alongées. D'ailleurs elles font assujetties, dans leurs mouvemens, aux belles loix de Képler, dont j'ai parlé à l'article des Planètes.

Le Soleil occupe le foyer commun de leurs Ellipses ; & elles s'y meuvent de manière que leur rayon vecteur décrit des surfaces ou aires proportionnelles aux tems.

Elles ne font visibles que dans la partie de leur orbite voisine du Soleil. Lorsqu'elles font dans leur aphélie, elles font trop éloignées de nous pour être apperçues.

---

(1) *Comète* vient du grec κομήτες, *chevelure*, formé du mot κομη, *chevelure en cheveux*. On leur donnoit ce nom parce que l'on ne reconnoissoit guère autrefois pour des Comètes que celles qui paroissoient traîner après elles une longue chevelure.

On conçoit qu'à ce grand éloignement du Soleil, elles doivent éprouver un froid rigoureux ; mais leur chaleur augmente à mesure qu'elles s'en rapprochent ; & celles qui, dans leur périhélie, en font très-voifines, éprouvent une chaleur exceffive. Suivant Newton, la Comète de 1680, dont la diftance périhélie étoit cent foixante-fix fois moindre que la diftance de la Terre au Soleil, dut éprouver, en paffant par ce point, une chaleur prefque 2000 fois plus forte que celle d'un fer rouge.

Cette chaleur doit raréfier & élever en vapeurs les fluides qui font à la furface de ces Comètes ; & c'eft-là, felon toutes les apparences, ce qui forme leurs queues.

La Parabole n'étant, comme on l'a vu dans l'Introduction, qu'une Ellipfe infiniment alongée, on fent bien qu'une portion très-petite d'une Ellipfe fort alongée fe confond très-fenfiblement avec une Parabole. Voilà pourquoi l'on calcule les mouvemens des Comètes dans une orbite parabolique, en déterminant l'efpèce de Parabole qui fe confond avec l'orbite de la Comète, dont on a plufieurs obfervations. On nomme Elémens de cette Parabole, tout ce qui détermine fa nature & fa pofition dans l'efpace.

On a déjà obfervé 64 Comètes, relativement auxquelles ces élémens font connus. Lorfque les élémens d'une nouvelle Comète font, à-peu-près, les mêmes que ceux d'une Comète déjà obfervée, on eft fondé à croire que cette nouvelle Comète eft la Comète obfervée qui reparoît. C'eft ainfi que Hallei, en comparant les élémens des Comètes obfervées en 1531, 1607,

& 1682, trouva qu'ils étoient à-peu-près les mêmes, & conjectura qu'ils appartenoient à une seule & même Comète dont la révolution est de 75 ans. Il prédit, en conséquence, son retour pour l'année 1758 ou 1759 ; & l'événement a justifié la hardiesse de cette prédiction.

On croit aussi que la Comète qui a paru en 1532 est la même que celle qui a paru depuis en 1661 ; & l'on attend son retour vers 1789 ou 1790.

Quand on connoît le tems de la révolution d'une Comète, on peut déterminer le grand axe de son orbite, & par conséquent la plus grande distance à laquelle elle s'éloigne du Soleil. Il suffit pour cela de faire cette proportion : *le carré du tems de la révolution d'une Planète quelconque, de la Terre, par exemple, est au carré du tems de la révolution de la Comète, comme le cube du grand axe de l'orbite de la Planète est au cube du grand axe de l'orbite de la Comète.* En retranchant ensuite de ce grand axe la distance périhélie de la Comète, on a sa distance aphélie, ou, ce qui est la même chose, son plus grand éloignement du Soleil.

Les Comètes ne se meuvent pas toutes d'Occident en Orient, comme les Planètes. Les unes se meuvent d'Orient en Occident, & d'autres d'Occident en Orient. Plusieurs d'elles ont des orbites très-inclinées au plan de l'Ecliptique. Il paroît donc que la cause qui les a mises en mouvement dans l'espace, n'est pas la même que celle qui a lancé les Planètes, ou du moins que son action sur elles a été très-différente. Les Comètes, si l'on peut s'exprimer ainsi, semblent avoir été jetées au hafard ; tandis que les Planètes & leurs Satellites fe mouvant dans le même fens, prefque fur le même plan, dans des orbites prefque circulaires, indiquent, comme je l'ai déjà dit, une caufe de mouvement qui leur eft commune.

La grande variété du mouvement des Comètes & les irrégularités auxquelles elles font affujetties dans leurs mouvemens, & dont j'indiquerai ci-après la caufe, ont fait croire à quelques Philofophes que la Terre avoit été autrefois bouleverfée par une d'elles, ou qu'elle pourroit l'être un jour.

On ne peut nier que cela ne foit poffible, mais en même tems on doit le regarder comme très-peu vraifemblable. L'effet des Comètes n'eft guère à craindre que dans le cas où elles viendroient à frapper la Terre. Or, fi l'on confidère l'immenfité de l'efpace relativement aux volumes d'une Comète & de la Terre, & toutes les conditions requifes pour leur choc mutuel, on voit que cet effet eft infiniment peu probable, fur-tout dans un auffi court efpace que l'intervalle de la vie ; enforte qu'aucun homme raifonnable ne doit s'effrayer d'un pareil danger. (*Voyez fur les Comètes l'excellent Ouvrage de M. Du Sejour*).

Mais, d'un autre côté, fi l'on fait attention que le choc de la Terre par une Comète, quoique très-peu vraifemblable dans l'efpace d'un fiècle, le devient un peu plus dans l'efpace de deux, & ainfi de fuite ; on verra que l'on peut tellement multiplier le nombre des fiècles, que non-feulement ce choc devient probable, mais qu'il feroit même étonnant qu'il n'arrivât pas.

On pourroit donc regarder comme certain que ce phénomène a eu lieu, s'il étoit permis de reculer indéfiniment l'origine du Monde; & l'on rendroit ainfi raifon d'un grand nombre de faits d'hiftoire naturelle. Mais les livres faints s'oppofent à de pareilles explications, à moins que l'on ne penfe avec Wifthon, que Dieu s'eft fervi de l'action d'une Comète pour produire le déluge univerfel.

ARTICLE V.

Des Etoiles fixes.

LES Etoiles fixes (1) font autant de Soleils répandus dans la vafte étendue des cieux. On s'eft affuré que les plus brillantes, & que, par cette raifon, on foupçonne être les plus voifines de nous, font au moins 27 mille fois plus éloignées que le Soleil. L'analogie nous porte à croire qu'il y a autour d'elles, comme autour de notre Soleil, des Planètes qui font leurs révolutions.

On a reconnu de bonne-heure, pour l'ufage de l'Aftronomie, qu'il étoit néceffaire de les claffer par grouppes d'une certaine étendue, qui compriffent un nombre plus ou moins grand d'Etoiles; c'eft ce que l'on nomme *Conftellations*. On leur a donné différens noms pris, en grande partie, dans la Mythologie. Les plus connues font celles du Zodiaque & celle de la petite Ourfe.

(1) *Etoile* eft formé du latin *Stella* qui a le même fens.

On appelle *Zodiaque* une bande ou zône dans le ciel qui renferme les orbites des Planètes & de leurs Satellites. Sa largeur est d'environ 16 degrés, dont huit sont au-dessus de l'Ecliptique, & huit au-dessous. L'Ecliptique coupe donc le Zodiaque dans sa largeur en deux parties égales, pendant que, dans sa circonférence, il est partagé en douze constellations. Voici les noms de ces constellations.

Constellations du Zodiaque (1).

Noms François.	Noms Latins.	Signes qui les représentent.
Le Bélier . . .	*Aries*	♈
Le Taureau . .	*Taurus*	♉
Les Gemeaux .	*Gemini*	♊
L'Ecrevisse . .	*Cancer*	♋
Le Lion	*Leo*	♌
La Vierge . . .	*Virgo*	♍
La Balance . .	*Libra*	♎
Le Scorpion . .	*Scorpius*	♏
Le Sagittaire .	*Sagittarius* . . .	♐
Le Capricorne.	*Caper*	♑
Le Verseau . .	*Amphora*	♒
Les Poissons .	*Pisces*	♓ (2).

(1) *Zodiaque* vient du Grec Ζῶον, *animal*; parce que plusieurs des signes du Zodiaque portent le nom d'animaux.

(2) Les six premiers de ces Signes sont appelés *septentrionaux*, parce que le Soleil paroit les parcourir lorsqu'il est entre l'Equateur & le Pôle septentrional; les six autres s'appellent *méridionaux*, parce que cet astre paroit les parcourir lorsqu'il est entre l'Equateur & le Pôle méridional.

Et comme le Soleil paroît toujours monter depuis son

La conftellation de la petite Ourfe eft remarquable, en ce que fa queue, formée de trois Étoiles, fe termine prefqu'au Pôle, c'eft-à-dire, au point du ciel où iroit aboutir l'axe de la Terre prolongé vers le Nord.

On diftingue les Etoiles par leurs différens degrés de clarté, en Etoiles de la *première*, de la *feconde*, de la *troifième* grandeur, &c. Mais quelques-unes d'elles offrent des fingularités trop remarquables dans leur éclat, pour les paffer fous filence.

Au mois de Novembre de l'année 1572, il parut prefque tout-à-coup une Etoile dans la conftellation de Caffiopée : dès le 7 du même mois, elle étoit plus brillante qu'aucune des Etoiles de la première grandeur, & prefqu'égale en clarté à Vénus dans fon plus grand éclat ; elle refta ainfi ftationnaire pendant quelques femaines : enfuite elle diminua infenfiblement, & finit par difparoître au mois de Mars de l'année 1574.

En 1604, Képler obferva une Etoile à-peu-près femblable dans la conftellation du Serpentaire. La durée de fon apparition, fut d'environ 15 mois ; on ceffa de la voir au commencement de 1606.

---

entrée dans le Signe du Capricorne jufqu'au Signe de l'Ecreviffe, on nomme quelquefois Signes *afcendans* les Signes du Capricorne, du Verfeau, des Poiffons, du Bélier, du Taureau & des Gémeaux ; & Signes *defcendans*, ceux fous lefquels le Soleil paroît defcendre : ce font l'Ecreviffe, le Lion, la Vierge, la Balance, le Scorpion & le Sagittaire. Ceci s'entendra mieux dans la fuite.

Cé qu'il y a de fingulier dans ces deux phéno-mènes, c'eft que ces Etoiles n'ont point paru changer de place : d'où l'on conclut qu'elles étoient beaucoup au-delà de Saturne.

Il eft impoffible de favoir fi elles reparoîtront un jour : on peut cependant le conjecturer avec vraifemblance , fi l'on confidère qu'il y a des Etoiles dont l'apparition eft périodique : telle eft entr'autres une Etoile placée dans la conftella-tion du Cygne , qui , pendant une période de 15 ans , eft 10 ans apparente & 5 ans invifible.

Quant à la caufe de ces phénomènes on l'ignore. Quelques Philofophes ont cru que ces Etoiles avoient un côté lumineux & l'autre obfcur , & qu'en tournant fur elles-mêmes , elles nous pré-fentoient fucceffivement ces deux côtés ; d'autres ont penfé que , par un mouvement de rotation rapide , elles prenoient une figure très-applatie vers leurs Pôles , ce qui leur donnoit très-peu d'épaiffeur dans ce fens , & une très-grande largeur dans le fens de leur Equateur ; & qu'en-fuite , par l'action des Corps qui les environ-noient , elles fe préfentoient fucceffivement à nos yeux dans le fens de leur largeur , auquel cas elles devenoient vifibles : mais ce ne font là que des conjectures , fur lefquelles il eft impof-fible de rien décider.

Quoique les Etoiles paroiffent ftationnaires , les unes à l'égard des autres , & que , par cette raifon , on les ait nommées *fixes;* cependant, en les obfervant avec attention , on a découvert des mouvemens particuliers dans quelques-unes des plus brillantes ; celui d'Arcturus eft très-fenfible , & l'on a trouvé qu'il eft de 2′ 30″

en

en 66 ans. Il eſt très-vraiſemblable qu'en les obſervant exactement durant un grand nombre de ſiècles, on découvrira dans toutes des mouvemens plus ou moins conſidérables.

Il ne faut pas, au reſte, attribuer entiérement ces mouvemens aux Etoiles : il eſt très-poſſible qu'il n'y en ait qu'une partie de réelle, & que l'autre ne ſoit qu'apparente, & occaſionnée par le mouvement du Soleil, qui, ſuivant toutes les apparences, emporte avec lui dans l'eſpace, tout notre ſyſtême Planétaire.

De la Voie lactée (1).

La *Voie lactée* eſt cette blancheur, de forme irrégulière, que l'on apperçoit dans un tems ſerein, & qui ſemble entourer le Ciel comme une ceinture. En l'obſervant avec le Téleſcope (2), on y découvre un grand nombre de petites Etoiles, ce qui a donné lieu de penſer qu'elle étoit formée de la réunion d'une multitude preſque infinie d'Etoiles, trop voiſines les unes des autres pour être diſtinguées. Il paroît d'ailleurs que dans la ſuppoſition même où la Voie lactée auroit été une matière lumineuſe répandue dans l'eſpace, elle ſe feroit raſſemblée depuis long-tems, en forme de globes lumineux ou d'Etoiles; à moins qu'on ne la regarde comme une matière en vapeurs, à-peu-près ſemblable aux queues

---

(1) *Voie lactée*, ou voie de lait, c'eſt-à-dire *blanche*. Cette épithète eſt formée du latin *lac*, lait.

(2) *Téleſcope* vient de deux mots grecs: τῆλε, loin, & de ϭκέπϳoμαι, voir.

* D

des Comètes, opinion que des gens fort éclairés ne m'ont pas paru éloignés d'admettre.

On voit encore dans d'autres parties du ciel de petites blancheurs qui, à la vue simple, reſſemblent à des Etoiles peu lumineuſes : elles ſont connues ſous le nom de *nébuleuſes*. Vues au Teleſcope, elles paroiſſent être ou un amas de petites étoiles, ou une vapeur blanche, large & de forme irrégulière. Il paroît qu'elles ſont en petit ce que la Voie lactée eſt en grand, & qu'elles dépendent d'une cauſe ſemblable.

ARTICLE VI.

De la pluralité des Mondes.

EN conſidérant le ſyſtême de l'Univers tel qu'il vient d'être décrit, il ſe préſente une queſtion bien intéreſſante à réſoudre, & qui conſiſte à ſavoir ſi les autres Planètes ſont habitées comme la Terre. On ſent facilement que le fil de l'analogie peut ſeul nous conduire dans cette matière ; mais on doit convenir qu'elle nous porte, avec la plus grande vraiſemblance, à penſer que ſur les autres Planètes, comme ſur la nôtre, il exiſte des êtres vivans & ſenſibles, qui jouiſſent, comme nous, du ſpectacle de la nature & de ſes avantages, & qui naiſſent, ſe reproduiſent & périſſent d'une manière ſemblable. Pour nous convaincre de cette vérité, imaginons un obſervateur placé au loin dans l'eſpace, & conſidérant tout le ſyſtême planétaire. Il verra tourner les Planètes autour du Soleil, dans cet ordre de diſtance : Mercure, Vénus, la Terre, Mars, Jupiter & Saturne ; il les verra tourner fur elles-mêmes ; la Terre lui paroîtra une des plus petites, & bien inférieure à Jupiter. Et fi le nombre des Satellites & la fucceffion rapide des jours & des nuits eft favorable à la végétation & à l'exiftence des êtres organifés, Jupiter lui paroîtra fous ce rapport avoir un grand avantage fur la Terre. Je demande préfentement fur laquelle de toutes ces Planètes, l'obfervateur dont je parle, imaginera de préférence des êtres animés, & fi la Terre ne fera pas une des dernières auxquelles il accordera cet avantage ? L'obfervation fuivante vient encore à l'appui de cette confidération.

La tendance à l'organifation que la matière nous femble avoir à la furface de la terre, paroît être une propriété auffi générale que la pefanteur dont je ferai voir l'univerfalité dans le Chapitre fuivant. Il eft donc naturel de croire que la matière s'organife d'une infinité de manières à la furface de toutes les Planètes, & qu'il exifte ainfi fur elles un grand nombre d'animaux & de végétaux. Mais comme la température influe beaucoup fur l'organifation, & que les différences qui en réfultent font très-fenfibles fur la terre, il eft probable que les êtres organifés ne font pas les mêmes fur les différentes Planètes, & que fur Mercure ils font très-différens de ceux qui font fur Saturne. Peut-être exifte-t-il fur Jupiter des êtres doués d'une intelligence bien fupérieure à la nôtre, & qui, ayant un plus grand nombre de fens, ont des connoiffances que nous ne pouvons pas même foupçonner.

D 2

En étendant ces remarques aux Etoiles, on conjecture, avec beaucoup de vraisemblance, qu'elles sont les Soleils d'autant de Mondes planétaires habités comme le nôtre. On peut juger par-là de l'immensité de cet Univers, & de la petitesse de l'homme, ainsi que de celle du globe qu'il habite.

CHAPITRE SECOND.

De la cause générale qui produit & qui entretient les mouvemens des Corps célestes.

APRÈS avoir exposé les Phénomènes célestes (1) tels que les observations nous les ont fait connoître, je vais parler de la cause générale qui les produit. Il n'entre pas dans le plan de cet Ouvrage de donner les preuves mathématiques, au moyen desquelles on est parvenu à s'assurer de son existence. Ces preuves sont trop compliquées pour trouver place dans des leçons élémentaires. D'ailleurs, ceux qui desireront acquérir des connoissances plus approfondies sur cet objet, peuvent consulter les Ouvrages de Newton & des grands Géomètres de ce siècle. Mon dessein est seulement de faire connoître les principaux résultats de leurs calculs, & de les mettre, autant qu'il est possible, à la portée de ceux qui n'auroient pas même de notions de Géométrie.

Quoique les vérités suivantes, destituées de l'appareil des calculs qui ont servi à les faire connoître, ne puissent pas généralement produire le même degré de certitude qu'elles ont pour tous ceux qui sont en état de suivre ces

_____

(1) *Phénomène* vient de φαίνειν, *paroître, apparoître, briller.*

calculs, j'efpère cependant que l'enchaînement
de ces vérités & la fimplicité du principe qui
leur fert de bafe, infpirera beaucoup plus de
confiance que les fyftêmes les plus vraifem-
blables. Mais comme il eft fouvent arrivé que
les conjectures les plus ingénieufes ont été
démenties par l'obfervation & l'expérience ; je
crois, pour ôter toute efpèce de foupçon fur
la vérité de ce qui va fuivre, devoir préve-
nir mes lecteurs qu'il ne s'agit pas ici d'un fyftême plus ou moins ingénieux, au moyen duquel
on explique d'une manière vague les phénomènes ; mais qu'il s'agit d'un principe clair &
précis dont l'exiftence eft démontrée par des
obfervations multipliées & inconteftables, &
dont les phénomènes dérivent par une fuite de
raifonnemens géométriques qui détruiroient irré-
vocablement ce principe, fi les phénomènes
étoient différens de ce qu'ils font. Ce grand
avantage de pouvoir être foumis à un calcul
rigoureux, eft ce qui diftingue la théorie de
la gravitation univerfelle, de toutes les conjectures imaginées avant fa découverte, pour expliquer le fyftême du monde ; & c'eft ce qui la
met à l'abri des révolutions qu'elles ont éprou-
vées. Car, de même que les découvertes d'Ar-
chimède fur l'Hydroftatique (1), & celles de
Galilée fur la pefanteur, n'ont fouffert aucune
variation depuis le tems de ces grands Géomètres
jufqu'à nos jours ; par la raifon qu'elles font

_____

(1) *Hydroftatique* eft une fcience qui s'occupe de la
pefanteur des liquides. Ce mot eft formé de ὕδωρ, *eau*, &
de ἵστημι, *pefer*.

les réfultats du calcul & de l'expérience ; de même auffi on peut affurer que la fublime Théorie de Newton, fur le Syftême de l'Univers, ne fera que fe confirmer de plus en plus par les découvertes ultérieures, ainfi qu'on l'a déjà éprouvé depuis que cette Théorie a été généralement adoptée dans le monde favant.

SECTION PREMIÈRE.

De la Pefanteur en général, & de fes principaux effets.

ARTICLE PREMIER.

Ce que c'eft que la Pefanteur.

ON nomme *pefanteur* cette force par laquelle un corps abandonné à lui-même, fe précipite vers la terre. Il n'en eft aucun fur la furface du globe qui ne foit affujetti à fon action ; & fi quelques-uns, tels que la vapeur de la fumée, &c. s'élèvent au lieu de defcendre, c'eft qu'étant fpécifiquement plus légers que le fluide dans lequel ils nagent, la pefanteur des parties de ce fluide les force de remonter à fa furface.

Tous les corps obéiffent également, & avec la même vîteffe, à la pefanteur, lorfqu'aucun obftacle ne les empêche. Ainfi dans le vuide de la machine pneumatique, une plume & une balle de plomb tombent de la même hauteur dans le même efpace de tems. De-là il eft aifé

D 4

de conclure, en vertu des principes les plus simples de la méchanique, que la pesanteur est proportionnelle à la masse, c'est-à-dire qu'un corps qui renferme deux ou trois fois plus de matière qu'un autre, est deux ou trois fois plus pesant. On peut donc, par la pesanteur, estimer les rapports des corps hétérogènes, tels que l'or, l'argent, &c., & déterminer leur densité respective.

La Pesanteur est perpendiculaire à la surface de la Terre, & à celle de l'Océan qui la recouvre en grande partie : car on démontre en Hydrostatique, que la mer, & généralement un fluide quelconque, ne peut être en équilibre, à moins que la direction de la Pesanteur ne soit perpendiculaire à sa surface. Il s'ensuit que si la Terre étoit parfaitement Sphérique, la Pesanteur seroit dirigée suivant son rayon, & par conséquent toutes les directions de la Pesanteur iroient se réunir au centre de la Terre ; mais cette Planète n'étant pas exactement une Sphère, comme je l'ai déjà dit, la Pesanteur n'est pas dirigée précisément vers son centre.

Lorsqu'on a lancé un corps en l'air, on le voit s'élever & retomber ensuite en décrivant une ligne courbe, que Galilée a démontré être une *parabole*. Sans l'action de la Pesanteur, ce corps continueroit de se mouvoir uniformément dans la direction, suivant laquelle il a été lancé ; mais la Pesanteur agissant sur lui à chaque instant, le détourne sans cesse de sa direction, en l'abaissant vers la Terre, & le force ainsi à décrire une parabole.

L'action de la Pesanteur n'est pas bornée à la

furface de la Terre ; elle agit encore dans fon intérieur ainfi qu'au fommet des plus hautes montagnes. Il eft donc très-naturel de penfer que s'il étoit poffible de s'élever au deffus, on fentiroit encore fon pouvoir, & qu'il s'étend jufqu'à la Lune, éloignée de la Terre de plus de 86 mille lieues, ou de 60 fois le rayon du Globe Terreftre.

Si l'on conçoit un boulet, lancé horizontalement du fommet d'une montagne, il retombera vers la Terre à une certaine diftance du point d'où il fera parti. Cette diftance fera d'autant plus grande que la force de projection aura été plus confidérable, & il eft poffible d'imaginer cette force affez grande, pour que le boulet ne retombe pas fur la Terre, mais tourne fans ceffe autour d'elle : il deviendroit alors un fatellite de la Terre. C'eft exactement ainfi que la Lune fe meut autour de cette Planète.

ARTICLE II.

De la Pefanteur de la Lune vers la Terre.

LA Pefanteur s'étend à l'infini dans l'efpace, mais elle diminue à mefure que l'on s'élève au-deffus de la Terre : cette diminution eft trop peu fenfible à des hauteurs auffi petites que celles où nous pouvons atteindre, pour y être apperçue : elle eft très-confidérable à la hauteur de la Lune, & voici comment on l'a déterminée.

La Lune, fans l'action de la Pefanteur, s'éloigneroit de la Terre, en continuant de fe mouvoir

dans la direction de la tangente qu'elle décri-
voit à l'inftant où la Pefanteur viendroit à l'abandonner. L'effet de la Pefanteur confifte donc
à lui faire changer à chaque inftant de direction,
en l'approchant de la Terre, & à la faire mouvoir autour de cette Planète, dans une orbite
prefque circulaire ; or, on trouve par un calcul
fort fimple, que la Lune dans l'efpace d'une
minute, s'eft éloignée de 15 pieds & un dixième
de la direction de la Tangente fur laquelle elle
étoit au commencement de cette minute : d'où
il fuit que cet efpace eft celui que la Pefanteur
fait parcourir dans une minute à la Lune, ou,
ce qui revient au même, à un Corps éloigné
du centre de la Terre de 60 demi - diamètres
terreftres.

Mais à la furface de la Terre, c'eft-à-dire, à
une diftance de fon centre, égale à fon demi-
diamètre, l'expérience a fait voir que les Corps
parcourent dans une minute, 3600 fois *quinze*
pieds & un *dixième*. La Pefanteur eft dont 3600
fois moindre, à une diftance 60 fois plus grande ;
or, 3600 eft le quarré de 60 ; il eft donc prouvé
que la Pefanteur diminue en même raifon que
le quarré de la diftance augmente ; c'eft ce que
l'on exprime en difant que *la Pefanteur eft en
raifon inverfe* ou *réciproque du carré des diftances
au centre de la Terre.*

ARTICLE III.

De la Pesanteur de toutes les Planètes vers le Soleil.

LES Corps, placés à la surface du Soleil, pèsent aussi vers son centre, & cette Pesanteur diminue en raison du carré de la distance au centre du Soleil. Sans l'action de cette force, les Planètes lancées dans l'espace, continueroient de s'y mouvoir uniformément en ligne droite; mais la Pesanteur toujours subsistante, les ramène sans cesse vers le Soleil, & les oblige de décrire des courbes elliptiques. Non seulement les belles Loix découvertes par Képler, en sont une suite nécessaire, mais elles en démontrent incontestablement l'existence; car il est prouvé par la Géométrie la plus rigoureuse :

1°. Que, puisque les Planètes tournent autour du Soleil, de manière que leur rayon vecteur décrit des surfaces proportionnelles au tems, la force qui les retient dans leurs orbites, doit être dirigée vers le Soleil ;

2°. Que, puisque ces orbites sont des ellipses, cette force doit diminuer en raison du carré de la distance au centre du Soleil.

3°. Enfin, que, puisque les carrés des tems des révolutions des Planètes sont comme les cubes des distances moyennes, toutes les Planètes, supposées à égale distance du Soleil & abandonnées à leur Pesanteur, tomberoient sur lui avec une vîtesse égale.

D'où il suit que relativement au Soleil, comme

par rapport à la Terre, la Pefanteur eſt proportionnelle à la maſſe.

La Pefanteur fur le Soleil & la loi de fa diminution en raiſon du carré de la diſtance, font donc rigoureuſement démontrées par les loix de Képler; non-feulement parce que cette Pefanteur les explique admirablement bien, mais parce qu'elle en eſt une ſuite néceſſaire, & que ces loix ne peuvent ſubſiſter fans elle.

Je vais actuellement donner une idée auſſi nette qu'il eſt poſſible de le faire fans calcul, de la manière dont la Pefanteur agit fur les Planètes pour leur faire décrire leurs Ellipſes.

Confidérons (fig. 12) l'Ellipſe A P B R dont le Soleil occupe le foyer F & dont C eſt le centre & A B le grand axe. Suppoſons enſuite qu'une Planète parte de fon Périhélie A; la direction de fon mouvement étant toujours ſuivant la Tangente à l'Ellipſe, fera à ce point perpendiculaire à fon rayon vecteur F A. A meſure que la Planète s'éloigne de fon Périhélie en allant dans le ſens A P B, fon rayon vecteur tel que F P, va toujours en augmentant juſqu'à ce qu'elle ait atteint l'Aphélie B. De plus la direction P L de fon mouvement fait un angle obtus L P F avec le rayon vecteur P F. D'où l'on voit que la Pefanteur de la Planète vers le Soleil la faiſant tendre vers le point F, contrarie fon mouvement qui la porte vers le point L & tend par conſéquent à le diminuer & à lui faire changer de direction. Donc, dans l'intervalle compris depuis le Périhélie A juſqu'à l'Aphélie B, la vîteſſe de la Planète diminue fans ceſſe; & lorſqu'elle eſt arrivée au point B, fa vîteffe eft la plus petite poffible. Cette vîteffe augmente enfuite lorfque la Planète revient à fon Périhélie, en décrivant la partie B R A de fon orbite, parce que le rayon vecteur R F, faifant un angle aigu avec la direction R S du mouvement de la Planète, fa Péfanteur fuivant R F, loin de contrarier ce mouvement, le favorife; enforte qu'il augmente fuivant les mêmes degrés felon lefquels il avoit diminué dans la première moitié de l'Ellipfe.

La Planète, revenue au point A, ayant donc la même vîteffe qu'elle avoit en partant de ce point, doit continuer à faire des révolutions femblables à celles que l'on vient de confidérer.

On fent aifément, d'après ce que je viens de dire, pourquoi, lorfqu'une Planète eft au point A, elle s'éloigne du Soleil, quoique fa pefanteur y foit plus confidérable à raifon de fa plus grande proximité de cet aftre. Si la Planète n'avoit pas plus de vîteffe à ce point de fon orbite que dans les autres, fans doute elle fe rapprocheroit du Soleil; mais en même tems que fa pefanteur eft plus grande, nous venons de voir que fa vîteffe eft pareillement plus confidérable; & le calcul montre que l'effort de la Planète pour s'éloigner du Soleil, l'emporte fur fa pefanteur qui tend à l'en approcher.

On voit encore pourquoi la Planète, dans fon Aphélie B, s'approche du Soleil, loin de s'en éloigner, quoique fa pefanteur foit alors moindre que dans tout autre point de fon orbite. Cela vient de ce qu'en même tems que fa pefanteur eft moindre, fa vîteffe eft plus petite, &

telle que l'effort de la Planète pour s'éloigner du Soleil, est plus foible que l'action de la pesanteur.

ARTICLE IV.

De la Pesanteur des Comètes vers le Soleil.

LA Pesanteur vers le Soleil s'étend indéfiniment dans l'espace, en décroissant toujours en raison du carré de la distance. Les Comètes sont donc, ainsi que les Planètes, soumises à son action dans tout leur cours. Elles doivent conséquemment observer dans leurs mouvemens les mêmes loix que les Planètes : c'est en effet ce que l'observation confirme. Toute la différence qui se trouve entre une Comète & une Planète, tient uniquement à ce que l'Ellipse du premier de ces deux corps est plus alongée que celle du second ; & cet alongement est tel qu'il permet, ainsi que je l'ai déjà remarqué, de regarder comme parabolique la partie des orbites des Comètes dans laquelle elles sont visibles.

ARTICLE V.

De la Pesanteur des Satellites vers leurs Planètes.

CE que je viens de dire de la Terre & du Soleil, doit s'appliquer également à toutes les Planètes. Tous les corps, placés à leur surface, pèsent vers leur centre : & cette Pesanteur s'étend indéfiniment dans l'espace, en diminuant en raison du carré des distances. C'est en vertu de cette loi que les Satellites de Jupiter & ceux de Saturne se meuvent autour de ces Planètes, de la même manière que les Planètes se meuvent autour du Soleil. C'est la raison pour laquelle la belle loi de Képler, que *les carrés des tems des révolutions font comme les cubes des distances moyennes*, se vérifie encore dans le mouvement des Satellites de Jupiter & de Saturne.

ARTICLE VI.

De la Pesanteur du Soleil vers toutes les Planètes, & généralement de toutes les parties de la matière les unes vers les autres.

C'EST une loi générale de la matière, que la réaction est égale & contraire à l'action. L'aimant, parce qu'il attire le fer, en est attiré lui-même avec une égale force ; &, si on le présente à un fer qui ne puisse se mouvoir, on verra cet aimant se porter vers lui. De-là, il suit que tous les corps qui pèsent vers le Soleil, ou, ce qui revient au même, que cet astre attire vers lui, l'attirent également vers eux. Mais la réaction de ces corps, se répartissant sur une masse excessivement grande relativement à eux, n'y doit occasionner qu'un déplacement presque insensible.

Nous avons vu précédemment que toutes les Planètes supposées à une égale distance du Soleil, se porteroient vers lui avec la même

vîteſſe ; & nous en avons conclu que leur Peſanteur ſur cet aſtre étoit proportionnelle à leur
maſſe. Leur réaction ſur lui, & par conſéquent
le petit effort qu'il fait pour ſe mouvoir vers
chacune d'elles, eſt donc en raiſon de leurs
maſſes. Et comme la ſphère d'activité de l'attraction de cet aſtre s'étend à l'infini dans l'eſpace
& embraſſe la nature entière, on voit que tous
les corps de la nature & juſqu'aux molécules
inſenſibles de la matière, l'attirent en raiſon
directe de leur maſſe, & en raiſon inverſe du
carré de leur diſtance.

Il exiſte donc, non-ſeulement entre les grands
corps qui ſe meuvent dans l'eſpace, mais encore
entre leurs plus petites parties, une *gravitation*
ou *attraction* univerſelle, de manière qu'à la ſurface du globule le plus petit que l'on puiſſe
imaginer, il y a, comme à la ſurface du Soleil
& de la Terre, une force de Peſanteur qui
s'étend à l'infini en diminuant en raiſon du carré
des diſtances.

On peut maintenant ſe former une idée préciſe de ce que l'on entend par *attraction* ou *Peſanteur univerſelle*. C'eſt un effet général démontré
par les obſervations, dont tous les Phénomènes
céleſtes dépendent, & dont nous ſentons à
chaque inſtant l'influence à la ſurface de la
Terre. Mais l'attraction eſt-elle une qualité inhé-
rente à la matière, ou bien eſt-elle l'effet d'un
fluide environnant ? c'eſt ce que je ne me per-
mettrai pas de décider. Je me contenterai d'obſerver que la diminution qu'occaſionneroit dans
le mouvement des Planètes, la réſiſtance d'un
fluide aſſez denſe pour produire leur Peſanteur

vers

vers le Soleil, femble devoir faire rejetter toute idée d'un pareil méchanifme, & nous porter à croire que l'attraction eft une qualité des corps.

ARTICLE VII.

Denfité de quelques-unes des Planètes, déterminée par la loi de la Pefanteur.

PUISQU'UN corps attire d'autant plus forte-ment ceux qui l'environnent, qu'il renferme plus de matière, on peut déterminer fa maffe par la force de fon attraction. C'eft ainfi que l'on eft parvenu à connoître les rapports des maffes du Soleil, de la Terre, de Jupiter & de Saturne. Il doit paroître fort extraordinaire, fans doute, que l'on puiffe eftimer avec précifion les maffes & les denfités refpectives de ces corps que leur grand éloignement femble fouftraire à ces recherches, & dont nous ne pouvons obfer-ver que les diamètres & les volumes. Je crois donc par cette raifon devoir expofer la méthode qui a conduit à ces découvertes intéreffantes.

Confidérons pour cela le Soleil & la Terre. Nous avons vu ci-deffus que l'attraction de la Terre fur la Lune la détournoit à chaque inf-tant de fa direction en tendant à l'approcher vers elle de 15 pieds $\frac{1}{10}$ dans l'intervalle d'une minute, enforte que la Pefanteur qui fait par-courir à la furface de la Terre 3600 fois 15 pieds $\frac{1}{10}$ dans une minute, ne fait plus parcou-rir dans le même tems que 15 pieds $\frac{1}{10}$ à une diſtance de ſon centre, égale à 60 fois ſon demi-diamètre, c'eſt-à-dire, à 85920 lieués. Mais le Soleil détourne à chaque inſtant la Terre de ſa direction, comme celle-ci en détourne la Lune; & l'on trouve par un calcul fort ſimple, que la Terre étant éloignée du Soleil de 34761680 lieues, la quantité dont la Peſanteur l'a écartée à la fin d'une minute de la direction qu'elle avoit au commencement de cette minute, eſt d'environ 34 pieds, ou plus exactement de 33,92 pieds. Cette quantité eſt conſéquemment l'eſpace que la Peſanteur vers le Soleil fait parcourir dans une minute à un corps qui en eſt éloigné de 34761680 lieues.

Pour avoir maintenant l'eſpace que la Peſanteur vers la Terre feroit parcourir à cette diſtance, il faut diminuer les 15 pieds $\frac{1}{10}$ qu'elle fait parcourir à la diſtance de 85920 lieues, dans la raiſon du carré de 34761680 au carré de 85920, ce qui ne donne plus que 92 mil-lièmes de pieds, pour l'eſpace que la Peſanteur vers la Terre feroit parcourir dans une minute, à une diſtance où la Peſanteur vers le Soleil fait parcourir 33,92 pieds, c'eſt-à-dire, 368 mille fois davantage. La force attractive du Soleil eſt donc 368 mille fois plus grande que celle de la Terre, & ſa maſſe eſt dans le même rapport plus conſidérable que la maſſe de cette Planète; ou, ce qui revient au même, la maſſe de la Terre n'eſt que la 368 millième partie de celle du Soleil.

Les volumes de deux corps ſphériques étant, comme on le démontre en Géométrie, propor-tionnels aux cubes de leurs diamètres, & le diamètre de la Terre étant 111 $\frac{1}{48}$ de fois plus petit que celui du Soleil, son volume est 1385478 fois moindre que celui de cet astre. La Terre, sous un volume 1385478 fois moindre, renferme par conséquent la 368 millième partie de la masse du Soleil. D'où l'on voit qu'elle est plus dense que lui dans le rapport de 368000 à 1385478, c'est-à-dire, dans le rapport d'environ 4 à 1.

Il suit de-là que si le Soleil étoit réduit à une masse de même densité que la Terre, son diamètre seroit moindre qu'il n'est, & au lieu de renfermer 111 diamètres de la Terre, il n'en renfermeroit plus qu'environ 72. Donc, si l'on imagine pour un instant le centre du Soleil au point de l'espace qu'occupe le centre de la Terre, son volume s'étendroit encore au-delà de l'orbite de la Lune (qui n'en est qu'à 60 demi-diamètres), quand même on supposeroit sa densité la même que celle de la Terre. On peut se former ainsi une idée de la masse énorme de cet astre & de la petitesse de la Terre par rapport à lui.

En comparant de la même manière les quantités dont Jupiter & Saturne détournent leurs Satellites de la direction de leur mouvement, on trouve que la masse de Jupiter n'est que la 1067me partie de celle du Soleil, & que la masse de Saturne n'en est que la 3021me partie.

ARTICLE VIII.

Différence de Pesanteur d'un Corps supposé successivement transporté à la surface de quelques-unes des Planètes.

ON peut, au moyen des déterminations précédentes, connoître de combien augmente ou diminue le poids d'un corps que l'on supposeroit transporté aux surfaces du Soleil, de la Terre, de Jupiter & de Saturne. Pour cela, considérons un poids d'une livre à la surface de la Terre, transporté sur le Soleil; il est clair que sa pesanteur augmentera en raison de la supériorité de la masse du Soleil sur celle de la Terre; mais d'un autre côté elle diminuera en ce que ce corps est plus éloigné du centre du Soleil qu'il ne l'étoit du centre de la Terre. Et comme le demi - diamètre du Soleil est 111 fois plus grand que celui de la Terre, cette diminution sera, en vertu de la loi générale de l'attraction, dans le rapport du carré de 111 à celui de l'unité. On voit donc que pour avoir la pesanteur de ce corps à la surface du Soleil, il faut multiplier sa Pesanteur sur la Terre, que j'ai supposé être d'une livre, par le rapport de la masse du Soleil à celle de la Terre, & diviser ce produit par le carré de 111; ce qui donnera 29 livres 14 onces environ pour cette Pesanteur.

On trouvera de la même manière qu'à la surface de Jupiter ce corps peseroit à - peu - près 2 livres 10 onces; & qu'il peseroit une livre 5 onces sur Saturne.

ARTICLE IX.

Différentes longueurs du Pendule à la surface de ces Planètes.

SI l'on tranfportoit à la furface du Soleil un Pendule (1), qui bat les *fecondes* à la furface de la terre, il eft certain que la pefanteur y étant environ 29 fois plus grande, les ofcillations du Pendule feroient beaucoup plus rapides; & que, pour les rendre plus lentes, & pour affujettir le Pendule à ne battre que les fecondes, il faudroit l'alonger dans la même proportion. Donc la longueur du Pendule qui bat les fecondes à la furface de la terre, étant d'environ 3 pieds 8 lignes, celle de ce même Pendule doit être d'environ 15 toifes 3 pouces à la furface du Soleil.

On trouve pareillement que la longueur de ce même Pendule, à la furface de Jupiter, eft de 1 toife 2 pieds; & qu'il eft de 4 pieds à la furface de Saturne.

---

(1) On appelle ainfi un poids fufpendu foit à un fil, foit à une branche de laiton très-mince, & que l'on peut mettre en mouvement d'un côté vers l'autre.

ARTICLE X.

Remarque sur les réfultats précédens.

CES réfultats, déduits d'obfervations inconteftables, par une fuite de raifonnemens géométriques, ont le même degré de certitude que
ces obfervations elles-mêmes. Et quoique l'on
foit, au premier abord, tenté de regarder comme
très-incertain tout ce que l'on peut dire fur ce
qui fe paffe à la furface de corps auffi éloignés
de nous ; cependant, en faifant attention à ce
que je viens d'expofer, on ne peut s'empêcher
d'en reconnoître la vérité, & d'admirer en même
tems la hardieffe de l'efprit humain qui s'eft
élevé à de pareilles découvertes.

Mercure, Vénus & Mars n'ayant pas de Satellites, il eft impoffible de connoître, par le
moyen dont je viens de parler, leur force attractive, & par conféquent leurs maffes, ainfi que
les phénomènes de la pefanteur à leur furface.

SECTION DEUXIEME.

Des Perturbations du mouvement des Corps célestes occasionnées par leur Pesanteur les uns sur les autres.

ARTICLE PREMIER.

Irrégularités dans les mouvemens des Planètes & des Satellites en général.

Tous les Corps célestes réagissant les uns sur les autres, en vertu de leurs attractions réciproques, on voit que les Planètes ne doivent pas exactement se mouvoir autour du Soleil, comme si elles n'obéissoient qu'à leur pesanteur sur cet astre. A la vérité, la masse du Soleil étant incomparablement plus grande que celle des Planètes, sa force attractive est incomparablement plus puissante que la leur, & l'effet de leur réaction sur lui doit être bien peu sensible.

Mais dans un siècle où, d'un côté, la précision des observations, de l'autre les méthodes de l'analyse ont été portées à un très-grand degré de perfection, on n'a point négligé ces petits dérangemens, & on les a soumis à des calculs très-précis. Les méthodes qu'il a fallu imaginer pour y parvenir font peut-être ce qui fait le plus d'honneur aux grands Géomètres de ce siècle. Je vais tâcher de faire entendre

E 4

quelques-uns de leurs réfultats , & je commencerai par ce qui concerne la Lune , dont les dérangemens font très-fénfibles.

ARTICLE II.

Irrégularités dans le mouvement de la Lune.

LA Lune , en vertu de fa pefanteur vers la Terre , décriroit une Ellipfe dont le centre de cette Planète occuperoit le foyer. Mais en même tems qu'elle pèfe vers la Terre , elle pèfe auffi vers le Soleil qui l'attire à lui. Si le Soleil attiroit également , & de la même manière , la Lune & la Terre , le mouvement de ce Satellite autour de là Terre n'en feroit point troublé , puifque l'un & l'autre obéiroient d'un mouvement commun à l'attraction du Soleil. Mais la Lune étant tantôt plus près & tantôt plus loin du Soleil que la Terre , & fe trouvant fur des rayons différens , on voit que l'attraction du Soleil doit agir différemment fur l'une & fur l'autre , & qu'ainfi il doit en réfulter des inégalités très-fénfibles dans le mouvement de la Lune , de forte que ce Satellite ne décrit point un cercle ni une Ellipfe , mais une courbe entiérement différente.

Pour déterminer cette courbe , il falloit rechercher , par les principes de la méchanique & par des méthodes exactes , ou du moins très-approchées , quelle étoit à chaque inftant , la pofition de la Terre & celle de la Lune par rapport au Soleil, en fuppofant que ces trois corps s'attirent en raifon de leurs maffes, & réciproquement comme le carré de leurs diftances. C'eft le fameux problême, connu fous le nom de *Problême des trois Corps* (1).

La folution de cet important Problême a conduit non-feulement à expliquer toutes les inégalités du mouvement de la Lune, mais encore à former des Tables très-exactes de ce Satellite, au moyen defquelles on peut, à chaque inftant, déterminer fa pofition par rapport à la Terre.

Comme il eft impoffible, fans le fecours de l'analyfe, de donner une idée même imparfaite, de la manière dont toutes les inégalités du mouvement de la Lune dérivent de fa double pefanteur vers le Soleil & vers la Terre, je me contenterai de rendre ici raifon du mouvement rétrograde des nœuds de fon orbite.

Concevons 1°. que L T M S (fig. 13), foit le plan de l'Ecliptique, la Terre étant en T & le Soleil en S ; 2°. que L O M V L foit le plan de l'orbite de la Lune, incliné à celui de l'Ecliptique d'environ 5° ; 3°. que L T M foit la Ligne des nœuds de cet orbite, ou, ce qui revient au même, la Ligne d'interfection de fon plan avec celui de l'Ecliptique, & que la Lune, en partant du point L, & décrivant la partie L O N de fon orbite, foit au-deffus du plan de l'Ecliptique dans tout cet intervalle ; cela pofé :

Sans l'attraction du Soleil, la Lune iroit traverfer de nouveau ce plan au point M. Mais

_____

(1) *Problême* fignifie en Mathématiques *queftion à réfoudre.* Ce mot vient du grec Προϐαλλειν, *propofer, proférer.*

le Soleil tend, par son attraction, à l'y abaisser sans cesse. La Lune obéissant donc à cette action, doit rencontrer ce plan plutôt qu'elle n'auroit fait sans cela. Ainsi, au lieu de le traverser au point M, elle le traversera au point N, & N T R sera la nouvelle position de la Ligne des nœuds.

En décrivant encore la partie N M V de son orbite, qui est au-dessous de l'Ecliptique, elle rencontreroit ce plan au point R sans l'action du Soleil. Mais comme cet astre tend à l'approcher sans cesse de ce plan, elle le traverse plutôt au point V ; & la nouvelle position de la Ligne de ses nœuds est suivant la Ligne droite V T O. Donc cette position qui, au commencement de la révolution, étoit sur la droite L M, se trouve à la fin sur la droite V O, ensorte que la Ligne des nœuds a eu un petit mouvement de L vers V, & ce mouvement est visiblement rétrograde ou contraire à celui de la Lune que l'on suppose ici avoir lieu dans le sens L O M.

Quant à la quantité de ce mouvement qu'il n'est pas possible d'obtenir sans le secours du calcul, j'observerai que sur cet objet, comme sur le mouvement de l'Apogée & sur toutes les autres inégalités de la Lune, les résultats du principe de la gravitation universelle sont parfaitement conformes aux observations.

ARTICLE III.

Irrégularités dans le mouvement des Planètes.

DE même que la Lune est troublée par l'action du Soleil dans son mouvement autour de la Terre, chaque Planète est aussi troublée dans sa révolution par l'action des autres Planètes. Obéissant, autant qu'il est possible, à ces différentes attractions, elle ne décrit pas exactement une Ellipse, & ne suit pas d'une manière exacte les loix de Képler. Les petites différences qui en résultent font ce que l'on nomme *Perturbations* du mouvement des Planètes. C'est à cette attraction réciproque de toutes les Planètes qu'il faut attribuer le mouvement de leurs Aphélies, & celui de leurs nœuds dont on a parlé dans le premier Chapitre.

ARTICLE IV.

Du mouvement des Nœuds des Planètes.

DE toutes ces perturbations, la seule que je puisse faire entendre sans calcul, est celle du mouvement des nœuds des Planètes. Considérons pour cela l'orbite de la Terre & celle de Jupiter. Il est visible que Jupiter, en attirant la Terre, tend sans cesse à l'approcher du plan de son orbite, & que la Terre, au lieu de traverser l'orbite de Jupiter au même point où elle l'avoit traversée dans la révolution précédente, la traverfe plutôt, comme nous venons de voir, que la Lune, par l'attraction du Soleil, traverfe l'Ecliptique plutôt que dans la révolution précédente. La Ligne d'interfection du plan de l'orbite de la Terre avec celui de l'orbite de Jupiter, a donc un mouvement rétrograde fur l'orbite de cette dernière Planète, à-peu-près comme les nœuds de la Lune ont un mouvement rétrograde fur l'Ecliptique.

Ce que l'on vient de dire de ces deux orbites de la Terre & de Jupiter a également lieu pour les orbites de deux Planètes quelconques. On peut donc, en connoiffant les forces attractives de différentes Planètes, déterminer les petits changemens qu'elles occafionnent dans la pofition de leurs orbites les unes par rapport aux autres. D'où l'on peut conclure aifément ces mêmes changemens relativement à un plan fixe quelconque.

ARTICLE V.

Variation de l'obliquité de l'Ecliptique.

LES changemens dans la pofition de l'orbite de la Terre produifent une variation dans l'angle que fait l'Ecliptique avec l'Equateur, ou, ce qui eft la même chofe, dans l'obliquité de l'Ecliptique. On trouve par le calcul, que les pofitions des orbites de toutes les Planètes dans ce fiècle, font telles qu'il n'y en a pas une feule qui ne tende à diminuer l'obliquité de l'Ecliptique. Ainfi, quand même les obfervations an-

ciennes & modernes ne concourroient pas toutes
à indiquer cette diminution, elle seroit démontrée en vertu de la loi générale de l'attraction
de tous les Corps céleftes.

Quant à la quantité de cette diminution, il
eft impoffible de la déterminer avec précifion
par les obfervations anciennes, à caufe de leur
peu d'exactitude ; & par les obfervations modernes, à caufe de leur peu de diftance refpective. Voici ce que la théorie donne de plus
approché fur cet objet.

La diminution de l'obliquité de l'Ecliptique
eft principalement due à l'action de Jupiter, la
plus groffe des Planètes & à l'action de Vénus,
la plus proche de la Terre. Le rapport de la
maffe de Jupiter à celle du Soleil eft bien connue
par ce qui précède. Quant à la maffe de Vénus,
les feules données que les Géomètres aient pour
la connoître, font les dérangemens que fon
attraction occafionne dans les mouvemens des
Planètes, & particuliérement dans ceux de la
Terre. Or, en calculant le mouvement qu'elle
doit produire dans l'Aphélie de la Terre, &
en le comparant aux obfervations, on trouve
que fa maffe eft la 336399 partie de celle du
Soleil ; & en partant de cette maffe, on trouve
que la diminution de l'obliquité de l'Ecliptique
eft de 51″ dans ce fiècle. Cette diminution n'eft
pas la même dans tous les fiècles. En n'ayant
égard qu'à l'action des Planètes fur la Terre,
elle a des limites. Mais fi l'on a égard à l'action
des Comètes fur la Terre, il eft poffible qu'elle
devienne un jour très-confidérable, & que les
plans de l'Equateur ou de l'Ecliptique coïncident;

ce qui, comme je l'ai dit, produiroit un printems continuel, aussi long-tems que ces deux
plans resteroient sensiblement dans cette position. Mais on sent facilement que cela ne pourroit pas durer toujours, & que l'Ecliptique
& l'Equateur, après s'être réunis, s'écarteroient
ensuite d'une manière à-peu-près semblable à
celle dont ils se seroient approchés. Au reste ,
si cela arrive quelque jour, ce ne peut être que
dans un tems fort éloigné ; car il paroît que
les masses des Comètes sont fort petites, &
qu'elles n'ont que très-peu d'influence sur les
mouvemens de la Terre.

ARTICLE VI.

Irrégularités dans les mouvemens des Comètes.

LES Comètes sont également soumises à leur
action mutuelle & à celle des Planètes. Mais
les masses de Jupiter & de Saturne étant con-
sidérablement plus grandes que celles des autres
corps célestes, c'est principalement à leur attraction que l'on a égard dans le calcul des perturbations des Comètes. Sans les dérangemens
occasionnés par ces deux grosses Planètes, une
Comète reviendroit, à très-peu de chose près,
dans le même intervalle de tems, à son Périhélie ; mais l'attraction de ces deux corps change
sensiblement d'une révolution à l'autre, la position
du Périhélie & de tous les autres Elémens de
l'orbite de la Comète, & sur-tout le tems de sa
période ou l'intervalle de tems qui s'écoule d'un
passage au passage suivant par le Périhélie.

En foumettant au calcul l'effet de ces attractions, on a trouvé que le retour de la Comète qui a été obfervée en 1531, 1607 & 1682, a dû avoir des périodes inégales de 913 mois & demi; de 898 mois & demi; & que la période qui l'a fait reparoître dans ce fiècle a dû être de 919 mois, ce qui s'eft trouvé conforme aux obfervations. Hallei avoit prédit fon retour pour l'année 1758, comme je l'ai dit dans le Chapitre premier; mais il n'avoit pas eu égard aux petites perturbations dont je viens de parler. M. Clairaut, y ayant appliqué fa folution du Problême des trois Corps, trouva que la Comète ne devoit paffer par fon Périhélie qu'au mois d'Avril 1759. Il fit part de ce réfultat au Public dans un Mémoire qu'il lut fur cet objet à l'Affemblée de l'Académie des Sciences du 14 Novembre 1758; & l'événement a juftifié le calcul de ce grand Géomètre.

ARTICLE VII.

Irrégularités dans les mouvemens des Satellites de Jupiter.

ENFIN, les attractions réciproques des Satellites de Jupiter & celle du Soleil fur ces différens corps, occafionnent dans leurs mouvemens, des perturbations qui ont rendu très-difficile la formation des tables de ces Satellites. On eft parvenu cependant à en faire d'excellentes, uniquement en comparant entre elles un très-grand nombre d'obfervations.

Lorfque l'on a enfuite appliqué à ces perturbations la théorie de la Gravitation univerfelle, les inégalités que l'on avoit tirées de la comparaifon des obfervations fe font non-feulement trouvées conformes aux réfultats de cette théorie, mais elle les a fait connoître encore d'une manière beaucoup plus précife.

ARTICLE VIII.

Du mouvement des Etoiles fixes.

L'ATTRACTION du Soleil s'étendant à l'infini dans l'efpace, agit fur les Etoiles qui agiffent également fur lui, Tous ces grands corps s'attirent réciproquement fuivant la même loi que les corps de notre fyftême Planétaire. Mais en même tems que leur diftance prodigieufe diminue l'effet de leur attraction, elle le rend beaucoup moins fenfible pour nous. Cependant les mouvemens obfervés dans *Arcturus* & dans quelques autres Etoiles de la première grandeur, ne permettent pas de douter qu'elles ne décrivent des courbes très-compofées & dépendantes des attractions que chacune d'elles éprouve de la part des autres. Mais ce ne fera que dans un grand nombre de fiècles & par une longue fuite d'obfervations très-précifes, que l'on pourra parvenir à favoir quelque chofe fur la nature & la loi de ces mouvemens.

SECTION

SECTION TROISIEME.

Des effets de la Pefanteur de toutes les parties
des Corps céleftes.

LES phénomènes que je viens d'expliquer
réfultent de l'attraction des Corps céleftes con-
fidérés en maffes ; mais il en exifte plufieurs
qui dépendent de la différence de l'attraction
de leurs parties, & qui prouvent que la loi
de l'attraction a lieu, non-feulement entre les
Corps céleftes, mais encore entre leurs plus
petites molécules : c'eft ce que je vais confidérer dans les articles fuivans.

ARTICLE PREMIER.

De la manière dont fe forme la Pefanteur à la
furface des Corps céleftes.

SI l'on fuppofe une maffe de matière homogène & de figure fphérique, dont toutes les
parties foient douées d'une force attractive proportionnelle à leur maffe & réciproque au carré
de leur diftance, il eft clair que la Pefanteur à
fa furface fera le réfultat des attractions de
toutes fes parties. Un Corps attiré vers chacune
d'elles, tendant à obéir à toutes ces attractions,
prendra une tendance moyenne qui, s'il eft
abandonné à lui-même, le portera perpendiculairement à la furface de cette fphère. C'eft

* F

exactement ainſi qu'à la ſurface de la Terre &
à celle de tous les autres Corps céleſtes, la Peſanteur ſe forme des attractions de toutes leurs
molécules.

On voit facilement que les molécules de la
Terre les plus voiſines du Corps peſant, l'attirent plus fortement que celles qui ſont au
centre : mais les parties les plus éloignées l'attirent plus foiblement. Or on démontre qu'en
ſuppoſant la Terre ſphérique, il ſe fait une com-
penſation entre les attractions les plus fortes &
les plus foibles; de manière que l'attraction
totale eſt la même que ſi toutes les parties de
la Terre étoient réunies à ſon centre. C'eſt la
raiſon pour laquelle tous les Corps céleſtes
s'attirent mutuellement, à très-peu de choſe
près, comme s'il exiſtoit au centre de leurs
maſſes, des forces attractives proportionnelles à
ces maſſes & réciproques au carré des diſtances
de leurs centres.

La Terre n'ayant pas une forme parfaitement
ſphérique, ſon attraction n'eſt pas exactement
en raiſon inverſe du carré des diſtances à ſon
centre. Mais la différence eſt bien peu ſenſible,
& le devient d'autant moins, que les diſtances
ſont plus conſidérables ; parce que la différence
de ſa figure à celle d'une ſphère eſt peu conſidérable, & d'autant moins ſenſible que l'on
s'éloigne davantage du centre de la Terre.

ARTICLE II.

De la diminution de la Pesanteur aux différentes profondeurs de la Terre.

SI, au lieu d'élever un corps au-dessus de la surface de la Terre, on l'abaissoit au-dessous à différentes profondeurs, il semble qu'en s'approchant davantage du centre de la Terre, sa Pesanteur devroit être plus considérable : mais ce seroit tout le contraire. Les parties de la Terre qui seroient au-dessus de lui, l'attirant en sens contraire & tendant à l'éloigner du centre, diminueroient sa Pesanteur vers ce centre. Or, on trouve par le calcul que si la Terre étoit une sphère de matière homogène. (1), la Pesanteur diminueroit depuis la surface jusqu'au centre, en même raison que les distances à ce centre ; ensorte qu'à ce point la Pesanteur seroit nulle : ce qui d'ailleurs est visible, puisqu'un corps y seroit également attiré de toutes parts.

ARTICLE III.

De la figure de la Terre.

SI toutes les parties de la Terre étoient immobiles, ou n'avoient qu'un mouvement commun de translation autour du Soleil, la Figure de la Terre

---

(1) *Homogène*, c'est-à-dire, de même nature. Ce mot vient du grec ὅμος, *semblable* ; & de γενος, *espèce*.

F 2

feroit celle d'une fphère, puifqu'il n'y auroit aucune raifon pour laquelle elle feroit plus applatie dans un fens que dans les autres. Mais la Terre ayant un mouvement de rotation fur elle-même, ce mouvement doit altérer fa Figure & la changer en celle d'un fphéroïde. Examinons ce qu'elle devient alors.

Pour cela, fuppofons que la Terre foit une maffe fluide homogène dont toutes les parties foient en équilibre. Il eft évident que les parties qui font à l'équateur décrivent de plus grands cercles dans le même tems & font par conféquent de plus grands efforts pour s'éloigner du centre de la Terre, comme on le démontre en Méchanique. Si cet effort étoit affez grand pour vaincre la Pefanteur qui les retient, elles fe détacheroient de la Terre : mais comme il eft environ 289 fois plus foible, il ne fait que diminuer la Pefanteur de cette même quantité.

Si donc on imagine une colonne d'eau fous l'Equateur, qui vienne aboutir au centre de la Terre, fa Pefanteur fera diminuée par le mouvement de rotation de cette Planète. Si l'on conçoit de même une feconde colonne d'eau, qui du Pôle aboutiffe au centre de la Terre & communique avec la première, fa Pefanteur ne recevra aucune altération de ce mouvement, puifqu'elle ne le partage point. Donc, pour qu'il y ait équilibre entre le poids de ces deux colonnes, il eft néceffaire que la première foit un peu plus longue que la feconde, afin que, par l'excès de fa longueur, elle compenfe la diminution qu'elle éprouve dans fa pefanteur. Or on trouve par le calcul, qu'en n'ayant égard qu'à cette confidération, la colonne de l'Equateur doit être plus longue que celle du Pôle de la 578me partie de fa longueur totale.

Mais il exifte une autre caufe qui contribue encore à l'alonger. A mefure que la Terre change de Figure & devient plus applatie vers les Pôles, la pefanteur à un point quelconque pris dans fon intérieur ou à fa furface, doit néceffairement changer : car il eft vifible que la pefanteur étant le réfultat des attractions de toutes les parties de la Terre, elle doit varier avec la Figure de cette Planète.

Toutes les parties qui font également éloignées du centre, ne feront plus également pefantes, comme dans la fuppofition où la Terre feroit une Sphère, puifqu'elles ne feront plus alors femblablement fituées par rapport à la maffe entière de la Terre. Or, on démontre que dans ce cas un corps pèfe un peu moins lorfqu'il eft placé dans le plan de l'Equateur, que lorfqu'il eft placé fur l'axe de rotation, fa diftance au centre de la Terre étant d'ailleurs la même dans ces deux fituations. L'excès du poids de la colonne d'eau du Pôle fur celui de la colonne d'eau de l'Equateur, eft donc augmenté par cette nouvelle confidération : ce qui tend par conféquent à diminuer la longueur de la première de ces deux colonnes & à augmenter celle de la feconde. Leur différence en longueur doit donc être un peu plus grande que d'un 578e. Et l'on trouve, par le calcul, qu'elle eft alors d'un 230e : d'où il fuit que dans ce cas la Terre a un 230e moins d'épaiffeur dans le fens du Pôle que dans le

F 3

fens de l'Equateur, ce qui eft beaucoup plus conforme aux obfervations.

Ce n'eft pas tout encore ; ce que l'on vient de dire fuppofe que la maffe de la Terre eft compofée de parties de même denfité. Mais l'eau qui la recouvre en grande partie eft d'une denfité moindre qu'elle ; & il eft poffible qu'elle foit elle-même formée de couches différemment denfes, ce qui doit produire un applatiffement plus ou moins confidérable. Et comme la figure & la profondeur de la Mer font très-irrégulières ; que, fuivant toutes les apparences, les parties inégalement denfes de la Terre ne font pas fymmétriquement diftribuées autour de fon centre ; on voit qu'il doit en réfulter dans la direction & la force de la pefanteur, & conféquemment dans la Figure de la Terre, des irrégularités fenfibles. On ne doit donc pas être furpris fi les différens degrés des Méridiens, mefurés jufqu'ici, font, comme on l'a vu précédemment, très-irréguliers. Cette irrégularité, loin de donner atteinte à la loi générale de l'attraction de toutes les parties de la matière, la confirme, puifqu'elle n'auroit pas lieu fi la pefanteur étoit une force dirigée vers un feul point & n'étoit pas le réfultat des attractions de toutes les parties de la Terre.

ARTICLE IV.

De la diminution de la Pefanteur en allant des Pôles à l'Equateur.

ON voit, par ce qui précède, que la Pefanteur n'eft pas la même fur toutes les parties de la furface de la Terre. Elle doit diminuer à mefure que l'on s'éloigne du Pôle pour s'avancer vers l'Equateur; enforte qu'un poids d'une livre à Paris, peferoit moins à l'Equateur. C'eft auffi ce que l'obfervation confirme. Voici comment on s'en eft affuré.

Le Pendule ne fait fes vibrations que par l'action de la Pefanteur qui tend à le ramener fans ceffe à la fituation verticale dont on l'avoit écarté d'abord. Il ne la dépaffe qu'en vertu de la vîteffe qu'elle lui imprime & au moyen de laquelle il remonte de l'autre côté à une hauteur égale à celle dont il eft parti. Il redefcend enfuite & continue d'ofciller de la même manière; il continueroit ainfi toujours fans les frottemens & la réfiftance de l'air qui s'y oppofent. On conçoit que plus la Pefanteur eft confidérable, plus les ofcillations du Pendule doivent être rapides. Un moyen de s'affurer fi la Pefanteur eft plus grande ou moindre dans un endroit que dans un autre, eft donc d'y porter fucceffivement le même Pendule, & de voir fi, toutes chofes d'ailleurs égales, les ofcillations font plus promptes dans l'un que dans l'autre. On peut être certain que la Pefanteur fera plus grande

F 4

dans le lieu où ces ofcillations fe feront dans le moins de tems.

On a fait cette expérience à l'Equateur & vers le Pôle, & l'on a trouvé que le Pendule qui, dans un jour à Paris, faifoit un certain nombre d'ofcillations, en faifoit moins lorfqu'il fut tranfporté à Cayenne, & plus lorfqu'il le fut à Pello (1), qui eft beaucoup plus près du Pôle que Paris. On a trouvé ainfi qu'à Pello la Pefanteur étoit plus grande qu'à Paris, tandis qu'à Paris elle étoit plus grande qu'à Cayenne, & l'on a conclu qu'un poids de 100000 livres en France ne peferoit que 99533 livres à Cayenne; tandis que tranfporté à Pello, il peferoit 100137 livres; enforte que de Cayenne à Pello, fa Pefanteur augmenteroit de 604 liv.

Il eft aifé de fentir que dans les lieux où la Pefanteur eft moindre, il faut raccourcir le Pendule pour lui faire battre les fecondes & l'alonger dans ceux où elle eft plus grande. Auffi a-t-on obfervé que le Pendule qui bat les fecondes eft plus long à Pello qu'à Paris, & qu'à Paris il eft plus long qu'à Cayenne. Il eft à Pello, de 441,27 lignes; à Paris, de 440,67 lig. & à Cayenne, de 438 lignes $\frac{1}{2}$.

---

(1) Pello au Nord de Tornea, en Laponie, au pied d'une montagne appelée *Kittis*. Lat. 66° 48ʹ 20ʺ.

ARTICLE V.

De la Pefanteur confidérée comme caufe de la Préceffion des Equinoxes (1) & de la Nutation de l'axe de la Terre.

NOUS avons vu précédemment qu'une fphère attire tous les corps qui l'environnent, comme fi toutes fes parties étoient réunies à fon centre : d'où il fuit que la réaction étant égale & contraire à l'action, cette Sphère eft pareillement attirée par ces corps, comme le feroit une maffe égale à la fienne & dont toutes les parties feroient réunies à fon centre.

En fuppofant donc que la Terre fût une fphère parfaite, l'attraction du Soleil & de la Lune fur elle n'influeroit que fur les mouvemens de fon centre, fans changer d'ailleurs la pofition de fon axe de rotation. Mais la Terre eft plus élevée, comme nous venons de le voir, à l'Equateur que fous les Pôles. Si donc on conçoit une Sphère dont le diamètre foit l'axe même de la Terre & qui ait le même centre qu'elle, la Terre fera formée de cette Sphère & de plus d'une croûte appelée *Ménifque*, qui ira en augmentant en épaiffeur des Pôles vers l'Equateur. Par exemple, (fig. 14) AMBRA, repréfentant la Terre dont AB eft l'axe de rotation, MR le diamètre de l'Equateur; ANBOA étant la fphère

_____

(1) *Préceffion des Equinoxes.* Ce mot vient du latin *præcedere, aller devant, devancer.*

inſcrite dont je viens de parler ; A M N B R O A
ſera le Méniſque dont la Terre excédera cette
Sphère. De ce que je viens de dire , il réſulte
que l'action du Soleil & de la Lune ſur la Sphère
inſcrite A N B O A , n'influe que ſur le mouvement du centre C. Mais leur action ſur le Méniſque A M N B R O A change la poſition du plan
de l'Equateur ſur l'Ecliptique.

Pour concevoir ce changement, conſidérons
un point quelconque M de ce Méniſque , placé
à l'Equateur, comme une petite Lune attachée
à la Terre & qui fait ſa révolution dans l'eſpace d'un jour. Si l'on ſe rappelle ce que j'ai
dit ſur le mouvement rétrograde des nœuds de
l'orbite de la Lune , on verra que, par la même
raiſon , les nœuds de l'orbite du point M, qui
eſt l'Equateur lui-même , tendent , en vertu de
l'attraction du Soleil , à rétrograder ſur l'Ecliptique ; or ces nœuds ſont la Ligne même des
Equinoxes ; donc l'action du Soleil ſur le point M
tend à faire rétrograder la Ligne des Equinoxes.

Ce que je viens de dire du point M s'appliquant aux autres points du Méniſque, avec les
modifications qui conviennent à leur diſtance
plus ou moins grande de l'Equateur, on voit
qu'ils tendent à faire rétrograder la Ligne des
Équinoxes. De toutes ces tendances, il réſulte
une tendance moyenne qui forme la partie de
la Préceſſion des Equinoxes due à l'action du
Soleil.

Une circonſtance à remarquer dans cet effet
de l'attraction du Soleil, c'eſt qu'en même tems
qu'elle fait rétrogader la Ligne des Equinoxes,
elle ne produit aucun changement ſenſible dans

l'inclinaifon du plan de l'Equateur avec l'Ecliptique ; mais c'eſt un réſultat de la théorie, qu'il eſt impoſſible de démontrer ſans le ſecours du calcul.

L'action de la Lune ſur le Méniſque de la Terre, tend également, & par la même raiſon que l'on vient d'expoſer, à faire rétrograder ſur le plan de l'orbite lunaire, l'interſection de ce plan avec celui de l'Equateur, ſans changer ſenſiblement l'inclinaiſon de ces deux plans. Si l'orbite lunaire étoit dans le plan de l'Ecliptique, cette interſection ſeroit la Ligne même des Equinoxes, & la rétrogradation cauſée par la Lune s'ajouteroit exactement avec la rétrogradation occaſionnée par l'action du Soleil. Mais à cauſe de la petite inclinaiſon de l'orbite lunaire ſur le plan de l'Ecliptique, le mouvement rétrograde que l'attraction de la Lune imprime à l'interſection de l'Equateur avec cette orbite, doit, en même tems qu'il fait rétrograder la Ligne des Equinoxes, changer un peu l'inclinaiſon de l'Equateur ſur l'Ecliptique. Ce dernier changement dépend évidemment de la poſition des plans de l'Equateur & de l'orbite lunaire ſur celui de l'Ecliptique, ou, ce qui revient au même, de la poſition des nœuds de l'orbite lunaire & de la Ligne des Equinoxes : on voit donc que la période de 18 ans qui ramène les nœuds de l'orbite lunaire à la même poſition par rapport à la Ligne des Equinoxes, doit auſſi ramener la même inclinaiſon du plan de l'Equateur ſur l'Ecliptique.

Cette petite variation dans l'inclinaiſon de l'Equateur, eſt ce que l'on nomme *Nutation de*

l'axe de la Terre, parce que le plan de l'Equateur ne peut pas s'élever & s'abaisser sur l'Ecliptique, sans que l'axe de la Terre, qui lui est perpendiculaire, ne s'abaisse & ne s'élève lui-même.
Cette nutation est uniquement due à l'action de
de la Lune, & l'on voit pourquoi sa période
est la même que celle du mouvement des nœuds
de l'orbite lunaire.

Il résulte de ce que je viens de dire, qu'une
partie de l'effet de l'attraction de la Lune sur
le Ménisque terrestre s'ajoute à l'effet de l'attraction du Soleil & augmente la *Précession des
Equinoxes*; tandis qu'une autre partie est em-
ployée à produire la *Nutation de l'axe de la Terre*.
En comparant la quantité de cette nutation, qui
est de 18″, avec la précession moyenne des
Equinoxes qui est de 50″ $\frac{1}{3}$ par année, on a
trouvé que l'effet de la Lune sur cette précession moyenne, est environ le double de celui
du Soleil : d'où l'on a conclu que la masse de
la Lune est à-peu-près 80 fois plus petite que
celle de la Terre.

Si l'on désiroit de plus grands détails sur cet
objet, on pourroit consulter le bel ouvrage de
M. d'Alembert sur la Précession des Equinoxes,
qui renferme la première solution directe &
générale que l'on ait donnée de ce difficile &
important Problême.

C'est ici le lieu de répondre à une question
que l'on a souvent faite & qui consiste à savoir
si les Pôles de la Terre, ou, ce qui revient
au même, si les extrémités de son axe de rotation ont pu changer de situation sur la surface
du globe, & répondre successivement à diffé-

rens points très-éloignés entr'eux fur cette furface. Comme la folution de cette queſtion eſt
fort importante dans l'Hiſtoire Naturelle, on ne
fera pas fâché fans doute de trouver ici, en peu
de mots, ce que la théorie nous apprend fur cette
matière.

Si la Terre étoit entiérement folide, on peut
démontrer que fon axe réel de rotation ne s'écar-
teroit jamais par les attractions du Soleil & de
la Lune que d'une très-petite quantité, du point
auquel il répond aujourd'hui. Mais la Terre eſt
recouverte des eaux de la Mer dont la profondeur
eſt très-irrégulière ; & dans ce cas, il eſt poſ-
fible que l'action du Soleil & de la Lune fur
la mer & la réaction des eaux fur la furface du
globe, occaſionnent un déplacement fenſible
dans la poſition de l'axe terreſtre, enſorte que
fes extrémités parcourent une partie confidérable de la furface de la Terre & répondent
quelque jour à des points éloignés des Pôles
actuels, tels que Péterbourg & fon Antipode.
Je puis du moins affurer qu'il n'y a point jufqu'ici de démonſtration de l'impoſſibilité d'un
femblable déplacement ; & qu'en examinant avec
attention cette matière, tout nous porte à le
regarder comme poſſible. S'il exiſte réellement,
on s'en appercevra un jour par le changement
de Latitude de différens lieux de la Terre : mais
comme ce changement eſt inſenſible dans un
petit nombre de ſiècles, ce n'eſt qu'à la poſtérité la plus reculée qu'il appartiendra de prononcer fur cet objet.

ARTICLE VI.

De la Pesanteur considérée comme cause du Flux & du Reflux.

LES attractions du Soleil & de la Lune produisent encore sur la Terre un effet connu & observé sous le nom de *Flux & Reflux* de la Mer. On appelle ainsi ce mouvement des eaux de la Mer, en vertu duquel elles s'élèvent & s'abaissent deux fois en 24 heures.

Les eaux recouvrant en grande partie la surface de la Terre, éprouvent de la part de ces deux astres une attraction plus ou moins forte, suivant qu'elles en sont plus ou moins éloignées. Cette différence d'attraction doit nécessairement troubler leur équilibre & les tenir dans une agitation continuelle. Examinons l'effet qui doit en résulter.

Pour cela, supposons la Terre en T & la Lune en L (fig. 15), LOO étant son orbite. Il est visible que la colonne d'eau au-dessus de laquelle la Lune répond immédiatement étant plus près de cet Astre que le centre de la Terre, en est plus fortement attirée, & que cette attraction diminue un peu l'effet de l'attraction de la Terre sur cette même colonne d'eau. Devenant donc ainsi moins pesante que dans son état ordinaire, elle ne peut plus balancer la pression des colonnes d'eau plus éloignées : elle est par conséquent forcée de s'élever, pour compenser par sa hauteur, la diminution de son poids.

Les eaux fituées aux points A & B, à 90°
du point E au-deffus duquel répond la Lune,
doivent s'abaiffer en même tems en fe préci-
pitant vers le point E. La Mer fera donc dans
fa plus grande élévation au point E, & dans
fon plus grand abaiffement aux points A & B.

A 180° du point où répond la Lune, ou, ce
qui revient au même, au point R directement
oppofé à E, les eaux étant plus éloignées de
la Lune que le centre de la Terre, en font plus
foiblement attirées ; enforte que leur preffion fur
la furface de la Terre en eft diminuée, puifque
cette furface entraînée par le centre de la Terre,
obéit à une attraction plus puiffante. On voit
donc qu'à ce point R, la colonne d'eau doit
encore s'élever ; & le calcul fait voit que l'élévation des eaux eft, à très-peu de chofe près,
la même dans les deux points oppofés E & R.

Confidérons maintenant (fig. 15) le Soleil S en
conjonction avec la Lune L, il eft clair qu'alors
fon action concourt avec celle de la Lune, &
qu'ainfi la hauteur des marées fera la plus grande
poffible, fur-tout fi ces deux Aftres font dans
leur plus grande proximité de la Terre.

Si nous fuppofons enfuite, comme dans la
figure 16, le Soleil en oppofition avec la Lune,
l'effet de ces deux Aftres doit être encore le
même : car puifque l'effet de chacun de ces
Aftres eft le même fur les eaux au-deffus defquelles il répond & fur celles qui font dans
la partie directement oppofée, il eft clair que
l'effet de l'attraction des deux Aftres fera le
même, foit qu'ils fe trouvent du même côté
ou du côté oppofé, pourvu qu'ils foient à-peu-

près fur une même ligne avec le centre de la Terre.

Mais fi, comme dans la figure 17, la Lune étoit à 90° de diftance du Soleil, ainfi que cela arrive dans les *Quadratures* (1); il eft clair par tout ce que l'on vient de voir, que la plus grande hauteur des marées, occafionnée par l'action de la Lune, répondroit au point où l'action du Soleil produiroit le plus grand abaif- fement; enforte que cette action du Soleil détrui- roit une partie de l'effet de la Lune, & la ma- rée ne feroit alors que le réfultat de la diffé- rence des actions de ces deux Aftres.

On voit donc que lorfque la Lune & le Soleil font en conjonction & en oppofition (ce qui arrive dans les Nouvelles & Pleines Lunes); les marées doivent être les plus grandes, & qu'elles doivent être les plus petites lorfque ces deux Aftres font à 90° de diftance l'un de l'autre, ce qui arrive, comme je viens de le dire, dans le tems des Quadratures.

Dans les diftances intermédiaires, la Marée eft plus forte que dans les *Quartiers*, & plus foible que dans les *Pleines* & les *Nouvelles Lunes*. Le point de la Terre où la plus grande élévation des eaux a lieu, n'eft point exactement celui qui eft directement au-deffous de la Lune; ce doit être un point intermédiaire entre le Soleil & la Lune, mais plus près de la Lune que du Soleil, parce que l'action de la Lune, pour produire

---

(1) C'eft ce que l'on nomme le *premier* & le *dernier* quartier de la Lune. Il en fera parlé dans le troifième Chapitre.

les

les Marées, est environ deux fois plus considérable que l'action du Soleil; par la même raison que la première de ces deux actions influe deux fois plus que la seconde sur la Précession des Equinoxes.

Maintenant, si l'on compare aux Observations ce qui vient d'être dit d'après la Théorie, on trouvera le plus parfait accord, sur-tout si l'on a soin de faire entrer dans le calcul toutes les circonstances essentielles. Mais comme de plus grands détails sur cet objet ne peuvent être du ressort de cet Ouvrage, les Lecteurs curieux de s'instruire à fond de cette matière, pourront consulter les Mémoires de MM. Bernouilli, Euler & Maclaurin & les *Nouvelles Recherches* de M. de la Place, insérées dans les Mémoires de l'Académie des Sciences pour les années 1775 & 1776.

ARTICLE VII.

La Pesanteur, cause d'un mouvement régulier dans l'Atmosphère, ne l'est pas des vents alisés ; & de la véritable cause de ces vents.

ON sent aisément que les attractions du Soleil & de la Lune ne pouvant arriver jusqu'à la Mer sans pénétrer l'Atmosphère, doivent nécessairement y produire des oscillations analogues à celles de la Mer. On peut donc assurer qu'il y a dans la masse d'air qui environne la Terre, un Flux & Reflux semblable à celui de l'Océan. Les colonnes de l'Atmosphère ne peuvent s'élever

ni s'abaisser sans que la hauteur du Baromètre augmente ou diminue ; ensorte qu'il y a dans le Baromètre des oscillations pareilles à celles de la Mer. Indépendamment de toutes les variations accidentelles auxquelles il est soumis, il s'élève & s'abaisse deux fois par jour, par l'effet de l'attraction du Soleil & de la Lune sur l'Atmosphère. Mais le peu de densité de l'air rend ces variations insensibles, & sous l'Equateur même où elles sont à leur plus haut point, elles ne doivent être, suivant la Théorie, que d'un cinquième de ligne.

Quelques Auteurs ont pensé que les vents *alisés* (1) doivent leur origine à ces attractions du Soleil & de la Lune sur l'air ; mais on a reconnu que cela est impossible, & que l'action de ces Astres ne peut exciter que des oscillations périodiques & insensibles dans l'Atmosphère. Il faut donc pour expliquer ces vents, recourir à une autre cause. Voici celle qui paroît la plus vraisemblable.

Le Soleil étant supposé dans le plan de l'Equateur, y raréfie les colonnes d'air par sa chaleur & les élève au-dessus de leur véritable niveau. Elles doivent donc retomber par leur poids en se portant vers les Pôles, dans les parties supérieures de l'Atmosphère. Mais en même tems dans la partie inférieure, il doit survenir un nouvel air frais, qui, arrivant des climats situés vers les Pôles, remplace celui qui a été raréfié sous l'Equateur. Il s'établit ainsi deux courans

---

(1) Vents réguliers qui se font sentir principalement dans la Zône Torride.

l'air, l'un dans la partie supérieure de l'atmosphère, & dont la direction est de l'Equateur
vers les Pôles ; & l'autre à la surface de la
Terre, & qui a lieu des Pôles vers l'Equateur.

Ces deux courans sont faciles à concevoir
par ceux que l'on remarque dans un appartement échauffé, dont on tient la porte ouverte.
Si l'on présente une bougie à la partie inférieure de la porte, on voit la flamme se porter
vers l'intérieur de l'appartement, ce qui prouve
l'existence du courant d'air du dehors en dedans;
& si l'on élève la bougie au haut de la porte,
on voit la flamme se porter en dehors de l'appartement, ce qui indique un courant d'air en ce
sens.

Cela posé, l'air, en vertu de la rotation de
la Terre, a une vîtesse d'autant moindre qu'il
est plus éloigné de l'Equateur, puisque les cercles
qu'il décrit sont plus petits. En s'avançant vers
l'Equateur, il doit donc tourner moins vîte que
les parties correspondantes de la Terre. Les
corps placés à la surface de la Terre doivent
par conséquent frapper l'air avec l'excès de leur
vîtesse & en éprouver une résistance qui tend
à diminuer leur mouvement de rotation. On
voit ainsi que pour un spectateur placé sur la
Terre & qui se croit immobile, l'air paroît avoir
un mouvement réel dans un sens contraire à
celui dans lequel la Terre tourne, c'est-à-dire,
d'Orient en Occident; & c'est en effet la direction des vents alisés.

ARTICLE VIII.

Conclusion.

S I l'on se rappelle maintenant le grand nombre & la variété des Phénomènes que l'on vient d'expliquer & la manière simple dont ils dérivent de la Pesanteur générale de la matière; si l'on fait ensuite réflexion qu'indépendamment de toutes les preuves qui en démontrent l'existence, il est très-naturel d'admettre dans tous les Corps célestes le pouvoir qu'a la Terre d'attirer à elle tous les corps qui l'environnent; il ne doit rester aucun doute sur la vérité de la Théorie que je viens d'exposer, & l'on ne peut trop admirer comment des Phénomènes en apparence aussi différens que le sont les mouvemens des Planètes selon les loix de Kepler, les inégalités de la Lune, la Précession des Equinoxes & le Flux & le Reflux de la Mer, dépendent d'un même principe qui les enchaîne tous & qui n'en fait qu'un seul Phénomène général, celui de la Gravitation universelle. C'est dans ce sens que l'on a eu raison de dire qu'il n'y auroit qu'une seule vérité, pour qui connoîtroit parfaitement les causes les plus cachées des Phénomènes de la nature.

D'illustres Philosophes frappés de la fécondité du principe de la Pesanteur de toutes les parties de la matière les unes vers les autres, ont cru pouvoir s'en servir pour expliquer un grand nombre de Phénomènes que nous présentent la Physique & la Chymie, tels que la

Cohéfion des Corps, les Affinités, l'Afcenfion des liqueurs dans les tuyaux capillaires, la Réfraction & l'Inflexion de la Lumière, &c. Tous ces Phénomènes paroiffent en effet dépendre d'une tendance réciproque des différentes parties des Corps; & il étoit bien naturel de préfumer que cette tendance n'étoit que la Gravitation même de toute la matière, en raifon des maffes & réciproque au carré des diftances, & dont l'exiftence eft fi bien démontrée dans la Phyfique célefte. Mais la vraie Philofophie ne doit admettre que ce qui eft le réfultat de l'obfervation ou du calcul. Or en foumettant au calcul l'effet de cette Gravitation générale, on trouve qu'elle eft beaucoup trop foible pour produire la tendance en vertu de laquelle deux gouttes d'eau ou de mercure, préfentées très-près l'une de l'autre, fe réuniffent & n'en forment qu'une feule. On trouve encore qu'elle n'eft pas à beaucoup près affez puiffante pour foutenir les liqueurs à la hauteur à laquelle elles s'élèvent dans les tubes capillaires, ou pour infléchir la lumière qui paffe près des corps, ou pour la réfracter. On peut dire la même chofe relativement aux Affinités chymiques. Il paroît donc qu'outre la force générale de la Gravitation univerfelle, il exifte dans la matière un grand nombre d'autres forces particulières dont dépendent ces divers Phénomènes.

CHAPITRE TROISIEME.

Des apparences des Corps célestes, rela-
tivement à un Spectateur placé sur la
Terre.

Dans les deux Chapitres précédens, j'ai
exposé les Phénomènes célestes tels qu'ils sont
en eux-mêmes ; j'en ai expliqué la cause autant
qu'il étoit possible de le faire sans le secours
du calcul : il reste maintenant à parler de la
manière dont ces Phénomènes doivent se présenter à un Spectateur placé sur la Terre. On
sent aisément que ce Spectateur, emporté dans
l'espace par le mouvement de rotation de la
Terre sur elle-même & par son mouvement
autour du Soleil, se croyant d'ailleurs immobile, doit naturellement attribuer ces mouvemens en sens contraire aux Corps célestes,
ensorte qu'ils doivent lui paroître avoir des
mouvemens composés de leurs mouvemens
propres & des mouvemens qu'il leur attribue.

La bifarrerie de ces mouvemens composés a
long-tems embarrassé les Astronomes, avant que
l'on en eût démêlé la partie réelle de celle qui
n'est qu'apparente. Ptolémée imagina, pour les
expliquer, un système fort compliqué que chaque
découverte nouvelle compliquoit davantage.
Mais Copernic ayant découvert ou au moins
mis dans un plus grand jour les différens mouvemens de la Terre, la facilité avec laquelle

toutes les apparences du mouvement des Planètes s'expliquent dans ce nouveau Syſtême, le fit inſenſiblement adopter, malgré tous les préjugés contraires, & il n'eſt plus aujourd'hui de Savant qui ne l'admette.

SECTION PREMIERE.

Des mouvemens des Corps céleſtes vus de la Terre.

ARTICLE PREMIER.

Du mouvement diurne (1) *apparent des Corps céleſtes.*

J E ſuppoſerai dans ce qui va ſuivre un Spectateur obſervant ce qui ſe paſſe dans le Ciel.

L'horizon (2) ſenſible de cet Obſervateur eſt le plan qui touche la ſurface de la Terre au point où il eſt placé. Ainſi A O P R T (fig. 18) repréſentant la Terre, que l'on ſuppoſe tourner ſur l'axe A P; & O étant le lieu de l'Obſervateur, le plan tangent M O N eſt ſon horizon *ſenſible.* La ligne O Z, perpendiculaire à ce plan, eſt une verticale. Le point Z où cette verticale prolongée eſt ſuppoſée rencontrer

---

(1) *Diurne* vient du latin *diurnus*, formé de *dies*, *le jour.*

(2) *Horizon* vient du grec ὁρίζω, *je borne;* parce qu'en effet l'Horizon borne notre vue quand nous ſommes en pleine campagne.

G 4

le Ciel, se nomme *Zenith* (1), & le point R qui lui est opposé, se nomme *Nadir* : ces deux points sont les deux Pôles de l'horizon. On nomme horizon *rationnel*, le plan H T L parallèle à l'horizon sensible, & qui passe par le centre T de la Terre.

En vertu du mouvement de rotation de la Terre, l'horizon sensible que l'on suppose tourner avec elle, doit s'abaisser au-dessous des Etoiles ou s'élever au-dessus. Dans le premier cas, les Etoiles d'invisibles qu'elles étoient, deviennent visibles ; dans le second, elles cessent d'être visibles. L'Observateur ne s'appercevant pas de son mouvement, ni de celui de son horizon, croira que se sont les étoiles qui s'élèvent au-dessus, ou qui s'abaissent au-dessous ; par la même raison qu'un homme, placé dans un vaisseau qui s'éloigne du rivage, peut croire que c'est le rivage lui-même qui s'éloigne du vaisseau. Les apparences sont donc visiblement les mêmes, soit que l'on suppose toutes les Etoiles tourner au tour de la Terre, & l'Observateur immobile ; soit que l'on suppose les Etoiles immobiles, & la Terre tournant sur elle-même.

Mais si l'on fait attention à la distance prodigieuse du Soleil, qui est à plus de 34 millions de lieues ; à celle des Etoiles, qui est au moins, 27 mille fois plus grande, à la masse énorme de tous ces corps qui sont cent mille ou un

---

(1) *Zenith* vient de l'Arabe, & signifie *voie au-dessus* ; & *Nadir*, dans la même langue signifie *voie opposée*. Voyez la Bibliothèque de M. d'Herbelot.

million de fois plus gros que la Terre; on doit sentir combien il répugne de leur attribuer un mouvement d'une rapidité auffi inconcevable, que celle qui feroit néceffaire pour les faire tourner en 24 heures autour de la Terre, tandis que pour rendre raifon de toutes ces apparences, il fuffit de fuppofer un mouvement fur lui-même au Globe terreftre qui n'a que 2800 lieues environ de diamètre; une raifon d'ailleurs bien puiffante qui doit nous porter à admettre ce dernier mouvement, c'eft que dans le cas où l'on fuppoferoit tous les Corps céleftes tourner autour de la Terre, il feroit fort étrange que tant de Corps, ifolés entr'eux, & placés à des diftances de la Terre auffi différentes, tournaffent cependant tous dans le même fens, & n'employaffent que le même tems à faire leurs révolutions. Si l'on vouloit affujettir au calcul des probabilités, un Phénomène auffi extraordinaire, on trouveroit qu'il y a des milliards à parier contre un que cela n'eft pas ainfi, & qu'il exifte une caufe commune de toutes apparences, laquelle eft le mouvement diurne de la Terre fur elle-même.

ARTICLE II.

Du Lever & du Coucher des Aftres.

LE centre de la Terre étant en T & l'Obfervateur en O (fig. 19), fi l'on conçoit une Etoile placée en S, fur le prolongement de l'axe B T A de la Terre, cette Etoile ne paroîtra pas avoir changé de place à l'Obfervateur, tandis qu'il décrit le petit cercle O M N R, en tournant avec la Terre. Elle sera toujours également élevée sur son horizon, & il la croira immobile : on voit ainsi que les deux points où l'axe de la Terre prolongé rencontre le Ciel, doivent paroître en repos ; mais à mesure qu'une Etoile est éloignée de ce point, elle paroît décrire un cercle d'autant plus grand, qu'elle en est plus distante : ces cercles sont tous parallèles à l'Équateur ; on les nomme par cette raison *Parallèles*, & ils sont plus petits à mesure qu'ils approchent des Pôles.

Une Etoile, & généralement tous les Corps célestes qui nous renvoient de la lumière, peuvent être considérés comme le sommet d'un cône (1) qui vient s'appuyer sur une moitié de la surface de la Terre, & l'éclairer. Dans la partie de la Terre qui est opposée à l'Etoile, on ne peut l'appercevoir ; mais elle peut être vue de tous les points qui sont dans le cône de lumière : or, la Terre en tournant sur elle-même, doit présenter successivement ses différentes parties à ce cône, ensorte que l'observateur doit s'y plonger en vertu de ce mouvement. Du moment où il commence à l'atteindre, l'Etoile paroît se lever pour lui ; à mesure qu'il avance dans ce cône, l'Etoile paroît s'élever de plus en plus sur l'horizon ; lorsqu'il est exactement au milieu, l'Etoile est à sa plus grande hauteur : elle est au milieu de sa course apparente, relative-

---

(1) Un cône est une figure dont on ne peut donner une idée plus facile à saisir qu'en la comparant à la forme d'un pain de sucre.

ment à l'Observateur ; & si l'on fait passer alors un cercle par les deux Pôles & par le Zenith du Spectateur, ce cercle ira rencontrer l'Etoile. On nomme ce cercle *Méridien* (1) ; il divise en deux parties égales la portion de cercle que l'Etoile paroît décrire sur l'horizon. L'Observateur continuant toujours de se mouvoir dans le cône de lumière, finira par le quitter. Cet instant sera celui du coucher de l'Etoile, qui ne reparoîtra ensuite, que lorsque la Terre en tournant, aura replongé de nouveau l'Observateur dans le cône de lumière.

Il est visible que durant ce mouvement de l'Observateur, l'Etoile lui aura paru se mouvoir en sens contraire de celui de la Terre, c'est-à-dire d'Orient en Occident.

Ce que l'on vient de dire d'une étoile, peut également s'appliquer à la Lune, aux Planètes, & généralement à tous les Corps célestes : en l'appliquant au Soleil, on aura une idée parfaitement juste du lever & du coucher de cet astre, & de la manière dont le jour commence, s'accroît & finit.

---

(1) *Méridien.* Ce mot est formé du latin *meri*, *moitié*, & de *dies*, *le jour* ; parce qu'en effet le jour est à la moitié lorsque le Soleil arrive au Méridien.

ARTICLE III.

Des Saisons.

SI le Soleil étoit toujours dans le plan de l'Equateur, il est clair que la moitié de la surface éclairée de la Terre, s'étendroit d'un Pôle à l'autre ; ainsi la terre en tournant sur elle-même, présenteroit successivement tous ses points au cône de lumière que nous supposons partir de cet astre : de plus il est visible que chaque point de la surface de la Terre seroit plongé dans ce cône durant une moitié de sa révolution & cesseroit d'y être durant l'autre moitié : les jours seroient donc égaux aux nuits.

On voit ainsi que cette égalité des jours & des nuits doit avoir lieu pour tous les pays de la Terre, lorsque le Soleil est dans le plan de l'Equateur. Et c'est ce qui arrive lorsque par le mouvement annuel de la Terre dans l'Ecliptique, la Ligne des Equinoxes, ou, ce qui revient au même, l'intersection des plans de l'Equateur & de l'Ecliptique passe par le Soleil. Or telle est la position de la Terre au commencement du Printems.

§. I.

Position de la Terre au commencement du Printems.
(Equinoxe le 21 Mars.)

La Terre (& par ce mot j'entends ici l'Observateur placé sur cette Planète) se trouvant alors entre le Signe de la Balance & le Soleil, apperçoit cet Astre sous le Signe du Bélier.

Si nous suppofons un rayon de lumière tombant perpendiculairement du Soleil fur la Terre, le point qu'il y marquera fera vifiblement au milieu de la partie éclairée de la furface de la Terre, & également diftant des deux Pôles. La Terre en tournant en 24 heures, préfentera tous les points de fa furface au Soleil, & le rayon tombant fur le milieu de la furface éclairée, y tracera un cercle qui partagera la fuperficie du Globe en deux parties égales ; ce fera l'*Equateur*.

La partie du Globe qui s'étend depuis notre Pôle que l'on nomme *Pôle arctique* (1), *boréal*, ou *feptentrional*, s'appelle *Partie feptentrionale* ; celle qui lui eft oppofée, & qui s'étend jufqu'à l'autre Pôle, que l'on nomme *Pole antarctique* (2), *auftral*, ou *méridional*, s'appelle *Partie méridionale*. Ces deux Parties font égales entre elles : de-là vient probablement le nom d'*Equateur* que l'on a donné au cercle qui les fépare. On lui donne auffi quelquefois le nom de *Ligne Equinoxiale*, parce que quand le Soleil eft dans le plan de ce cercle, il y a égalité de jour & de nuit dans tous les lieux de la Terre. En effet, puifque cette Planète tourne fur elle-même en 24 heures à-peu-près, & qu'elle a toujours une moitié éclairée & une moitié dans l'ombre, on fent bien, comme je l'ai déjà dit, que quand le rayon

___

(1) *Arctique* vient du grec ἄρκτος, *ours* ; parce que les Grecs nommoient ainfi la conftellation la plus voifine du Pôle.

(2) *Antarctique* vient de deux mots grecs, ἀντι, *oppofé*, & de ἄρκτος, *ours* ; parce que ce Pôle eft oppofé au Pôle arctique.

tombant du Soleil fur le milieu de la furface
éclairée décrit l'Equateur, tous les Peuples d'un
Pôle à l'autre entrent dans la partie éclairée à
fix heures du matin, & en fortent à fix heures
du foir. Le jour eft par conféquent égal à la nuit.

§. II.

Pofition de la Terre au commencement de l'Eté.
(*Solftice le 22 Juin.*)

Nous avons vu dans le premier Chapitre,
que l'axe de la Terre eft incliné au plan de
l'Ecliptique de 66° ½. Lorfque la Terre eft au
commencement du Printems, fes deux Pôles
font femblablement fitués par rapport au Soleil,
& la lumière de cet aftre fe répand également
des deux côtés de l'Equateur. Mais tandis que
la Terre décrit fon orbite autour du Soleil,
fon axe conferve toujours, à très-peu de chofe
près, fon parallélifme; & le Pôle arctique fe
préfente de plus en plus au Soleil jufqu'au 22
de Juin, jour auquel il eft directement, incliné
vers le Soleil.

A cette époque la Terre eft entre le Signe
du Capricorne & le Soleil, enforte qu'elle apperçoit cet aftre fous le Signe du Cancer ou de
l'Ecreviffe.

Confidérons (fig. 20, *pofition de la Terre en Eté.*)
la Terre dans cette pofition; & fuppofons que
T foit fon centre; S, celui du Soleil; P T N l'axe
terreftre, dont P eft le Pôle arctique; S M T le
rayon qui tombe perpendiculairement du Soleil
fur la furface de la Terre, & qui eft dans
le plan de l'Ecliptique; B T A une ligne perpen-

diculaire à l'Ecliptique, & par conféquent à S T.
Il eſt viſible que, dans cette fituation du globe
terreſtre, la partie P A, fituée au-delà du Pôle,
ſera éclairée par le Soleil, & que l'axe P T N
faiſant avec S T un angle de 66^d $\frac{1}{2}$, fera avec
A T un angle de 23^d $\frac{1}{2}$. Ainſi depuis le Pôle arctique juſqu'à 23^d $\frac{1}{2}$ au-delà, tous les points de
la Terre ſont toujours dans la partie éclairée
durant la rotation de la Terre ſur elle-même.
Il n'y aura donc point de nuit au commencement de l'Eté relativement à ces points.

Si l'on mène un rayon du Soleil S au point
A, il tracera fur la Terre, par la révolution
de cette Planète, un petit cercle A L parallèle
à l'Equateur E G, & éloigné du Pôle de 23^d $\frac{1}{2}$:
on le nomme *Cercle Polaire arctique*; &, par ce
que l'on vient de voir, il a la propriété de
borner la partie de la ſurface de la Terre pour
laquelle il n'y a point de nuit au commencement de l'Eté.

On voit clairement que tous les parallèles à
l'Equateur E G auront, depuis le Cercle polaire
A L juſqu'à l'Equateur, une plus grande partie dans la ſurface éclairée que dans l'ombre,
& cela d'autant plus qu'ils ſeront plus près du
Cercle polaire. D'où il ſuit que depuis ce cercle
juſqu'à l'Equateur, les jours ſeront plus longs
que les nuits; & que la différence ſera d'autant
plus conſidérable, que l'on ſera plus près du
Pôle arctique P.

A l'Equateur les jours ſeront égaux aux nuits.
Mais en s'avançant au-delà vers le Pôle antarctique N, les parallèles à l'Equateur auront
leur plus petite partie dans la ſurface éclairée,

& leur plus grande dans l'ombre. Ainfi, relativement aux points fitués fur ces parallèles, les
jours feront plus courts que les nuits, & cela
d'autant plus que l'on s'approchera davantage
du Pôle antarctique N.

On voit de plus que la furface éclairée par
le Soleil, fe terminant au point B, tous les points
de la Terre compris depuis le Pôle antarctique
N jufqu'au point B qui en eft éloigné de 23^d $\frac{1}{2}$,
feront dans l'ombre ; & que, relativement à ces
points, il n'y aura pas de jour.

Une ligne droite S B, menée du Soleil au
point B, tracera fur la Terre, en vertu du mouvement de rotation de cette Planète, un petit
cercle B V parallèle à l'Equateur, & qui fera
éloigné du Pôle antarctique de 23^d $\frac{1}{2}$. Ce cercle
fe nomme *Cercle Polaire antarctique* ; & il a la
propriété de borner toute la partie de la furface de la Terre pour laquelle il n'y a point de
jour au commencement de l'Eté.

Le rayon S M, perpendiculaire à la furface
de la Terre, tracera fur la partie Septentrionale un cercle M R, parallèle à l'Equateur, &
que l'on nomme *Tropique du Cancer.* Il eft éloi-
gné du Pôle de 66^d $\frac{1}{2}$, & de 23^d $\frac{1}{2}$ de l'Equateur. Dans cette pofition, le Soleil nous paroî-
tra le plus près poffible du Pôle P, & par conféquent il fera à fa plus grande hauteur à midi
fur notre horizon. Comme il ne s'éloigne de
cette pofition que d'une manière prefque infenfible durant quelques jours, on l'a nommée
Solftice d'Eté (1).

---

(1) *Solftice* vient du latin *Sol, le Soleil,* & de *ftat,*

II

Il feroit inutile de confidérer les pofitions de la Terre intermédiaires entre le Printems & l'Eté, parce que l'on fent aifément que les différences qui ont lieu dans la longueur des jours depuis le commencement de la première de ces faifons jufqu'au commencement de la feconde, doivent aller toujours en croiffant. Ainfi les longueurs des jours doivent augmenter, & le Soleil doit paroître s'élever de plus en plus fur notre horizon, depuis le 21 Mars jufqu'au 22 de Juin. On voit également que depuis le 22 de Juin jufqu'au 21 de Septembre, tems de l'Equinoxe d'Automne, les jours doivent diminuer, ainfi que la hauteur méridienne du Soleil, à-peu-près de la même manière fuivant laquelle ils avoient augmenté précédemment.

§. III.

Pofition de la Terre au commencement de l'Automne.
(Equinoxe le 21 Septembre.)

La Terre que nous venons de confidérer au commencement de l'Eté, en continuant de s'avancer felon l'ordre des Signes, verra le Soleil paffer fucceffivement fous les Signes du Cancer, du Lion, de la Vierge. Enfin elle le verra entrer dans le Signe de la Balance. A cette époque, ni l'un ni l'autre de fes deux Pôles n'eft incliné vers le Soleil; & la Ligne d'interfeftion de l'Ecliptique & de l'Equateur, paffe

---

il s'arrête ; parce que le Soleil qui a paru monter de l'Equateur au Solftice, femble s'y arrêter avant de retourner en arrière.

* H

par le centre de cet astre qui nous paroît alors être dans le plan de l'Equateur. Cette situation des Pôles par rapport au Soleil, étant absolument semblable à celle de la Terre au Printems, tout ce que j'ai dit du Printems doit s'appliquer également à l'Automne. Les jours seront par conséquent égaux aux nuits, & c'est à cause de cette égalité que l'on nomme cette position de la Terre *Equinoxe d'Automne :* elle a lieu le 21 de Septembre.

§. IV.

Position de la Terre au commencement de l'Hiver.
(*Solstice le 22 Décembre.*)

La Terre, en continuant toujours de s'avancer dans son orbite, croit voir le Soleil parcourir les Signes de la Balance, du Scorpion, du Sagittaire. Lorsqu'il paroît entrer dans le Signe du Capricorne, elle est alors dans le point de son orbite opposé à celui où elle étoit au commencement de l'Eté. Son axe P T N (fig. 20, *position de la Terre en Hiver*) ayant, à très-peu de chose près, conservé son parallélisme, on voit que le Pôle antarctique N est directement incliné vers le Soleil, tandis que le Pôle arctique P est incliné en sens contraire. Si l'on fait sur cette situation de la Terre des considérations semblables à celles que l'on a faites en parlant de l'Eté, on verra :

1°. Que tous les points situés depuis le Cercle polaire arctique A jusqu'au Pôle P, n'auront point de jour;

2°. Que depuis ce Cercle jusqu'à l'Equateur E G

les Parallèles auront leur plus grande partie dans l'ombre, & leur plus petite dans la surface éclairée, & qu'ainsi les jours seront plus courts que les nuits ;

3°. Qu'à l'Equateur les jours seront égaux aux nuits, & qu'en s'avançant vers le Pôle antarctique N, les Parallèles ayant leur plus grande partie dans la surface éclairée, les jours seront, relativement à eux, plus longs que les nuits. Les peuples situés sur ces Parallèles auront ainsi leur Eté, tandis que nous aurons notre Hiver ;

4°. Enfin que depuis le Cercle polaire antarctique jusqu'au Pôle N, il n'y aura point de nuit.

Le rayon S Z tombant perpendiculairement du Soleil sur la surface de la Terre, tracera, par la révolution de cette Planète, un Cercle Z X parallèle à l'Equateur, situé vers le Pôle antarctique, & éloigné de l'Equateur de 23$^{\text{d}}\frac{1}{2}$: c'est le *Tropique du Capricorne.*

Ce cercle est le terme du plus grand éloignement du Soleil au-delà de l'Equateur, & par conséquent de la plus petite hauteur méridienne de cet astre sur notre horizon. Et comme le Soleil ne s'en éloigne que d'une manière presque insensible pendant plusieurs jours, on nomme cette position du Soleil *Solstice d'Hiver :* elle a lieu le 22 de Décembre.

H 2

§. V.

Retour de la Terre à l'Équinoxe du Printems.

Enfin la Terre, pendant les trois derniers mois de l'année, revient, à très-peu de chofe près, au point du Signe de la Balance d'où elle étoit partie, & croit voir le Soleil entrer dans le Signe du Bélier. La Ligne des Equinoxes ou de la Section de l'Ecliptique & de l'Equateur paffe de nouveau par le Soleil, & c'eft le commencement d'un nouveau printems. C'eft ce retour de la Terre au même Equinoxe, que l'on nomme *Année Tropique*, qui, comme je l'ai dit dans le premier Chapitre, diffère un peu de l'année fidérale, à caufe du petit mouvement rétrograde de la Ligne des Equinoxes.

ARTICLE IV.

Remarques fur les effets de la chaleur du Soleil, & fur l'inégalité des Saifons.

APRÈS avoir expofé en général la caufe de la variété des Saifons, je vais placer ici quelques remarques curieufes & importantes fur les circonftances qui les accompagnent.

§. I.

Sur les effets de la chaleur du Soleil, & fur la Chaleur centrale.

J'obferverai d'abord que le Soleil reftant plus long-tems en Eté qu'en Hiver fur notre horizon, nous jouiffons plus long-tems de fa chaleur ; de plus, les hauteurs méridiennes de cet aftre étant plus grandes, fes rayons tombent plus perpendiculairement fur nous, au lieu qu'en Hiver ils tombent plus obliquement en raifon du peu d'élévation du Soleil. Ils traverfent par conféquent une plus grande étendue de l'athmofphère de la Terre, qui en intercepte une partie confidérable. On voit ainfi quelle eft la caufe principale des grandes chaleurs de l'Eté & des grands froids de l'Hiver.

J'obferverai enfuite que, quoiqu'en Hiver le Soleil s'élève peu fur notre horizon, il eft cependant plus près de la Terre qu'en Eté. On doit fe rappeller que la Terre fe meut dans une Ellipfe, telle que A C B E A (fig. 21) dont le Soleil occupe un des foyers S, & qu'elle eft le plus près poffible de cet aftre lorfqu'elle paffe par fon Périhélie A, c'eft-à-dire par l'extrémité du grand axe de fon orbite, la plus voifine du Soleil. Ce paffage arrive dans ce fiècle le 2 Janvier ; la Terre eft donc à cette époque moins éloignée du Soleil que dans tout autre point de fon orbite. Elle paffe au contraire en Eté, c'eft-à-dire vers le premier de Juillet, à fon Aphélie B ; & alors elle eft le plus loin qu'il eft poffible du Soleil. A la vérité, la différence entre

ces deux diſtances Aphélie & Périhélie n'eſt pas
conſidérable : elle eſt d'environ un trentième
de la diſtance de la Terre au Soleil. Malgré cela
elle doit influer ſur la température de l'Hiver
& de l'Eté. Elle adoucit un peu la rigueur du
froid de nos Hivers , & modère la chaleur de
nos Etés. C'eſt, ſans doute, une des raiſons pour
leſquelles on a obſervé de plus grands froids
à pareille diſtance de l'Equateur vers le Pôle
antarctique , que vers le Pôle arctique ; parce
qu'en même tems que l'Hiver a lieu pour les
peuples ſitués vers le Pôle antarctique , le Soleil
eſt le plus éloigné poſſible de la Terre.

En parlant des effets de la chaleur du Soleil dans les différentes ſaiſons de l'année , je
ne puis me refuſer au plaiſir d'expoſer en peu
de mots l'idée la plus naturelle que l'on puiſſe
ſe former de la chaleur centrale , ſur laquelle
on a tant écrit dans ces derniers tems.

C'eſt un fait qui paroît certain, qu'en portant
un Thermomètre à différentes profondeurs conſidérables, il indiquera toujours le même degré
de température : ce degré eſt le dixième au-
deſſus de la glace dans le Thermomètre de Réaumur ; & c'eſt celui auquel un Thermomètre ſe
ſoutient conſtamment dans les caves de l'Obſervatoire , dont la profondeur eſt de 80 pieds.
D'où il ſuit que dans nos climats, les grandes
chaleurs de l'Eté & le froid rigoureux de l'Hiver
ne pénètrent pas à cette profondeur. Les Ther-
momètres que l'on a deſcendus dans des mines
beaucoup plus profondes, ont toujours indiqué
ce même degré de température. On peut donc
en conclure , avec une très-grande vraiſem-

blance, que depuis 80 ou 100 pieds de profondeur jufqu'au centre de la Terre, la température eft conftante & égale à 10 degrés du Thermomètre de Réaumur. Mais quelle eft la caufe de cette chaleur centrale ? C'eft ce que je vais tâcher d'expliquer d'après quelques Savans qu'une fage philofophie a fu affranchir du joug des anciens préjugés, & garantir de la féduction des opinions nouvelles.

Pour cela j'obferverai que la chaleur du Soleil qui agit fans ceffe fur la furface de la Terre, & principalement dans la Zone Torride, doit fe communiquer infenfiblement dans tout fon intérieur, & que depuis long-tems elle a dû parvenir jufqu'au centre de cette Planète. Cette chaleur augmenteroit fans ceffe, & finiroit par embrâfer la Terre, s'il ne s'en faifoit pas une déperdition continuelle. Il y a donc eu un terme où la chaleur de la Terre, occafionnée par le Soleil, a ceffé d'augmenter : & c'eft celui où ce qui s'en diffipoit à chaque inftant, s'eft trouvé parfaitement égal à l'accroiffement qu'elle recevoit de la part du Soleil. Une fois parvenue à ce terme, cette chaleur a dû refter ftationnaire; & tant que la diftance de la Terre au Soleil ne changera pas, elle fe foutiendra conftamment au même degré. On voit d'ailleurs clairement qu'à la furface de la Terre où la chaleur des corps peut fe diffiper & la chaleur du Soleil fe communiquer avec facilité, il doit y avoir de grandes viciffitudes de froid & de chaud; mais qu'à une certaine profondeur on ne doit plus fentir que la chaleur permanente du Globe Terreftre; cela pofé, n'eft-il pas naturel de regarder cette chaleur comme étant la même que celle dont je viens de parler, & qui, fuivant l'expérience, équivaut à 10^d du Thermomètre de Réaumur ?

Cette explication de la chaleur centrale me paroît beaucoup plus vraifemblable & plus conforme à la faine phyfique, que celle dans laquelle on fuppofe que la Terre a été dans un état d'ignition, enforte que fa chaleur actuelle n'eft que le refte de fa chaleur primitive. Je me garderai bien de nier ou d'affirmer rien fur les différens états par lefquels, felon toutes les apparences, le Globe Terreftre a paffé. Mais il me femble que pour expliquer les phénomènes, on ne doit admettre que des caufes inconteftables ; & que, dans le cas où elles nous manquent, au lieu de recourir à des fuppofitions pour le moins incertaines, il eft bien plus fage de convenir de notre ignorance.

§. II.

De l'inégalité des Saifons.

Le Printems, l'Eté, l'Automne & l'Hiver ne font pas égaux entr'eux.

De l'Equinoxe du Printems au Solftice d'Eté, l'intervalle eft de 92 j. 22 h. 14′.

Du Solftice d'Eté à l'Equinoxe d'Automne, il eft de 93 j. 13 h. 34′.

De l'Equinoxe d'Automne au Solftice d'Hiver, cet intervalle eft de 89 j. 16 h. 35′.

Et l'intervalle du Solftice d'Hiver à l'Equinoxe du Printems eft de 89 j. 1 h. 47′.

D'où il fuit que le Soleil nous paroît être 186 j.

11 h. 48′ dans les Signes Septentrionaux, & seulement 178 j. 18 h. 22′ dans les Signes méridionaux. Cent quarante ans avant Jesus-Christ, Hipparque, comme je le dirai bientôt, observa cette différence entre les Saisons ; mais il ne la trouva pas la même qu'aujourd'hui. L'intervalle de l'Equinoxe du Printems au Solstice d'Eté, qui dans ce siècle est moindre que l'intervalle du Solstice d'Eté à l'Equinoxe d'Automne, étoit de son tems plus considérable ; & il s'assura que le premier étoit de 94 j. $\frac{1}{2}$, tandis que le second n'étoit que de 92 j. $\frac{1}{2}$. Je pense que l'on verra avec plaisir le développement de la cause de cette différence entre les résultats d'Hipparque & les nôtres. Il sera d'autant plus utile, qu'il répandra un nouveau jour sur ce que j'ai déjà dit.

L'Ellipse A C B E A (fig. 21) étant toujours supposée représenter l'orbite de la Terre, & le Soleil étant à l'un des foyers S ; la Ligne des Solstices L H, qui est nécessairement perpendiculaire à la Ligne N M des Equinoxes, ne coïncide pas avec le grand axe A B, que l'on nomme aussi *Ligne des Absides.* Elle fait avec cet Axe un petit angle L S A, de manière que la Terre arrive au Solstice d'Hiver L quelques jours avant de passer à son Périhélie A.

Supposons d'abord que le Solstice d'Hiver coïncide avec le Périhélie ; il est clair que la Ligne C E, perpendiculaire à l'axe A B, sera la Ligne des Equinoxes, & que le point B de l'Aphélie sera le Solstice d'Eté. Or la portion C B de l'orbite de la Terre, étant exactement égale & semblable à la partie B E, il est visible que la Terre employera à parvenir de l'Equinoxe C du Printems au Solſtice B d'Eté, le même tems que de ce Solſtice à l'Equinoxe E d'Automne.

Il n'en eſt pas ainſi lorſque la Ligne LH des Solſtices ne tombe pas ſur la Ligne AB. Dans ce cas, la portion de l'orbite que la Terre parcourt depuis l'Equinoxe M du Printems juſqu'au Solſtice H d'Eté, eſt moindre que CB. Car, ſi d'un côté, elle renferme de plus la partie MC, d'un autre côté elle renferme de moins la partie HB. Or l'angle MSC étant égal à l'angle HSB, & le rayon SB étant plus grand que le rayon SC, on voit claire-ment que la partie HB eſt plus grande que la partie MC. On ſait de plus, par la théorie du mouvement de la Terre, que ſa vîteſſe en B eſt moindre que ſa vîteſſe en C. La Terre em-ploie donc plus de tems à parcourir la partie HB que la partie MC. D'où il ſuit que la portion MCH de l'orbite de la Terre eſt par-courue en moins de tems que la partie CHB; & que par conſéquent l'intervalle de l'Equinoxe du Printems au Solſtice d'Eté, eſt moindre que lorſque la Ligne des Solſtices coïncide avec l'axe AB.

Au contraire la partie HBN de l'orbite de la Terre eſt plus grande que la partie BNE, parce que l'arc HB eſt plus grand que l'arc NE. La vîteſſe en B étant d'ailleurs moindre qu'en E, le premier de ces deux arcs eſt parcouru dans un tems plus conſidérable que le ſecond, & par conſéquent la Terre emploie plus de tems à décrire l'arc HBN que l'arc BNE; donc l'intervalle du Solſtice d'Eté à l'Equinoxe d'Automne doit être plus grand que lorsque la Ligne des Solstices coïncide avec l'axe A B.

On voit par-là qu'il doit y avoir une différence entre l'intervalle de l'Équinoxe du Printems au Solstice d'Eté, & celui du Solstice d'Eté à l'Équinoxe d'Automne ; & que le premier de ces intervalles doit être moindre que l'autre : c'est la raison pour laquelle nous venons de voir que le premier n'est que de 92 j. 22 h. 14′, tandis que le second est de 93 j. 13 h. 34′.

Ce seroit tout le contraire si la Terre passoit par son Périhélie avant d'arriver au Solstice d'Hiver. Car, en supposant que K S F soit la ligne des Solstices, & par conséquent D S G la ligne des Équinoxes, on prouvera, comme ci-dessus, que l'intervalle G B F de l'Équinoxe du Printems au Solstice d'Eté sera plus grand, & parcouru en plus de tems que la partie C B, tandis que l'intervalle F D du Solstice d'Eté à l'Équinoxe d'Automne, sera parcouru en moins de tems que la partie B E. D'où il suit qu'alors l'intervalle de l'Équinoxe du Printems au Solstice d'Eté doit être plus grand ; & que l'intervalle du Solstice d'Eté à l'Équinoxe d'Automne doit être moindre que si la Ligne des Solstices coïncidoit avec l'axe B A.

Cette position que je viens de donner à la Ligne des Solstices, avoit lieu du tems d'Hipparque. Car, en vertu de la précession des Équinoxes & du mouvement de l'Apogée du Soleil, la Terre, arrivée à son Périhélie, avoit encore plus de 30 degrés à parcourir dans son orbite avant d'arriver au Solstice d'Hiver. Voilà pourquoi l'intervalle de l'Équinoxe du Printems au

Solstice d'Eté étoit plus grand alors que celui de ce même Solstice à l'Equinoxe d'Automne ; au lieu que de nos jours le premier de ces inter-valles est moindre que le second.

Pendant que la Terre parcourt la portion M B N de son orbite , ou , ce qui revient au même, pendant que le Soleil nous semble aller de l'Equinoxe du Printems à l'Equinoxe d'Automne , nous le rapportons aux Signes Septentrionaux ; & nous le rapportons aux Signes Méridionaux pendant que la Terre parcourt la partie N A M. Or la première partie M B N est plus grande que la partie N A M ; elle est d'ailleurs parcourue avec moins de vîtesse. Le Soleil doit donc nous paroître plus long-tems dans les Signes Septentrionaux que dans les Signes Méridionaux : c'est la raison pour laquelle nous avons trouvé 187^d , ou plus exactement , 186 j. 11 h. 48′ pour le premier de ces intervalles, & seulement 178 j. 18 h. 22′ pour le second.

ARTICLE V.

Du Jour civil , du Jour astronomique ; du Tems vrai, & du Tems moyen.

LE Jour *Civil* est le tems que le Soleil paroît sur l'Horizon, c'est-à-dire , l'intervalle de tems qui s'écoule depuis le lever jusqu'au coucher de cet Astre. Cet intervalle est plus long en Eté qu'en Hiver , pour tous les Peuples de la Terre qui ne sont pas sous l'Equateur : & sous ce Cercle il est le même dans toutes les Saisons de l'année , & constamment égal à 12 heures.

On nomme Jour *Aftronomique* l'intervalle de tems que le Soleil emploie à revenir au Méridien. Ce Jour eft le même pour tous les Peuples de la Terre ; mais il varie un peu dans les différentes Saifons de l'année. Sa durée moyenne eft de 24 h. , & par conféquent plus grande d'environ 4' que le tems de la révolution de la Terre fur elle-même, qui n'eft que de 23 h. 56' 56".

Pour faire entendre la raifon de cette différence, fuppofons (fig. 22) le Soleil en S, la Terre en T , & O un point quelconque de la furface de la Terre, placé directement fous le Soleil. Si le centre T de la Terre étoit immobile, il eft vifible que le point O tournant autour de ce centre dans le fens O M N, reviendroit fous le Soleil dans l'intervalle de 23 h. 56' ; mais en même tems que ce point tourne autour du centre T, ce centre fe meut autour du Soleil, enforte qu'il eft tranfporté de T en Z, lorfque le point O fe retrouve directement au-deffous du Soleil S; le rayon O Z n'eft plus alors parallèle au rayon O T, & il fait avec le rayon Z K, parallèle à O T, un angle K Z O, égal à l'angle T S Z, que le Soleil paroît avoir décrit dans l'Ecliptique, & qui eft de 59' environ. Le point O a donc, dans l'intervalle d'un Jour, fait un tour entier autour du centre de la Terre, plus la trois cent foixante-cinquieme partie de ce tour : or le tems que la Terre emploie à faire un tour entier étant de 23 h. 56', celui qu'elle met à n'en faire que la trois cent foixante cinquieme partie, eft de 4', à-peu-près ; l'intervalle de tems que le point O emploie à revenir fous le Soleil, ou, ce qui revient au même, la longueur du Jour aftronomique eft donc de 23 h. 56', plus 4', c'eſt-à-dire, de 24 heures.

Si la Terre ſe mouvoit uniformément autour du Soleil, & ſi le Plan de l'Equateur coïncidoit avec celui de l'Ecliptique, tous les intervalles d'un midi à l'autre ſeroient égaux ; mais l'inégalité des mouvemens de la Terre dans ſon orbite, & l'obliquité de l'Ecliptique ſur l'Equateur, font que le mouvement apparent du Soleil, rapporté à l'Equateur, n'eſt pas uniforme : il eſt le plus lent qu'il ſoit poſſible vers les Equinoxes, & le plus rapide vers les Solſtices, & ſur-tout vers le Solſtice d'hiver : or ce mouvement, évalué en degrés eſt, par ce qui précède égal à celui que la Terre fait de plus que ſon tour entier pour ramener un point de ſa ſurface directement ſous le Soleil. L'excès du Jour aſtronomique ſur le tems de la rotation de la Terre, n'eſt donc pas le même dans les différentes Saiſons de l'année ; d'où il ſuit que ce Jour n'eſt pas conſtamment de même longueur. Un Jour qui tient le milieu entre ces différens Jours que l'on nomme *vrais*, eſt ce que l'on appelle Jour *moyen*. Le Jour *vrai* & le Jour *moyen* ſe diviſent également en 24 heures.

Le Tems moyen eſt le nombre des jours moyens & des heures moyennes, écoulés depuis une époque déterminée.

Le Tems vrai eſt le nombre de Jours vrais & d'heures vraies, écoulés depuis la même époque. La différence du Tems vrai & du Tems moyen, eſt ce que l'on nomme *Equation du Tems* : la plus grande Equation ne va pas au-delà de 15 ou 16 minutes.

ARTICLE VI.

Division de la Terre en Zônes.

LES différences de longueur des jours & des nuits en Eté & en Hiver, relativement aux différens Peuples de la Terre, ont donné lieu aux Géographes de partager sa surface en différentes Zones (1) ou bandes parallèles à l'Equateur.

Les Peuples situés entre l'Equateur & l'un & l'autre des deux Tropiques, voient le Soleil passer deux fois chaque année au-dessus de leur tête ; & c'est par cette raison que l'on a donné à la Zone comprise entre les deux Tropiques, le nom de *Zone Torride.* Les Peuples qui l'habitent voient durant une partie de l'année le Soleil à midi vers le Sud, & durant l'autre partie ils le voient vers le Nord; mais il est toujours du même côté par rapport à tous les autres Peuples de la Terre. On nomme *Zones Tempérées*, les deux parties de la surface de la Terre, comprises depuis les Tropiques jusqu'aux Cercles polaires ; & *Zônes Glaciales*, celles qui s'étendent depuis chacun des Cercles polaires jusqu'à leurs Pôles correspondans.

---

(1) *Zône* vient du grec Ζῶνη, *ceinture. Torride* vient du latin *Torridus, brûlé.*

ARTICLE VII,

Division de la Terre par Climats (1).

UN Obfervateur fitué à l'un des Pôles, a l'Equateur pour Horizon; il ne peut conféquemment voir le Soleil qu'autant que cet Aftre eft dans le plan ou au-deffus de l'Équateur, relativement à ce Pôle, ce qui dure environ fix mois. Pendant le tems que cet Aftre eft au-deffous, il eft invifible pour ce Spectateur. Le jour eft donc de fix mois au Pôle, & la nuit y eft de même durée; mais les réfractions dont je parlerai dans la fuite, le Crépufcule, la Lumiere de la Lune & celle des Etoiles, diminuent la longueur & les ténèbres de cette longue nuit.

En s'avançant du Pôle vers les Cercles polaires, on a des jours & des nuits de plufieurs mois; ils diminuent à mefure que l'on s'en approche, & fous les Cercles polaires eux-mêmes, le plus long jour de l'Eté n'eft que de 24 h., & en Hiver la plus longue nuit eft de même durée.

Au-delà de ce Cercle, en s'approchant de l'Equateur, le jour & la nuit ont lieu dans l'efpace de 24 h., & la longueur du plus grand jour d'Eté qui eft de 24 h. en partant du Cercle polaire, va toujours en diminuant, à mefure que l'on s'avance vers l'Equateur. Elle eft fucceffive-

---

(1). *Climat* paroît venir de Κλιμαζ, *région*, parce que les Climats font comme autant de Régions différentes. M. de Gébelin le fait venir de Κλιμαζ, *Echelle, degrés.*

ment

ment & par degrés de 23, 22, 21 h., &c. jufqu'à l'Equateur, où le jour & la nuit font conftamment de 12 h. dans toutes les Saifons de l'année.

On nomme Climat de 23 h., la zône comprife depuis le Cercle polaire jufqu'au parallèle où le jour eft de 23 h.; Climat de 22 h., la zône comprife depuis ce Parallèle jufqu'à celui où le jour eft de 21 h., & ainfi de fuite (1). On doit obferver ici que les nuits de l'Hiver font de la même longueur que les jours de l'Eté; ainfi dans les Climats de 23, de 22 h., &c. les nuits d'Hiver font de 23, 22 heures, &c.

Au refte, cette manière de diftinguer les différens Pays de la Terre par les Climats eft peu en ufage; & l'on a préféré, avec raifon, de les déterminer par les *Latitudes* & les *Longitudes*, ce qui eft incomparablement plus précis. Comme la connoiffance de ce que l'on nomme Longitude & Latitude, eft de la plus grande importance en Géographie, je vais traiter cet objet avec tout le détail néceffaire.

---

(1) En parlant des Globes & des Sphères, je donnerai une Table des Latitudes où commencent & finiffent ces différens Climats, depuis l'Equateur jufqu'aux Pôles.

ARTICLE VIII.

De la Latitude Terrestre.

SI l'on conçoit la surface de la Terre partagée par une infinité de Cercles parallèles à l'Equateur, il est visible que la position de chacun de ces Cercles sera déterminée par sa distance à l'Equateur. Or, on mesure cette distance au moyen d'un Méridien ou grand Cercle qui passe par les deux Pôles & par l'axe de la Terre, & qui rencontre perpendiculairement l'Equateur. Le nombre de degrés de ce Cercle, compris entre l'Equateur & le Parallèle dont il s'agit, fixe la distance de ces deux derniers Cercles. Cette distance à l'Equateur, comptée en degrés du Méridien, est ce que l'on nomme *Latitude Terrestre.*

On voit ainsi que tous les points situés sous un même Parallèle, ont la même Latitude ; donc il suit que la Latitude ne fixe pas la position d'un point de la Terre, mais seulement celle du Parallèle sur lequel il est situé.

Pour rendre ceci plus sensible, supposons que T (fig. 23) soit le Centre de la Terre, E G son Equateur, P T B son axe, & O un point quelconque de sa surface. La Latitude de ce point est le nombre de degrés que renferme l'arc O E du Méridien P E B, où la distance de ce point à l'Equateur, comptée en degrés du Méridien.

Il est aisé de démontrer, qu'à cause de la distance immense des Etoiles relativement au rayon du Globe Terrestre, le point du Ciel Q que rencontre le prolongement P de l'axe de la

Terre, eſt élevé au-deſſus de l'Horizon O K du même nombre de degrés que renferme l'arc O E. La Latitude eſt donc égale à l'élévation du Pôle ſur l'Horizon : ainſi à l'Equateur , le Pôle étant dans le plan de l'Horizon , la Latitude eſt nulle , ce qui eſt viſible par la définition même de la Latitude ; & ſous les Pôles la Latitude eſt de 90 degrés.

On nomme Latitude *Boréale* (1) ou *Septentrionale* (2) , celle des lieux ſitués vers le Pôle Septentrional ; Latitude *Auſtrale* (3) ou *Méridionale* , celle des lieux ſitués vers le Pôle Auſtral.

Il exiſte un grand nombre de méthodes pour déterminer la Latitude : la plus ſimple de toutes & la plus facile à concevoir eſt celle-ci. Si dans une nuit d'Hiver on obſerve une des Etoiles qui ne ſe couchent jamais , telle que l'Etoile polaire ; il eſt viſible que paroiſſant tourner autour du Pôle , elle ſemblera dans la partie ſupérieure de ſon Cercle , s'être rapprochée de notre Zénith , tandis que dans ſa partie inférieure elle paroîtra s'en être éloignée. D'ailleurs il eſt clair qu'autant elle aura été plus élevée que le Pôle dans le premier cas , autant elle ſera plus abaiſſée dans le ſecond. Si l'on obſerve ainſi la plus grande & la plus petite hauteur de l'Etoile , on aura la

---

(1) *Boréal* vient du grec Βορέας. Par ce mot les Grecs déſignoient le vent de Nord-Eſt ; & comme ce vent eſt très-froid , on a pris inſenſiblement Borée pour le vent du Nord.

(2) *Septentrional.* Les Latins appeloient *ſeptentrionales* les ſept Etoiles qui forment la conſtellation de la petite Ourſe.

(3) *Auſtrale* vient de Αυστερ, nom que portoit chez les Grecs le vent de Sud.

hauteur du Pôle , en prenant un milieu entr'elles , ou , ce qui revient au même, en prenant la moitié de leur fomme.

§. I.

De la Mefure des degrés de Latitude , & de leurs différentes grandeurs.

Il eft aifé de concevoir , d'après ce que je viens de dire de la Latitude, la manière dont on a mefuré les degrés de Latitude pour déterminer la figure de la Terre. Suppofons en effet que l'on obferve d'un lieu donné , la hauteur d'une Etoile , lorfqu'elle paffe au Méridien ; il eft vifible que fi cette Etoile eft fituée du même côté que le Pôle , par rapport au Zénith , elle paroîtra plus élevée fur l'Horizon à mefure que l'on s'avancera vers le Pôle ; & l'on prouvera facilement, à caufe de la diftance immenfe des Etoiles, que , fi en marchant toujours fous le même Méridien, on s'eft approché du Pôle d'un degré , l'Etoile paroîtra plus élevée d'un degré fur l'Horizon , lorfqu'elle paffera au Méridien. On connoîtra donc , par la différence des hauteurs méridiennes de l'Etoile, de combien de degrés on s'eft approché du Pôle. Suppofons que ce foit d'un degré trente minutes, il ne s'agira plus enfuite que de mefurer en toifes l'intervalle des deux lieux dans lefquels on a obfervé la hauteur de l'Etoile, & l'on aura, pour une fimple proportion , la longueur de degré du Méridien ou de Latitude dans cet intervalle. C'eft ainfi que l'on a obfervé la longueur des degrés du Méridien, dont j'ai parlé dans le premier Chapitre , & que l'on s'eft apperçu qu'ils étoient plus grands à une plus grande Latitude ; d'où l'on a conclu que la Terre étoit applatie vers les Pôles , & moins épaiffe dans ce fens que dans celui de l'Equateur.

§. II.

De la Parallaxe des Aftres , & de la Diftancé de la Lune à la Terre.

La différence des hauteurs méridiennes d'une Etoile , indique avec précifion la différence des Latitudes de deux lieux où l'on obferve , à caufe de fa diftance immenfe à la Terre ; mais il n'en eft pas ainfi lorfque la grandeur du rayon de la Terre eft comparable à la diftance de l'Aftre que l'on obferve ; dans ce cas on peut ainfi déter-miner cette diftance. Pour cela fuppofons que T foit le centre de la Terre (fig. 24) , O & K deux points fitués fous le Méridien , & dont la diftance O H K en degrés , & par conféquent en lieües & en toifes , foit connue. Suppofons auffi qu'à ces deux points il y ait deux Obfer-vateurs qui obfervent le centre d'un Aftre quel-conque L , lorfqu'il paffe au Méridien & qui déter-minent les hauteurs L K M & L O N de cet Aftre fur les Horizons K M & O N ; en tirant la droite K O , la pofition refpective des points O & K , que nous fuppofons connue , fera connoître les deux angles M K O & N O K ; & en leur ajoutant ref-pectivement les deux angles L K M & L O N , on aura les deux angles L K O & L O K du triangle O L K. Si l'on retranche leur fomme de 180^d , on aura l'angle K L O , formé par les deux droites menées de chaque Obfervateur au

I 3

centre de l'Astre ; cet angle est ce que l'on nomme la *Parallaxe* de l'Astre : & comme la longueur du côté K O peut être facilement déterminée en lieues & en toises, on en conclura, par les règles de la Trigonométrie, la distance LT du centre de l'Astre au centre de la Terre.

Je ne dois pas dissimuler ici que chaque Observateur pouvant se tromper de quelques secondes dans la détermination de la hauteur de l'Astre au-dessus de son Horizon, il peut y avoir une erreur de quelques secondes dans la mesure de l'angle K L O ; d'où il suit que si cet angle n'est lui-même que d'un petit nombre de secondes, ce qui arrive lorsque l'Astre est fort éloigné ; l'incertitude sur sa véritable valeur pouvant aller au double de cet angle, celle sur la distance de l'Astre ira par conséquent au double de sa véritable distance.

La Méthode précédente ne peut donc servir à mesurer la Parallaxe, & la distance des Astres fort éloignés de nous, tels que le Soleil & les Planètes : mais pour la Lune, relativement à laquelle l'angle K L O est de 55′ ou de 60′, & même davantage ; l'inconvénient dont je viens de parler n'est point à craindre, & je ne crois pas que sur la distance de la Lune à la Terre, qui est rapportée dans le premier Chapitre, l'erreur aille au-delà de 50 ou 60 lieues.

On nomme Parallaxe horizontale de l'Astre L (fig. 25), l'angle formé par la droite horizontale L O, & par la droite T L, qui joint le centre de la Terre & celui de l'Astre lorsqu'il est à l'horizon ; c'est l'angle sous lequel du centre de l'Astre on verroit le demi-diamètre de la Terre.

Cet angle eſt pour la Lune de 57′ 3″ lorſqu'elle eſt dans ſa diſtance moyenne ; il eſt pour le Soleil de 8″ ½, comme on l'a conclu des Obſer-vations du paſſage de Vénus ; pour les Etoiles il eſt abſolument inſenſible.

ARTICLE LX.

De la Longitude.

Puisque la Latitude ne détermine que la poſition du Parallèle ſur lequel l'Obſervateur eſt ſitué, il faut pour connoître ſa poſition ſur le Globe, déterminer encore le point du Parallèle ſur lequel il eſt. Pour cela on choiſit un Méridien fixe, que l'on nomme *Premier Méridien*, tel que celui qui paſſe à Paris. Il eſt viſible que les Mé-ridiens de différens points d'un parallèle quel-conque, feront des angles plus ou moins grands avec ce premier Méridien. L'angle que fait le Méridien du lieu de l'Obſervateur avec le pre-mier Méridien, déterminera donc la poſition de l'Obſervateur ſur ce Parallèle. Cet angle eſt ce que l'on nomme *Longitude* du lieu de l'Obſervateur.

On voit par-là que la Latitude détermine le parallèle ſous lequel eſt l'Obſervateur, & que la Longitude détermine le point où il eſt ſur ce Parallèle ; enſorte que lorſque ſa Longitude & ſa Latitude ſont connues, on connoît ſa poſition ſur la ſurface de la Terre.

L'angle que fait le premier Méridien avec celui d'un lieu quelconque, ſe meſure par le nombre de degrés de l'Equateur, qu'ils interceptent, ou, ce qui revient au même, par le nombre de degrés d'un Parallèle quelconque. Mais on doit obferver que ces degrés font plus petits à mefure que les Parallèles approchent des Pôles, parce que ces Cercles font eux-mêmes plus petits. Je donnerai dans la fuite une Table de la longueur en toifes & en lieues, des degrés de Longitude mefurés fur les Parallèles correfpondans à 1, à 2, &c. jufqu'à 90 degrés de Latitude, c'eft-à-dire, depuis l'Equateur jufqu'aux Pôles.

§. I.

Différentes méthodes pour déterminer la Longitude.

La détermination de la Longitude eft un des objets les plus importans de la Géographie. Elle préfente beaucoup plus de difficultés que celle de la Latitude. Pour donner une idée des différentes manières dont on peut l'obtenir, imaginons à Breft une Horloge bien réglée fur le mouvement moyen du Soleil, & qui marque par conféquent le tems moyen ; il eft clair que le mouvement du Soleil étant bien connu par les excellentes Tables que l'on en a conftruites, fi l'on obferve l'heure que marque cette Horloge lorfque le Soleil paffe au Méridien un jour déterminé, on fera en état d'en conclure l'heure qu'elle marquera à midi pour tous les jours de l'année.

Suppofons maintenant que l'on embarque fur un vaiffeau cette Horloge, & qu'elle ne fe dérange pas durant la route ; lorfqu'elle fera arrivée dans un lieu quelconque, par exemple à Cadix, elle marquera toujours la même heure

que si elle fût restée à Brest. Supposons ensuite
que l'on observe à Cadix l'heure qu'y marquera
l'Horloge lorsque le Soleil passe au Méridien,
& que cette heure soit midi 8′ 2″ ; comme on est
censé connoître l'heure que marque cette Horloge lorsqu'il est, ce jour là, midi à Brest, supposons encore qu'elle marque à cet instant midi
une minute, & qu'ainsi elle avance d'une minute sur le midi de Brest ; il est clair que lorsqu'il
sera midi à Cadix, il sera à Brest midi 7′ 2″ ;
ensorte que le Soleil, par le mouvement journalier qu'il nous paroît avoir, se sera éloigné du
Méridien de Brest de l'angle qu'il nous semble
décrire en 7′ 2″. Or cet Astre, nous paroissant
parcourir 360ᵈ en 24 heures, nous paroît décrire en 7′ 2″, un degré 45′ 30″. Le Méridien
de Cadix, dans le plan duquel se trouve le Soleil
lorsqu'il est midi 7′ 2″ à Brest, a donc une Longitude plus occidentale que Brest, d'un degré
45′ 30″.

On voit par-là que si l'on avoit une excellente
Horloge qui ne se dérangeât pas sur un Vaisseau,
malgré les différens mouvemens de tangage &
de roulis qu'il éprouve, cette Horloge, une fois
bien réglée dans le lieu du départ, serviroit
durant tout le voyage à reconnoître à chaque
instant la Longitude du Vaisseau, relativement
à ce lieu-là. Et comme on peut avoir la Latitude
par différentes méthodes, on auroit alors, avec
beaucoup de précision, sa position sur la vaste
étendue des Mers, & sa distance aux différens
lieux connus de la Terre. On sent par-là toute
l'importance de l'invention de semblables Horloges pour la Marine, & l'on ne doit pas être

furpris des encouragemens que les Gouvernemens ont donnés aux Artistes pour cet objet. M.
Harrisson, en Angleterre, M. le Roy (1) & M.
Berthoud, en France, s'en font occupés avec
le plus grand succès. Les Montres Marines qu'ils
ont construites ont un degré de perfection que
l'on auroit à peine ofé attendre, & qui donne
lieu d'en espérer de plus grands encore.

On supplée de plusieurs manières au défaut
d'Horloges pareilles à celles dont je viens de
parler. Supposons, par exemple, qu'à Brest & à
Cadix, on observe un phénomène qui puisse
être apperçu à la fois de ces deux endroits, tel
qu'une Eclipse de Lune, ou celle d'un Satellite
de Jupiter. La Longitude de ces deux villes étant
différente, on n'y comptera pas la même heure,
lorsque l'on observera le commencement de l'E-
clipse. Ainsi Cadix étant à l'Occident de Brest, si
ce phénomène arrive à Brest à 11 h. 18′ 2″ du
soir, il arrive, par exemple, à Cadix à 11 h.
11′. De-là on conclut que le midi a lieu à
Brest 7′ 2″ plutôt qu'à Cadix; d'où l'on trouve,
comme on l'a fait ci-dessus, que la différence
en Longitude de Cadix & de Brest est d'un degré
55′ 30″.

On fait encore usage des Eclipses de Soleil
pour déterminer la Longitude. À la vérité le
commencement & la fin de ces Eclipses n'ont
pas lieu en même tems pour les différens points
de la Terre, comme je le ferai voir dans la suite;
ensorte que le calcul nécessaire pour conclure la

---

(1) Cet Artiste célèbre a remporté deux fois le Prix
de l'Académie des Sciences proposé pour cet objet.

Longitude eſt beaucoup plus compliqué pour les Eclipſes de Soleil que pour celles de Lune. Mais les premières ont ce grand avantage, que l'on peut obſerver avec une grande préciſion leur commencement & leur fin ; ce qui n'a pas lieu pour les ſecondes ; par cette raiſon les obſervations des Eclipſes de Soleil ſont les moyens les plus exacts que l'on connoiſſe pour déterminer la Longitude.

Ces différentes manières de déterminer la Longitude de deux endroits, ſuppoſent que l'on a des obſervations correſpondantes faites dans ces deux endroits ; elles ne peuvent par conſéquent ſervir à déterminer la Longitude d'un Vaiſſeau ſur mer. Cependant les obſervations de la Lune ſont un des moyens les plus propres à nous faire connoître cette Longitude, & voici comment,

On obſerve d'abord les diſtances de la Lune à deux Etoiles, & le tems qui s'eſt écoulé depuis que le Soleil a paſſé par le Méridien du Vaiſſeau, juſqu'à l'inſtant de l'obſervation. Je ſuppoſe que ce ſoit 4 h. 17′ ; on calcule, au moyen de cette obſervation, la poſition de la Lune dans ſon orbite, relativement à un Spectateur placé au centre de la Terre. Les Tables de la Lune donnent enſuite l'heure que l'on compte à Paris lorſque cette même poſition a lieu. Je ſuppoſe que ce ſoit 6 h. 25′, on compte par conſéquent ſur le Vaiſſeau 4 h. 17′, tandis qu'il eſt à Paris 6 h. 25′ ; d'où l'on conclut que le midi arrive à Paris plutôt que dans le lieu où eſt le vaiſſeau, de 2 h. 8′. Or le Soleil paroiſſant décrire par ſon mouvement journalier 360ᵈ en 24 heures, paroît décrire 32^d en 2 h. 8′. L'angle formé par le Méridien de Paris & par celui du vaisseau, ou, ce qui revient au même, la différence de Longitude de Paris & du Vaisseau est donc de 32^d, les Vaisseaux étant à l'Occident de Paris.

On voit par-là que l'exactitude de cette détermination dépend, 1°. de la précision des instrumens dont on s'est servi pour observer la Lune, & de l'adresse de l'Observateur ; 2°. de la bonté des Tables de la Lune : celles-ci ont été portées à un grand degré de perfection, depuis que la Théorie de Newton ayant été généralement admise, les Géomètres ont soumis au calcul les irrégularités du mouvement de la Lune. Les Tables de M. Mayer & celles de M. Clairaut, calculées d'après cette Théorie, sont d'une justesse qui laisse peu de chose à desirer.

On sent facilement que l'avantage des observations de la Lune pour déterminer les Longitudes, tient à ce que le mouvement de ce Satellite dans son orbite est assez rapide, ce qui rend l'effet des erreurs des observations sur la Longitude beaucoup moins considérable ; car si l'on s'est trompé, par exemple, d'une minute de degré, en observant la position de la Lune ; l'instant que l'on compte à Paris, au moment de l'observation faite sur le Vaisseau, ne sera pas exactement 6 h. 25′, ce sera 6 h. 25′ *plus* ou *moins* le tems que la Lune emploie à parcourir une minute dans son orbite. Ce tems est d'environ 2′, ensorte que l'on ne se trompe que de 2′ de tems à-peu-près sur l'heure que l'on compte à Paris, tandis qu'il est 4 h. 17′ sur le vaisseau ; ce qui produit 30′ de degré d'erreur sur la Longitude.

Mais fi la Lune, au lieu d'employer 2 minutes de tems pour parcourir une minute de degré dans fon orbite, en employoit treize fois davantage comme le Soleil; alors l'erreur dans la Longitude, au lieu d'être de 30', feroit treize fois plus grande. D'où il fuit que les obfervations du Soleil & des Planètes ne font nullement propres à la détermination des Longitudes; & que fi la Terre avoit un Satellite qui fût plus voifin d'elle, & qui tournât par conféquent avec plus de rapidité, les obfervations de ce Satellite feroient plus avantageufes que celles de la Lune, en raifon de ce que fon mouvement feroit plus rapide. C'eft un avantage qu'a fur nous la Planète de Jupiter, puifque fon premier Satellite fait fa révolution en 1 j. 18 h. 29'.

ARTICLE X.

Du mouvement des Planètes vues de la Terre.

LES Planètes vues du Soleil, nous paroîtroient décrire des orbites régulières en fe mouvant toujours dans le même fens, conformément aux Loix de Képler; mais vues de la Terre, elles paroiffent avoir des mouvemens très-bifarres. Tantôt elles font *rétrogrades*, tantôt *ftationnaires*, & tantôt *directes*. C'eft ce que je vais tâcher de faire entendre en peu de mots.

Confidérons pour cet effet une Planète fupérieure, c'eft-à-dire, dont l'orbite embraffe celle de la Terre, telle, par exemple, que Jupiter. Soit S (fig. 26) le Soleil; T la Terre, T R *u* fon orbite; J Jupiter, J L *q* fon orbite. Suppofons

d'abord que la Terre T se trouve directement
entre le Soleil S & Jupiter J; ensorte qu'elle rapporte Jupiter au point N du Ciel. Il est visible
que la vîtesse de la Terre étant plus grande
que celle de Jupiter, comme je l'ai dit dans le
premier Chapitre, l'arc T R qu'elle décrit sera
plus grand que l'arc J L que Jupiter décrira dans
le même tems, ensorte que les rayons visuels
T J & R L, menés de la Terre à Jupiter, se
croisent dans un point Z. La Terre, arrivée au
point R, rapportera Jupiter au point M du ciel.
Cette dernière Planète paroîtra donc à la Terre
s'être mue de N en M, c'est-à-dire contre l'ordre
des Signes du Zodiaque, tandis qu'elle se sera
mue de J en L suivant l'ordre de ces Signes. Son
mouvement apparent sera donc alors rétrograde.

Mais la Terre & Jupiter, en avançant dans
leurs orbites, parviendront à une position telle
que les arcs correspondans $t r$ & $i l$, quoiqu'inégaux entr'eux, seront cependant compris entre
deux Parallèles $t i$ & $r l$, à cause de la plus
grande obliquité de l'arc $t r$ sur ces parallèles. Les
extrémités P & O de ces Parallèles sembleront
se confondre dans le Ciel, à cause de leur excessive longueur, ainsi que les derniers arbres d'une
longue avenue paroissent se toucher. Jupiter paroîtra donc alors n'avoir pas changé de place,
ou être *stationnaire*.

Enfin la Terre & Jupiter, en continuant toujours de s'avancer dans leurs orbites, & les arcs
décrits par la Terre, devenant de plus en plus
obliques sur le rayon visuel de Jupiter, l'arc
$s u$ qu'elle décrit, quoique plus grand que l'arc
correspondant $p q$ décrit par Jupiter, sera cepen-

dant compris par les rayons visuels divergens
s p Q & *u q* K. Jupiter paroîtra, dans cette position, s'être mu de Q en K, c'est-à-dire, suivant
l'ordre des Signes du Zodiaque. Son mouvement
sera par conséquent *direct*.

Puisque les rayons visuels menés de Jupiter
à la Terre, ont d'abord un mouvement rétrograde, sont ensuite stationnaires, & enfin ont
un mouvement direct; il est clair qu'un Observateur placé sur Jupiter, verra d'abord la Terre
rétrograde, puis *stationnaire*, enfin *directe*. Or les
apparences du mouvement de la Terre, par rapport à cet Observateur, sont évidemment les
mêmes que celles des Planètes inférieures, telles
que Vénus & Mercure, dont les orbites sont
embrassées par celle de la Terre, relativement à
un Observateur placé sur la Terre. Ces deux
Planètes doivent donc nous paroître *rétrogrades*,
puis *stationnaires*, & ensuite *directes*.

Il n'est pas besoin de faire observer que les
Comètes sont sujettes aux mêmes apparences que
les Planètes, & que leur mouvement observé de
la Terre, doit quelquefois paroître avoir une
direction contraire à celle qu'il a dans l'espace.

On voit par-là avec quelle facilité les stations
& les rétrogradations des Planètes, qui avoient
si fort embarrassé les Astronomes avant Copernic, s'expliquent par le mouvement de la Terre.
Cette explication n'est point vague & arbitraire.
En calculant d'après elle, les différentes posi-
tions des Planètes, relativement à la Terre, on
trouve entre les résultats du calcul & les observations, le plus parfait accord. Lorsque Copernic
proposa ses nouvelles idées sur le Système du

Monde, la fimplicité de fon explication des fta-
tions & des rétrogradations des Planètes, comparée à la prodigieufe multiplicité d'*épicycles*
dont on avoit avant lui embarraffé leurs mouvemens pour rendre raifon de ces phénomènes,
fut ce qui frappa le plus les Aftronômes. Et véritablement pour qui la confidérera avec l'attention
convenable, ce fera une des preuves les plus
convaincantes du mouvement de la Terre autour du Soleil.

ARTICLE XI.

De la Parallaxe annuelle.

ON a vu précédemment ce que l'on entend
par la Parallaxe du Soleil, de la Lune, &c. Pour
comprendre ce que l'on nomme Parallaxe *annuelle*,
fuppofons que TRBKT (fig. 27) foit l'orbite
de la Terre, dont le Soleil S occupe le foyer.
Si un Spectateur placé en O fur la Terre T,
obferve la hauteur d'une Etoile E au-deffus de
fon horizon OR, lorfqu'elle paffe au Méridien,
& que fix mois après, lorfque la Terre eft à
l'autre extrémité B du diamètre TSB de fon
orbite, il obferve cette même hauteur; elle
ne fera plus rigoureufement la même que dans
la première obfervation. Il eft facile de démontrer que la différence des deux hauteurs de
l'Etoile eft égale à l'angle formé en E par les
deux droites TE & BE, menées de la Terre
à l'Etoile. Cet angle eft ce que l'on nomme
Parallaxe annuelle, ou Parallaxe du grand orbe;
c'eft

c'eſt l'angle ſous lequel on apperçoit de l'Etoile le diamètre de l'orbite de la Terre. Il eſt viſible que plus une Etoile ſera voiſine de nous, & plus cet angle doit être conſidérable. On a donc cherché à le déterminer pour les Etoiles les plus brillantes, & que, par cette raiſon, on ſoupçonne être plus près de la Terre. Mais quelques efforts que l'on ait faits, on n'a pu y parvenir, à cauſe de ſa petiteſſe exceſſive ; & l'on peut être ſûr qu'il ne ſurpaſſe pas deux ou trois ſecondes. On peut juger par-là de la diſtance des Etoiles à la Terre ; puiſque l'orbe Terreſtre, c'eſt-à-dire un eſpace de 68 millions de lieues de largeur, ne paroît pas, vû des Etoiles, ſous un angle de plus de deux ou trois ſecondes, & vraiſemblablement il eſt beaucoup moindre relativement au plus grand nombre des Etoiles.

ARTICLE XII.

De l'Aberration de la Lumière.

ON a vu, par tout ce qui a précédé, que les apparences pour un Obſervateur placé ſur la Terre, ſont les mêmes que ſi cet Obſervateur étant immobile, les objets qu'il apperçoit avoient en ſens contraire les mouvemens qu'il a lui-même dans l'eſpace. C'eſt ainſi que le mouvement apparent du rivage pour un Spectateur placé ſur un vaiſſeau, eſt le mouvement même du vaiſſeau, tranſporté en ſens contraire au rivage : enſorte que le vaiſſeau s'éloignant vers l'Occident, le rivage lui paroît s'éloigner vers

* K

l'Orient. Appliquons maintenant à la lumière ce principe général des mouvemens apparens. Pour cela nous observerons que les rayons de lumière qui, en partant d'un Astre quelconque, viennent frapper nos yeux, n'y parviennent pas dans un instant ; & l'on s'est assuré, comme je le dirai ci-après en parlant des Eclipses des Satellites de Jupiter, que la Lumière emploie environ 8 minutes de tems à venir du Soleil jusqu'à nous, c'est-à-dire, à parcourir un espace de 34761680 lieues. Cela posé :

Considérons la Terre allant de T en Z (fig. 28) & une Etoile qui nous envoie ses rayons suivant la droite E Z perpendiculaire au plan de l'orbite de la Terre. La direction réelle des rayons de lumière au moment où ils viennent frapper l'œil d'un Observateur en Z, est suivant Z K prolongement de E K. Mais le mouvement apparent de ces rayons est composé de leur mouvement réel suivant Z K, & d'un mouvement suivant Z T égal & contraire à celui de la Terre qui se fait de T vers Z. La direction apparente du rayon de Lumière sera donc suivant une droite Z R moyenne entre Z K & Z T, mais beaucoup plus près de Z K que de Z T, parce que le mouvement de la Lumière est beaucoup plus rapide que celui de la Terre autour du Soleil. Si l'on suppose Z K égal à la distance de la Terre au Soleil, Z T sera la droite décrite par la Terre dans le même tems que le rayon de la Lumière décrit Z K, c'est-à-dire pendant 8 minutes de tems. Mais la Terre décrit dans cet intervalle un arc de 20″ dans son orbite, d'où il suit qu'en achevant le Parallé-

logramme ZTRK, la droite KR qui eſt égale à
TZ peut être conſidérée comme un arc de 20″
dont ZK eſt le rayon. La direction apparente
ZR du rayon de l'Etoile fait donc avec ſa
direction réelle ZK un angle égal à 20″. Ainſi
le Spectateur ne rapporte pas l'Etoile au point E
qu'elle occupe dans le ciel, mais à un point F
éloigné du point E de 20″. La Ligne FE eſt
parallèle à la droite ZT, décrite par la Terre ;
d'où il ſuit que la direction de cette droite chan-
geant continuellement, & faiſant un tour entier
dans l'eſpace d'une année, l'Etoile E paroîtra décrire un cercle autour du point véritable qu'elle
occupe, & dont le rayon ſera de 20″, & par
conſéquent le diamètre de 40″. Il eſt aiſé de
voir que ce mouvement de l'Etoile eſt contraire à l'effet de la Parallaxe annuelle ; puiſ-
qu'en vertu de cette Parallaxe, l'Etoile doit
paroître ſe mouvoir en ſens contraire de la
Terre, c'eſt-à-dire de E vers H.

Ce que je viens de dire d'une Etoile qui répond directement au-deſſus de l'Ecliptique, doit
également s'appliquer aux autres Etoiles avec
les modifications qui conviennent à leur plus
ou moins d'élévation au-deſſus de l'Ecliptique.
Elles paroiſſent toutes décrire des Ellipſes plus
ou moins alongées dont le grand axe eſt de
40″ ; c'eſt-là le Phénomène connu ſous le nom
d'*Aberration.* Il a également lieu pour les Planètes & pour les Comètes ; mais il eſt alors
compliqué des mouvemens de ces Corps & de
celui de la Terre ; & la formule qui le repréſente n'eſt pas la même que pour les Etoiles.

Ce Phénomène fournit, comme on le voit,

K 2

une des preuves les plus directes du mouvement annuel de la Terre autour du Soleil. Il
étonna beaucoup les Aftronomes du dernier
fiècle & du commencement de celui-ci, qu
cherchoient à reconnoître l'effet de la Parallaxe
annuelle fur la pofition des Etoiles. Ils furent
furpris de voir des apparences contraires à celles
qu'ils attendoient. Ce fut M. Bradlei qui, ayant
fuivi ces apparences avec l'attention la plus
fcrupuleufe, en détermina la caufe, telle que
nous venons de l'expofer.

ARTICLE XIII.

*Des mouvemens apparens des Etoiles, occafionnés
par la Préceffion des Equinoxes, & par la
Nutation de l'axe de la Terre.*

Nous avons vu dans les deux Chapitres précédens, que l'interfection de l'Ecliptique & de
l'Equateur, avoit un mouvement rétrograde de
$50'' \frac{1}{3}$ par année. Ce mouvement revient à fuppofer que les Pôles du Monde ou de l'Equa-
teur décrivent autour des Pôles de l'Ecliptique
deux Cercles parallèles à l'Ecliptique, & qui
font éloignés des Pôles de 23^d $28'$, c'eft-à-
dire, de l'inclinaifon de l'Equateur fur l'Ecliptique. Leur mouvement étant de $50'' \frac{1}{3}$ par année, le tems d'une révolution entière eft de
25748 ans. Les Pôles du Monde, en vertu de
ce mouvement, ne répondent pas conftamment
aux mêmes Etoiles, & celle que nous avons
nommée l'*Etoile Polaire*, n'a pas toujours été

auffi près du Pôle qu'elle l'eft aujourd'hui.
Les Etoiles qui font préfentement dans le Plan
de l'Equateur, n'y étoient pas il y a deux mille
ans. Celles qui répondoient aux Equinoxes du
Printems & de l'Automne n'y répondent plus
maintenant. En général l'état du Ciel par rapport
aux Pôles du Monde, à l'Equateur, & aux
points Equinoxiaux, a changé confidérablement
depuis Hipparque, & change tous les jours ;
mais comme la Loi de la Préceffion eft bien
connue, on eft en état de déterminer l'état du
Ciel pour les Siècles paffés & à venir.

Outre ce mouvement général du Pôle du
Monde autour de celui de l'Ecliptique, le premier de ces deux Pôles nous paroît encore faire
de petites ofcillations en vertu de la Nutation
de l'axe de la Terre, comme je l'ai expliqué
dans le fecond Chapitre, à l'occafion de ce phénomène. Ce Pôle nous femble ainfi décrire une
petite Ellipfe, dont le grand axe eft d'environ
18″, & l'on conçoit facilement que ce léger
mouvement doit changer un peu la pofition des
Etoiles par rapport à l'Equateur & aux points
Equinoxiaux.

SECTION DEUXIEME.

Des Phases des Corps célestes vus de la Terre.

ARTICLE PREMIER.

Des Phases proprement dites.

LES Planètes & les Satellites n'étant éclairés que par le Soleil, doivent préfenter à un Spectateur placé fur la Terre, quelques fingularités qui dépendent de leurs fituations par rapport au Soleil & à la Terre. On apperçoit dans certains tems leur furface éclairée toute entière, dans d'autres on n'en apperçoit qu'une partie. Elles fe dérobent même quelquefois totalement à nos yeux. On a nommé *Phases* ces diverfes apparences. Commençons par celles de la Lune.

§. I.

Des Phases de la Lune.

Nouvelle Lune. Lorfqu'en tournant autour de la Terre, ce Satellite (fig. 29) fe trouve entre le Soleil & nous, ou, ce qui revient au même, lorfque la Lune eft en conjonction, la Terre T ne peut l'appercevoir, puifque fa partie éclairée étant toujours tournée vers le Soleil, elle ne nous préfente alors que fa partie obfcure ; fa maffe nous déroberoit même alors entièrement, ou du moins en partie, la lumière de cet

Aftre, fans l'inclinaifon de l'orbite de la Lune fur l'Ecliptique, en vertu de laquelle ce Satellite eft fouvent au-deffus ou au-deffous de ce plan, & ne fe trouve point par conféquent fur la Ligne qui joint le Soleil & la Terre. Cette Phafe de la Lune eft appelée NOUVELLE LUNE.

Premier Quartier. Quelques jours après la Nouvelle Lune, ce Satellite en s'avançant vers l'Orient, commence à nous laiffer appercevoir un peu de fa furface éclairée. Au bout de fept jours nous en voyons une moitié, C, c'eft ce que l'on nomme PREMIER QUARTIER. On l'appelle auffi *Croiffant :* fes cornes font tournées vers l'Orient, & fa partie éclairée vers l'Occident.

Pleine Lune. En continuant d'avancer, la Lune après fept autres jours, fe trouve en oppofition ; & fans l'inclinaifon de fon orbite, la Terre lui déroberoit alors la lumière du Soleil. Mais le plus fouvent elle la reçoit. Et comme alors fa furface éclairée fe trouve directement tournée vers la Terre, elle nous paroît très-brillante, & nous voyons fa furface éclairée toute entière. Cette Phafe eft la PLEINE LUNE.

Dernier Quartier. Enfin, après fept jours encore, la Lune ne préfente plus à la Terre qu'une portion de fa partie éclairée. C'eft le DERNIER QUARTIER. Ses Cornes font tournées vers l'Occident, & fa partie éclairée vers l'Orient.

En revenant entre le Soleil & nous, elle achève fa révolution Synodique, & le tems qu'elle emploie à la faire, eft ce que l'on nomme *Lunaifon* ou *Mois Lunaire.*

De la Lumière Cendrée.

Avant ou après la Nouvelle Lune, on apperçoit une Lumière très-foible sur la partie de la surface de la Lune, qui n'eſt pas éclairée par le Soleil ; cette Lumière ne peut venir du Soleil. Pour en expliquer la cauſe, il faut obſerver que lorſque la Lune eſt en conjonction avec le Soleil, la Terre eſt, par rapport à la Lune, en oppoſition avec le Soleil, enſorte qu'à cet inſtant la Terre doit paroître dans ſon plein, & par conſéquent dans ſon plus grand éclat, à un Spectateur placé ſur la Lune. La Lumière réfléchie par la Terre doit même être plus conſidérable que celle de la Pleine Lune, puiſque la ſurface de la Terre eſt beaucoup plus grande que celle de ce Satellite. C'eſt cette Lumière que la Terre réfléchit à la Lune, qui nous rend viſible la partie de la ſurface non éclairée par le Soleil ; on la nomme *Lumière Cendrée*, à cauſe de ſa couleur.

§. II.

Phaſes de Vénus.

Toutes les Planètes ont auſſi des Phaſes analogues à celles de la Lune. Mais à cauſe de la grande diſtance de Jupiter & de Saturne à la Terre, leurs Phaſes ſont inſenſibles, & ces Planètes nous préſentent toujours, à peu de choſe près, leur partie éclairée toute entière. Mars & Mercure ont des Phaſes ſenſibles ; mais la Planète ſur laquelle elles ſont plus remarquables eſt Vénus. Lorſqu'elle eſt près de ſa conjonction, on ne peut l'obferver , parce qu'elle eft alors trop près du Soleil, & qu'elle fe trouve plongée dans fes rayons. Mais à mefure qu'elle s'en dégage , elle préfente un fpectacle abfolument femblable à celui que nous offre la Lune dans les mêmes circonftances. En la confidérant avec un Télefcope , on voit fa partie éclairée augmenter de plus en plus , jufqu'à ce qu'étant près de l'oppofition, cette Planète fe replonge de nouveau dans les rayons folaires qui nous la font perdre de vue. Elle reparoît enfuite fort brillante , & fa furface éclairée va en diminuant fuivant les mêmes degrés , felon lefquels elle avoit augmenté.

§. III.

Phafes de l'Anneau de Saturne.

L'Anneau de Saturne (fig. 30) eft , comme je l'ai obfervé dans le premier Chapitre , fort mince , relativement à fa largeur. Il préfente des Phénomènes très-finguliers dépendans de fa pofition relativement au Soleil & à la Terre. Pour en donner une idée , j'obferverai qu'il n'eft , ainfi que tous les Corps céleftes de notre Syftême Planétaire, éclairé que par la lumière du Soleil. D'où il fuit que cet anneau doit difparoître à nos yeux toutes les fois que fon plan prolongé paffe entre la Terre & le Soleil , parce que dans cette pofition nous nous trouvons au-deffous de la partie éclairée de l'anneau. Il doit difparoître auffi , lorfque fon plan prolongé paffe par le Centre du Soleil , parce que cet Aftre ne l'éclaire plus que dans le fens de fon épaif-

feur qui eſt très-petite. Dans ces deux cas Saturne paroît rond comme les autres Planètes : dans
tous les autres il eſt accompagné de ſon anneau.

Mais il peut arriver que cet anneau ne paroiſſe
pas l'environner tout entier ; ce qui a lieu lorſque par le peu d'élévation de la Terre au-deſſus
de ſon plan, l'angle ſous lequel ſa largeur peut
être apperçue, eſt moindre que celui ſous lequel
on voit le diamètre de Saturne. Alors cette Planète paroît accompagnée de deux Corps lumineux, qui ſemblent n'avoir aucune adhérence
entre eux : ce ſont les deux extrémités de l'anneau
qui ſont vues de chaque côté de la Planète,
tandis qu'une des branches de l'anneau eſt cachée
derrière elle, & que l'autre paroiſſant ſur la
Planète, ſa Lumière ſe confond avec celle de la
Planète elle-même.

Ces biſarreries de l'anneau de Saturne éton-
nèrent beaucoup Galilée qui les obſerva le
premier, ainſi que les Aſtronomes qui les obſer-
vèrent enſuite. Ils ſe tourmentèrent inutilement
pendant plus de quarante ans pour en deviner
la cauſe, juſqu'au moment où le célèbre Huyghens, ayant porté l'art des Téleſcopes à un
degré de perfection inconnu avant lui, ſuivit
ces apparences avec plus d'exactitude qu'on ne
l'avoit fait encore, & démontra qu'elles étoient
produites par un anneau fort mince dont Saturne eſt environné. Les Lecteurs curieux de
prendre des connoiſſances plus étendues ſur cet
objet, peuvent conſulter l'excellent ouvrage de
M. Du Séjour, qui a pour titre : *Eſſai ſur les Phénomènes relatifs aux diſparitions périodiques de
l'Anneau de Saturne.*

ARTICLE II.

Des Eclipses & du Passage de Vénus.

§. I.

Des Eclipses de Lune.

LA Terre, comme tous les Corps opaques, intercepte la lumière du Soleil. Elle forme derrière elle, relativement à cet Astre, un cône d'ombre T L H, (fig. 31) qui, à raison des grosseurs respectives du Soleil & de la Lune, se termine à un point H éloigné de la Terre d'environ 300 mille lieues, & par conséquent beaucoup au-delà de la distance de la Lune. L'axe de ce cône d'ombre est le prolongement de la droite qui joint les centres du Soleil & de la Terre. Il est conséquemment sur le plan même de l'Ecliptique. On voit ainsi que si, dans l'instant où la Terre passe entre le Soleil & la Lune L, ce Satellite est dans le plan de l'Ecliptique, il sera plongé dans ce cône d'ombre & privé de la lumière du Soleil. Dans cette position la Lune sera éclipsée en entier, & il y aura *Eclipse de Lune*.

Mais si lors de l'apparition de la Lune, elle est assez élevée au-dessus de l'Ecliptique, pour qu'il n'y ait qu'une partie de sa surface engagée dans l'ombre de la Terre, l'Eclipse ne sera pas totale, elle ne sera que partielle, & d'autant moindre que la Lune sera plus élevée sur le plan de l'Ecliptique, ou plus abaissée au dessous.

Il fuit delà que fi l'orbite de la Lune étoit exactement fur le plan de l'Ecliptique, il y auroit chaque mois Éclipfe totale de Lune, lors de l'oppofition de ce Satellite; mais fon orbite étant inclinée à l'Ecliptique, il arrive le plus fouvent que dans fon oppofition, il eft au-deffous ou au-deffus du cône d'ombre formé par la Terre, & dans ce cas il n'y a point d'Eclipfe.

La prédiction des Eclipfes de Lune, fe réduit donc à déterminer d'après les connoiffances que l'on a du mouvement de la Terre, de celui de la Lune & du mouvement de fes nœuds, quelles font les oppofitions dans lefquelles la Lune eft affez peu élevée fur l'Ecliptique, pour qu'au moins une partie de fa furface s'engage dans l'ombre de la Terre, & c'eft ce que l'on fait avec beaucoup de précifion, au moyen des excellentes Tables que l'on a conftruites dans ce fiècle, pour repréfenter le mouvement du Soleil & de la Lune; enforte qu'au moyen de ces Tables, on eft en état de prédire, à très-peu de chofe près, *le tems* des Eclipfes, leur *grandeur* & leur *durée*.

Une circonftance effentielle des Eclipfes de Lune, c'eft que l'on apperçoit ce Satellite, quoique plongé dans l'ombre de la Terre: fa couleur paroît d'un rouge fombre, & la lumière qui la rend vifible, n'eft que la lumière même du Soleil, réfractée par l'Atmofphère de la Terre, comme je l'expliquerai plus au long, en parlant des réfractions de l'Atmofphère.

§. II.

Des Eclipses de Soleil.

Si, lorsque la Lune est en conjonction avec le Soleil, elle est en même tems sur le plan de l'Ecliptique, il est visible que se trouvant alors entre la Terre & le Soleil, elle doit nous cacher son disque tout entier ou en partie.

Elle le cachera tout entier, si son diamètre, vu de la Terre, paroît sous un plus grand angle que celui du Soleil; dans ce cas, il y aura Eclipse *totale* de Soleil.

Elle ne le cachera qu'en partie, si son diamètre est vu de la Terre sous un plus petit angle que celui du Soleil; dans ce cas on verra autour de la Lune un anneau de lumière, qui sera l'excès du diamètre apparent du Soleil sur celui de la Lune.

Les circonstances des mouvemens du Soleil & de la Lune sont telles que ces deux cas peuvent exister. Comme la distance de ces deux Astres à la Terre sont variables, leurs diamètres apparens le sont aussi, de manière que lorsque la Lune est *Perigée* & le Soleil *Apogée*, ou la Terre Aphélie ce qui est la même chose, le diamètre apparent de la Lune est plus grand que celui du Soleil; & si, dans ce cas, elle se trouve exactement entre le Soleil & la Terre, elle le cache en entier. Mais si la Lune est *Apogée* & le Soleil *Perigée*, ou la Terre Périhélie ce qui est la même chose, le diamètre apparent de la Lune est plus petit que celui du Soleil, & lorsqu'elle se trouve exactement entre le Soleil &

la Terre, elle ne le cache pas en entier, & elle en laisse appercevoir une partie sous la forme d'un anneau lumineux.

J'ai cherché à représenter ces deux sortes d'Eclipses dans la figure 32 ; S est le Soleil ; *oooo*, l'orbite de la Terre ; *xxxx*, celle de la Lune. Si la Terre étant à son Périhélie A, la Lune est à son Apogée B, son diamètre apparent étant alors moindre que celui du Soleil, elle ne nous en cache qu'une partie : on voit autour d'elle un anneau de lumière. Le cône d'ombre formé par la Lune, ne s'étend pas alors jusqu'à la Terre, qui, par conféquent, est toujours éclairée par une partie du Soleil.

Mais si la Terre étant dans son Aphélie, la Lune est dans son Périgée C, son diamètre apparent étant alors plus grand que celui du Soleil, elle le cache entiérement à la Terre. Le cône d'ombre formé par la Lune, s'étend alors au delà de l'Obfervateur, & l'Eclipfe est totale.

Il y a des Eclipfes *partielles* de Soleil, comme nous avons vu qu'il y en avoit pour la Lune. Elles ont lieu lorfque la Lune ne fe trouvant pas exactement entre le Soleil & l'Obfervateur, ne lui cache qu'une partie du difque Solaire, ce qui vient de l'élévation ou de l'abaiffement du centre de la Lune, au-deffus ou au-deffous de la Ligne menée de l'œil de l'Obfervateur au centre du Soleil ; mais il y a une différence effentielle entre les Eclipfes de Soleil & celles de Lune, & qui confifte en ce que ces dernières ont lieu au même inftant pour tous les pays de la Terre, fur l'horizon defquels la Lune fe trouve alors. Du moment où elle atteint l'ombre de la Terre,

la partie qui s'y plonge cesse d'être visible; mais il
n'en est pas ainsi des Eclipses de Soleil ; elles commencent à des instans différens, pour les divers
lieux de la Terre , parce que chacun d'eux rapportant la Lune à différens points du Ciel, les
uns doivent la rapporter sur le Soleil avant les
autres. La différence de position des lieux de la
Terre, fait même que , pour quelques - uns ,
l'Eclipse est totale , tandis qu'elle n'est que partielle pour d'autres. Toutes ces variétés qui dépendent de la Parallaxe de la Lune , rendent le
calcul des Eclipses de Soleil beaucoup plus compliqué que celui des Eclipses de Lune. M. Du
Séjour a publié dans les Mémoires de l'Académie
des Sciences , des recherches très-intéressantes
sur cette matière, & dans lesquelles il développe
toutes les singularités de ces Eclipses. Je ne puis
qu'y renvoyer les Lecteurs qui desireroient de
plus grands détails sur cet objet.

C'est un Phénomène bien remarquable que
celui qui , au milieu d'un beau jour , nous prive
de la lumière du Soleil , & nous plonge dans
une obscurité profonde ; à la vérité cette obscurité se dissipe en peu de tems ; mais ce doit
être un spectacle effrayant pour les hommes , qui
n'étant point prévenus de ce Phénomène , en
ignorent la cause. Ils doivent craindre dans ce
moment un bouleversement de la nature entière. Nous ne devons donc point être étonnés
des frayeurs que ces sortes d'Eclipses ont inspirées
dans les tems d'ignorance ; & si dans ce siècle
nous en sommes garantis, ainsi que de la frayeur
des Comètes, c'est un bienfait dont nous sommes
redevables au progrès des Sciences. Comme on

peut être curieux de favoir combien dure l'obfcurité totale dont je viens de parler, j'obferverai que fa plus grande durée a lieu pour les
peuples fitués fous l'Equateur, & que dans les
circonftances les plus favorables ; elle eft de
7' 58".

§. III.

Paffage de Vénus fous le difque du Soleil.

Par la même raifon que la Lune en paffant
entre le Soleil & la Terre, intercepte fa lumière
& l'éclipfe en tout ou en partie ; Vénus & Mercure, dans certaines circonftances, produifent
auffi une Eclipfe beaucoup plus petite, leur diamètre apparent étant beaucoup plus petit que
celui de la Lune. Lorfque ces Planètes paffent
exactement entre le Soleil & la Terre, elles forment en fe projettant fur le difque de cet Aftre,
une petite tache noire que l'on ne peut guère
appercevoir qu'avec un Télefcope. Cette petite
tache, en vertu du mouvement de la Terre &
de celui de la Planète, paroît décrire une corde
du difque du Soleil, & il eft vifible que la différente pofition de deux Obfervateurs fur la Terre,
doit leur faire paroître cette corde plus ou moins
éloignée du centre du Soleil, fuivant que, par
l'effet de la Parallaxe, ils rapportent la Planète
à un point plus éloigné ou plus près de ce centre. Il doit donc y avoir, relativement à ces
deux Obfervateurs, une différence fenfible dans
la durée du paffage de la Planète fur le difque du
Soleil, c'eft-à-dire, dans le tems qu'elle emploie
à parcourir les cordes qu'elle leur paroît décrire;
l'un d'eux doit ceffer de la voir fur le Soleil avant
l'autre,

l'autre, & l'on sent aisément que la différence doit être plus ou moins grande, suivant le rapport de la distance mutuelle des deux Observateurs, à celles de la Planète & de la Terre au Soleil. On pourra ainsi conclure ce rapport de la différence observée dans la durée des passages. Mon objet n'est pas de donner la méthode dont on fait usage pour cela ; il me suffira d'observer ici que la durée des passages de Vénus donne ce rapport avec plus de précision que ceux de Mercure, & que c'est au moyen de ces passages que l'on a conclu que la distance moyenne de la Terre au Soleil est de 34761680 lieues.

§. IV.

Des Éclipses des Satellites de Jupiter.

Si la Terre forme un cône d'ombre derrière elle, relativement au Soleil, on conçoit aisément que Jupiter doit en former un beaucoup plus considérable, & que ses quatre Satellites, en se plongeant dans ce cône, doivent s'éclipser. Comme ce Phénomène arrive très-fréquemment à cause de leur nombre, de la proximité du premier Satellite, & de la grandeur du cône d'ombre de Jupiter, on en fait un grand usage dans la Géographie, pour déterminer les Longitudes. Ces Éclipses ont donné lieu à une découverte des plus importantes de la Physique céleste, celle du mouvement successif de la Lumière.

Pour la faire entendre, soit J K L (fig. 33), l'orbite de Jupiter ; & T M N, l'orbite de la Terre. Supposons que, lorsque la Terre est en T & Jupiter en J, & par conséquent dans sa

*L

plus grande proximité de la Terre, on obferve une Eclipfe du premier Satellite de Jupiter ; fuppofons encore que l'on calcule, d'après les mouvemens de ce Satellite & de Jupiter, l'inftant où ce Satellite fera éclipfé, lorfque Jupiter fera en K & la Terre en N, c'eft-à-dire, beaucoup plus éloignée de Jupiter. Il eft vifible que fi l'on voyoit ce Satellite s'éclipfer au moment où il entre dans l'ombre de Jupiter, il n'y auroit point de différence entre l'inftant de l'Eclipfe obfervé & l'inftant calculé. Mais l'obfervation donne au contraire une différence très-fenfible entre ces deux inftans. L'inftant obfervé arrive toujours plus tard que l'inftant calculé ; & la différence eft quelquefois de 14 ou 15 minutes, lorfque Jupiter eft fort loin de la Terre. D'où il fuit que ce Satellite ne difparoît pas encore, quoique plongé dans l'ombre ; ce qui ne peut venir que de ce que le dernier trait de Lumière qu'il nous envoie, ne nous parvient qu'après un nombre de minutes d'autant plus confidérable que le Satellite eft plus éloigné de la Terre.

De ces obfervations on a conclu que la Lumière emploie environ 16 minutes à parcourir le diamètre de l'orbite de la Terre, c'eft-à-dire, 69 millions de lieues, & cette découverte intéreffante a été pleinement confirmée par celle de l'aberration des *fixes*, comme je l'ai expliqué en parlant de cette aberration.

SECTION TROISIÈME.

Des Apparences occasionnées par les Atmosphères des Corps célestes.

ARTICLE PREMIER.

De l'Atmosphère de la Terre & des Apparences qu'elle produit.

L A Terre est enveloppée d'un fluide élastique & compressible que l'on nomme *Air*, & dont la masse entière a été désignée par le nom d'*Atmosphère*. Il participe aux mouvemens de la Terre sur elle-même & autour du Soleil, ce qui le rend immobile relativement à nous.

L'Air est 800 fois plus dense que l'Eau. Il pèse, comme tous les autres corps, sur la Terre : c'est sa pression qui tient le Mercure suspendu dans le Baromètre à la hauteur de 28 pouces ; sa compression sur un Homme d'une moyenne grandeur, équivaut à un poids d'environ 33600 livres.

Si la densité de l'Air étoit par-tout la même, la hauteur de l'Atmosphère seroit de deux lieues. Mais il est moins dense à mesure qu'il s'élève au-dessus de la surface de la Terre, ensorte que la hauteur de l'Atmosphère est de plus de deux lieues, & l'on conclut de l'étendue du Crépuscule qu'elle doit être au moins de 16 lieues.

L'Air se condense par le froid & se dilate par la chaleur ; d'où il suit que l'Atmosphère ne peut jamais être dans un parfait équilibre, & que la chaleur du Soleil doit le troubler fans cesse. C'eft, fuivant toutes les apparences, ce qui caufe les vents alizés, comme nous l'avons dit à la fin du fecond Chapitre.

§. I.

De la Couleur azurée du Ciel.

Confidéré en petites maffes l'Air eft invifible. Il eft trop *rare* pour que les rayons de lumière qu'il nous réfléchit puiffent affecter fenfiblement nos yeux. Mais confidéré en grande maffe, & comme formant notre Atmofphère, il devient vifible. La multitude de rayons que chaque point de cette maffe nous renvoie, produit alors une impreffion fenfible fur l'organe de la vue, & nous l'appercevons avec une couleur bleue, parce qu'elle nous réfléchit les rayons bleus en plus grande quantité que les autres. Telle eft la caufe de cette couleur azurée ou de ce bleu célefte qui dans un tems ferein paroît nous environner de toutes parts, & que le vulgaire croit appartenir à une voûte à laquelle les Etoiles font attachées. Cette voûte apparente n'eft autre chofe que l'Atmofphère de la Terre. Et fi cette Planète en étoit dépouillée, l'interv lle qui fépare les Etoiles, nous paroîtroit d'une obfcurité profonde.

§. II.

Du Crépuscule.

Lorfque le Soleil n'eft abaiffé que de peu de degrés, au-deffous de l'Horizon, fes rayons éclairent encore les parties fupérieures de l'Atmofphère, comme on voit cet Aftre dorer le fommet des montagnes lorfqu'il a ceffé d'éclairer les plaines. Ses rayons brifés & réfléchis par l'Atmofphère parviennent à nos yeux & produifent le Crépuscule. On voit ainfi que le Crépufcule n'eft que la Lumière répandue par le Soleil dans notre Atmofphère, quelque tems après fon coucher ou avant fon lever. On le nomme, dans le premier cas, *Crépufcule du foir*; & dans le fecond, *Crépufcule du matin*, ou *Aurore*. Le Crépufcule ceffe lorfque le Soleil eft abaiffé de 18^d au-deffous de l'Horizon; & comme cela n'arrive pas dans nos climats pendant les grands jours de l'Eté, le Crépufcule y dure pendant la nuit entière.

§. III.

De la Réfraction de l'Atmofphère.

Il n'eft perfonne qui n'ait remarqué cette propriété de l'eau, en vertu de laquelle elle fait paroître brifés les objets qui y font à demi-plongés, & déplace le lieu apparent de ceux qui y font plongés entièrement. Un Corps A pofé dans un vafe MNRS (fig. 34) rempli d'eau, n'eft apperçu en O que par le rayon de Lumière AB, qui fe brife à fon paffage B de l'eau

L 3

dans l'air, & qui, en s'approchant de l'Horizon‑
tale MN, vient frapper l'œil du Spectateur en
O. Ce Spectateur ne voit donc point le corps à
fa véritable placé A; mais il le rapporte à un
point E, fur le prolongement de OB. Cette pro‑
priété de réfracter la Lumière appartient à tous
les fluides, & à l'air lui-même, enforte que les
rayons qui nous viennent d'un Aftre quelcon‑
que, fe brifent en paffant dans l'Atmofphère.
Et comme elle eft compofée de couches d'autant
plus denfes, qu'elles font plus voifines de la fur‑
face de la Terre, les rayons fe réfractent conti‑
nuellement de plus en plus, & décrivent une
courbe, dont la dernière tangente eft la direction
fuivant laquelle l'Aftre eft apperçu. Ainfi O P Q O
(fig. 35) étant la Terre, & M K L Q O P l'At‑
mofphère, les rayons que l'Aftre E nous envoie,
décrivent dans l'Atmofphère une courbe M*m*O,
& la tangente O L de cette courbe, eft la di‑
rection fuivant laquelle un Obfervateur placé en
O, voit l'Aftre qu'il rapporte conféquemment
au point F plus élevé fur l'Horizon de l'angle
E O F. Cet angle eft ce que l'on nomme *Réfraction
de l'Aftre.* Il eft d'autant moindre, que l'Aftre eft
plus près du Zénith où la réfraction eft nulle.

A l'Horizon elle eft de 33′. Le Soleil eft donc
vifible pour nous, quoiqu'il foit encore de 33′
au-deffous de notre Horizon. D'où il fuit que la
Réfraction augmente la durée du jour.

La recherche de la Réfraction à différentes
hauteurs, eft trop importante pour n'avoir pas
fixé l'attention des Aftronomes. Ils ont formé en
conféquence des tables de ces Réfractions, en
ayant égard à toutes les circonftances qui peu‑

vent les modifier, telles que la chaleur de l'air & fa pefanteur.

On voit par ce qui précède, de combien d'attentions délicates les Obfervations Aftronomiques font fufceptibles. L'aberration de la Lumière & la Réfraction de l'Atmofphère, nous font paroître les Aftres dans des lieux différens de ceux qu'ils occupent. Leurs mouvemens apparens font affectés de tous les mouvemens de la Terre ; ainfi tout eft illufion dans l'Aftronomie. On ne doit donc point être étonné des longues erreurs qui, dans cette Science, ont précédé la connoiffance de la vérité.

Un effet très-remarquable de la Réfraction de l'Atmofphère, eft la Lumière que nous renvoie la Lune dans fes Eclipfes. Sans cette Réfraction, la Lune plongée dans l'ombre de la Terre, difparoîtroit entièrement. Mais les rayons du Soleil, brifés par l'Atmofphère de la Terre, pénètrent dans cette ombre, & vont éclairer la Lune d'une manière, à la vérité, très-foible, parce que les couches d'air qu'ils ont traverfées avant de parvenir à cet Aftre, en ont intercepté la plus grande partie. Sans cet affoibliffement, la lumière de la Lune feroit plus vive dans les Eclipfes, en vertu de la Réfraction, que dans les Pleines Lunes. On peut confulter fur cet objet un Mémoire très-curieux de M. du Séjour, inféré dans les Mémoires de l'Académie, pour l'année 1777.

L 4

ARTICLE II.

De l'Atmofphère des autres Corps céleftes.

§. I.

De l'Atmofphère du Soleil.

LE Soleil eft environné d'une Atmofphère qui s'étend fort loin dans l'efpace, & qui paroît atteindre jufqu'à la Terre. C'eft cette Atmofphère que l'on obferve fous le nom de Lumière Zodiacale. On la voit dans certain tems de l'année fous la forme d'une pyramide ou d'un fufeau, dont la bafe eft dirigée vers le Soleil, & la pointe vers quelques-unes des Etoiles du Zodiaque. L'axe de cette pyramide eft dans le plan même de l'Equateur Solaire. Et en effet on conçoit qu'en vertu du mouvement de rotation du Soleil fur lui-même, fon Atmofphère doit être plus alongée dans le plan de fon Equateur que dans tout autre fens. Quelques Phyficiens ont cru que c'étoit dans cette Atmofphère que fe formoient les taches du Soleil qui s'y élevoient en forme de nuages, & quelquefois à une très-grande hauteur au-deffus de fa fuperficie.

§. II.

Des Atmofphères des Planètes & de la Lune.

On ne fait rien de pofitif fur les Atmofphères des Planètes; feulement on foupçonne leur exiftence, d'après quelques variations que l'on a remarquées à la furface de ces corps. Mais l'analogie nous porte à croire qu'ils en font revêtus comme la Terre.

Ce que l'on connoît de plus probable fur l'Atmosphère de la Lune, est dû aux excellentes Recherches de M. du Séjour fur les Eclipfes. Ce favant Académicien ayant foumis à une Analyfe rigoureufe la Théorie des Eclipfes, & comparé avec la plus fcrupuleufe attention toutes les Obfervations des Eclipfes de Soleil de 1764 & de 1769, a trouvé qu'elles paroiffoient indiquer une inflexion d'environ 4″ dans les rayons du Soleil qui rafent le limbe de la Lune; d'où il fuit que la Réfraction horizontale qui, fur la Terre, eft de 33′, n'eft que de 2″ à la furface de la Lune; & qu'ainfi l'Atmofphère de ce Satellite eft environ mille fois moins denfe que celle de la Terre.

Cette *rareté* de l'Atmofphère Lunaire peut faire naître la conjecture fuivante. Il eft vraifemblable que l'Atmofphère de la Terre s'étend fort au loin dans l'efpace en diminuant fans ceffe de denfité, & l'on démontre que dans le cas où fa denfité feroit exactement proportionnelle à la force comprimante, l'Atmofphère s'étendroit à l'infini. Ne peut-on pas foupçonner d'après cela, que les Atmofphères de la Lune & de la Terre fe confondent & font formées d'un même fluide élaftique répandu dans l'efpace, & qui fe condenfe à la furface de ces corps par l'action de la Pefanteur. Il eft vifible que dans cette fuppofition l'Atmofphère de la Lune doit être beaucoup plus *rare* que celle de la Terre, puifque la Pefanteur eft moindre à la furface de ce Satellite.

§. III.

De la Nature des Atmosphères.

L'Atmosphère de la Terre paroît être un fluide en vapeurs, qui, par une pression considérable & un froid excessif, pourroit se condenser au point d'être réduit sous une forme fluide telle que l'eau ou le mercure. Quoique jusqu'à présent on n'ait pas poussé jusqu'à ce point, la condensation de l'air, tout nous porte cependant à croire qu'elle est possible, & ce qui la rend extrêmement probable, c'est que l'on peut avec tous les fluides connus, former des fluides invisibles, élastiques, compressibles, & qui ont en un mot, toutes les propriétés générales de l'air. Les expériences suivantes établissent cette vérité d'une manière incontestable.

Le moment de l'ébullition d'un fluide, est celui où il passe à l'état de vapeurs. Cet effet arrive lorsque la force expansive que la chaleur communique à ses parties, est suffisante pour vaincre leur adhésion mutuelle & la pression de l'air ou des fluides environnans, qui tendent à les rapprocher. La pression de l'Atmosphère étant en raison des hauteurs du Baromètre, on voit ainsi qu'il faut, pour faire bouillir l'eau, un degré de chaleur plus ou moins considérable, suivant que le Baromètre est plus haut ou plus bas; c'est en effet ce que l'expérience a depuis long-tems appris aux Physiciens. On voit encore que dans le vuide de la machine Pneumatique (1),

─────────────

(1) Machine au moyen de laquelle on pompe l'air de

où la preffion de l'air eft à-peu-près nulle à caufe de fa *rareté*, l'eau doit bouillir & fe vaporifer au feul degré de chaleur de l'Atmofphère.

Le vuide le plus parfait que nous puiffions faire, eft celui qui fe forme au haut du tube d'un Baromètre de Toricelli, fait avec foin. On a donc imaginé de faire paffer dans ce tube quelques gouttes d'eau, ou du fluide dont on vouloit connoître la vaporifation. Ces gouttes fpécifiquement plus légères que le Mercure, montent à fa furface ; & comme rien alors ne comprime leurs parties, on a obfervé qu'elles fe réduifent en vapeurs, & que l'élafticité de ces vapeurs fait baiffer le Baromètre plus ou moins, felon le degré de chaleur de l'Atmofphère, & la facilité plus ou moins grande du fluide à fe vaporifer. Dans une température moyenne, l'eau fait baiffer le Baromètre de 5 à 6 lignes ; l'efprit-de-vin le fait baiffer de 16 à 18 lignes, & l'Ether de 9 à 10 pouces. Ce dernier fluide l'abaiffe même à fon niveau lorfque la température eft d'environ 32^d du Thermomètre de Réaumur ; d'où il fuit que dans ce cas, l'élafticité des vapeurs de l'Ether, eft égale à celle de l'Atmofphère.

Il eft aifé de voir que l'abaiffement du mercure a l'avantage de faire connoître le degré de preffion néceffaire pour arrêter la vaporifation à une température donnée ; car il eft clair par exemple, que fi un Baromètre dans lequel

---

deffous un récipient de verre qui la furmonte. Son nom vient du grec Πνεῦμα, *le vent*.

on a mis une goutte d'esprit-de-vin, a baissé de 18 lignes, lorsque le Thermometre marque 10^d, c'est une preuve qu'à ce degré de chaleur, la pression d'une colonne de 18 lignes de mercure, suffit pour empêcher ce fluide de se réduire en vapeurs.

MM. de Lavoisier & de la Place se proposent de publier une suite d'expériences sur cet objet, & de déterminer la loi des vapeurs de plusieurs fluides à différentes températures; mais on doit rendre à M. Daniel Bernouilli, la justice d'observer que dès 1751, il a fait connoître la plupart des résultats précédens, dans la pièce qui a remporté le prix de l'Académie des Sciences, sur les-*Courans*.

Il suit de ce que nous venons de voir, que si l'on supposoit l'Atmosphère tout-à-coup anéantie, l'eau & tous les autre fluides qui sont à la surface de la Terre, entreroient en ébullition : une partie se réduiroit en vapeurs, & formeroit une nouvelle Atmosphère ; il est donc naturel de penser que les différens airs dont l'Atmosphère est composée, & que l'on a su distinguer & analyser dans ces derniers temps, sont autant de fluides qui se réduisent en vapeurs, aux différens degrés de température & de compression qui ont lieu à la surface de la Terre. Tous ces airs se dilatent par la chaleur & se condensent par le froid comme les vapeurs, & l'on parviendra peut-être un jour, au moyen d'un froid excessif & d'une forte compression, à faire passer à l'état fluide, l'air fixe qui, de tous ces airs, paroît le moins s'en éloigner.

On peut conclure delà, ce me semble, qu'à la surface du Soleil, l'eau, le mercure & les

autres fluides terreftres ne pourroient exifter
que fous la forme de vapeurs, & qu'ils y
exiftent peut-être fous cette forme, tandis que
l'air fixe peut exifter fous la forme fluide, à la
furface de Saturne. Il paroît donc que le Globe
Terreftre ne doit les avantages que la fluidité de
l'eau lui procure, qu'à la diftance où il eft du
Soleil ; & qu'à une diftance beaucoup plus grande
ou beaucoup plus petite, ce fluide exifteroit
fous forme de glace, ou e.. vapeurs.

ADDITION A L'ART. V DU CHAP. II (pag. 78).

Remarque fur la longueur de l'Année.

LE changement de pofition de l'orbite de la
Terre, occafionne encore une petite variation
dans la durée de l'année *tropique*. Pour la faire
entendre, on doit obferver qu'en même tems
que l'orbite terreftre s'incline fur l'Equateur par
l'action des Planètes, fes nœuds, ou ce qui revient au même, les Points Equinoxiaux ont un
mouvement qui fe combine avec celui que l'action du Soleil & de la Lune occafionne ; d'où
il fuit que la Préceffion des Equinoxes n'eft pas
feulement l'effet des attractions folaires & lunaires, mais encore celui de l'action des Planètes. A la vérité cette influence des Planètes
eft très-petite ; elle eft d'ailleurs inégale dans les
différens fiècles, enforte qu'au tems d'Hipparque, elle étoit moindre qu'aujourd'hui. L'influence des attractions du Soleil & de la Lune,
étoit auffi plus petite, parce qu'elle eft, fuivant
la théorie, plus petite, lorfque l'obliquité de

l'Ecliptique fur l'Equateur eſt plus conſidérable ;
d'où il ſuit que cette obliquité ayant diminué
depuis Hipparque, l'effet des attractions du Soleil & de la Lune, ſur la Préceſſion, a augmenté
En vertu de ces deux cauſes, la Préceſſion
des Equinoxes étoit alors moindre que dans
ce ſiècle ; or nous avons vu que c'eſt uniquement de la quantité de cette Préceſſion, que
dépend la différence des deux années *ſidérales*
& *tropiques* ; cette différence étoit par conſéquent moindre que de nos jours. Ainſi, l'année
tropique devoit, au tems d'Hipparque, ſe rapprocher davantage de l'année ſidérale, & par conſéquent être plus longue qu'aujourd'hui d'environ une vingtaine de ſecondes. Au reſte, cette
diminution de l'année n'eſt que périodique, &
au bout d'un certain tems elle augmentera ſelon
les mêmes loix ſuivant leſquelles elle diminue.

Quant à l'année ſidérale, on avoit cru y remarquer quelques variations ; mais en diſcutant
avec ſoin les obſervations anciennes & modernes, il paroît qu'elle n'a pas ſouffert d'altération ſenſible depuis Hipparque. D'ailleurs,
on s'eſt aſſuré que l'action mutuelle des Planètes ne doit point influer ſur le tems de leurs
révolutions, ni ſur leurs moyennes diſtances
au Soleil.

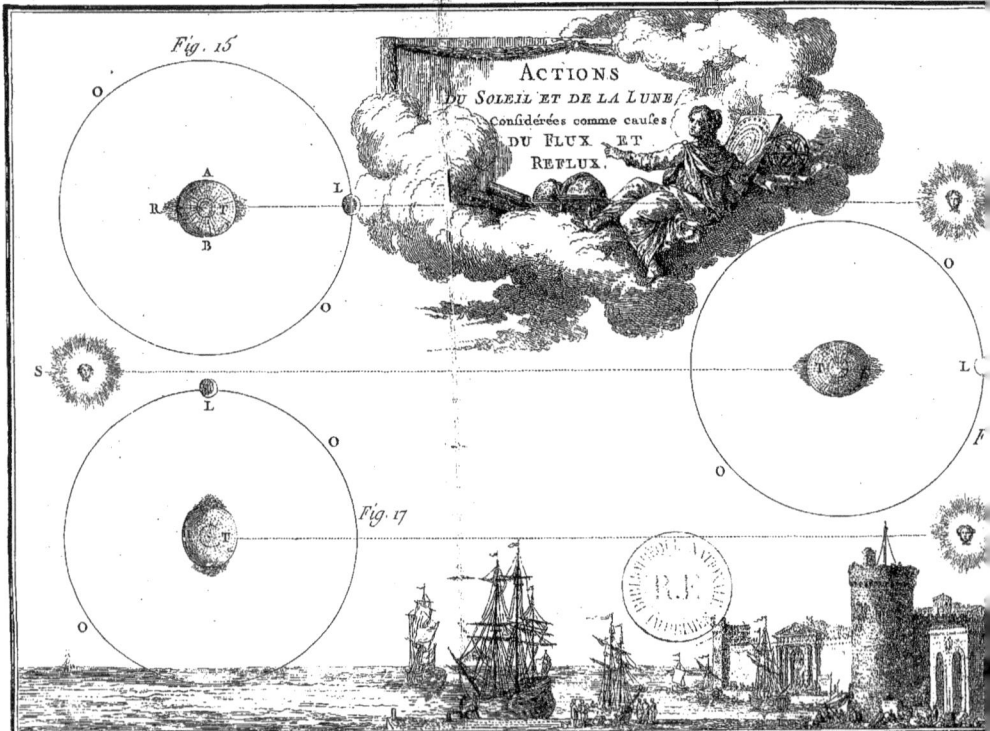

Fig. 15

ACTIONS
DU SOLEIL ET DE LA LUNE,
Confiderées comme caufes
DU FLUX ET
REFLUX.

Fig. 17

On a representé sur cette planche avec plus d'etendue les Fig. 15, 16. et 17. de la Pl. 1.ere

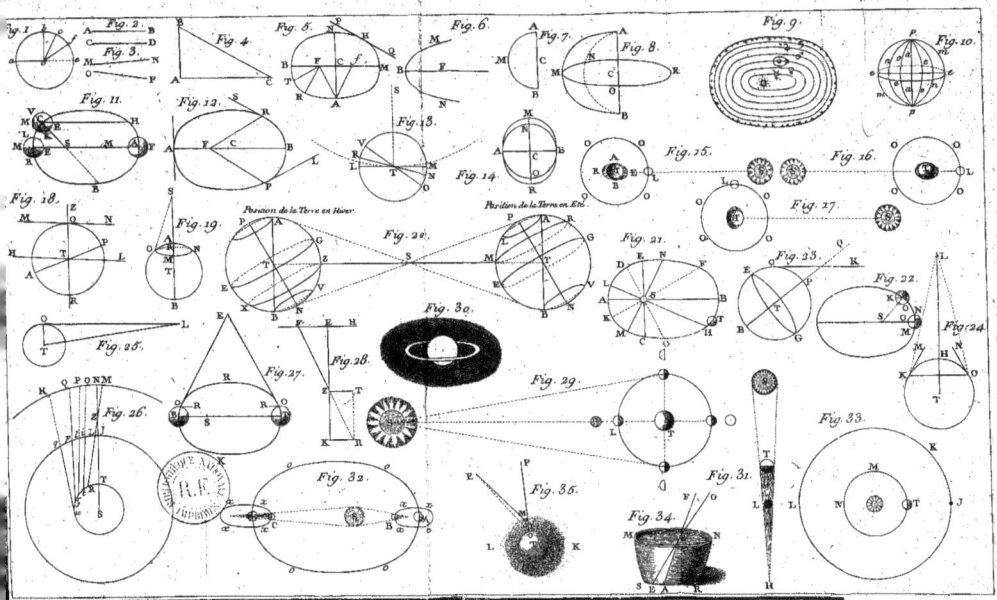

Fig. 1. Fig. 2. Fig. 3. Fig. 4. Fig. 5. Fig. 6. Fig. 7. Fig. 8. Fig. 9. Fig. 10.

Fig. 11. Fig. 12. Fig. 13. Fig. 14. Fig. 15. Fig. 16.

Fig. 17. Fig. 18. Fig. 19. Position de la Terre en Hiver. Périhélie de la Terre en Été. Fig. 20. Fig. 21. Fig. 22. Fig. 23. Fig. 24.

Fig. 25. Fig. 26. Fig. 27. Fig. 28. Fig. 29. Fig. 30. Fig. 31. Fig. 32. Fig. 33. Fig. 34. Fig. 35.

Piquier Sculp.

PRÉCIS HISTORIQUE
SUR L'ASTRONOMIE.

L'ORIGINE de l'Aſtronomie, comme celle de preſque toutes les Sciences, eſt enveloppée d'une obſcurité impénétrable. Le Spectacle du Ciel a dû, ſans doute, fixer dans tous les tems l'attention des hommes, ſur-tout dans ces climats heureux où la ſérénité de l'air invitoit à l'obſervation des Aſtres ; mais quelques remarques groſſières ſur le lever & le coucher du Soleil & des Etoiles ne ſuffiſoient pas pour former une Science, & l'Aſtronomie n'a commencé que du moment où un Obſervateur, ayant recueilli les obſervations de ſes prédéceſſeurs & ſuivi lui-même avec plus de ſoin qu'on ne l'avoit fait encore, les mouvemens des Corps céleſtes, eſſaya de déterminer, quoique d'une manière très-imparfaite, la loi de ces mouvemens. On ignore entièrement & le nom de ce premier Aſtronome, & le tems où il vécu ; mais, ſi l'on en juge par quelques Périodes dont les Caldéens & les Egyptiens faiſoient uſage, & qui ſuppoſent une Aſtronomie déjà perfectionnée, ce tems doit être fort reculé. En conſidérant d'ailleurs l'exactitude des Méthodes empyriques pour le calcul des Eclipſes, qu'une longue tradition a tranſmiſes chez quelques peuples de la Terre, & en particulier dans l'Inde, & dont les Brames se servent aujourd'hui sans en connoître ni les principes ni les auteurs; on ne peut s'empêcher de convenir que l'Astronomie a été cultivée dans ces climats avec succès, dans des tems bien antérieurs à ceux dont l'Histoire nous a conservé le souvenir.

Ces considérations ont porté quelques Auteurs à penser que les monumens de l'Astronomie ancienne, ne sont que les débris d'une Astronomie très-perfectionnée chez un peuple dont le nom & l'histoire ont péri par une suite de révolutions physiques & morales. Mais, sans chercher à déprimer ici les recherches de ces Auteurs estimables, je crois pouvoir assurer que dans tout ce qui nous reste de l'Astronomie des Anciens, il n'y a rien qui ne puisse être le résultat d'une longue suite d'observations, & des remarques que leur comparaison a dû présenter. Leurs grandes Périodes & leurs Méthodes empyriques semblent même indiquer avec beaucoup de vraisemblance, que leurs observations étoient peu précises, & leurs Théories Astronomiques très-peu avancées; & que ce n'est que par le grand nombre des observations & par la longueur de l'intervalle qui les séparoit, qu'ils ont suppléé à la précision des instrumens, ainsi qu'à la connoissance des véritables causes des Phénomènes célestes. Je conviendrai sans peine que la Terre a éprouvé de grandes révolutions; tout, dans le monde physique & dans le monde moral, les atteste; & il y a lieu de penser qu'elles ont détruit plus d'une fois les Sciences & les Arts, & replongé le genre humain dans la barbarie. Mais il me semble que ce seroit en étendre trop loin l'influence, que de
vouloir

vouloir expliquer par ce moyen, l'origine des connoiſſances aſtronomiques chez les anciens peuples de l'Egypte & de l'Inde. Au lieu d'amuſer les Lecteurs par des ſyſtêmes d'autant plus attrayans, que, dans les ténèbres qui couvrent les premiers âges de l'Aſtronomie, on peut ſe permettre tous les écarts propres à flatter l'imagination; je ne commencerai l'hiſtoire de cette Science qu'aux premières obſervations des Egyptiens & des Caldéens, qui nous ſont parvenues avec certitude.

De l'Aſtronomie chez les Caldéens & chez les Egyptiens.

Les premières obſervations des Caldéens dont nous ayons connoiſſance, ſont trois Eclipſes de Soleil obſervées dans les années 719 & 720 avant notre Ere, & dont Ptolémée fait mention dans ſon Almageſte (1). Mais il eſt vraiſemblable qu'elles avoient été précédées d'un grand nombre d'autres moins préciſes, & qui, par cette raiſon, ont été négligées. Ce qui fait le plus d'honneur aux connoiſſances aſtronomiques de ce peuple, c'eſt une Période qu'ils nommoient *Saros*, & qui étoit compoſée de 223 mois Lunaires, ou de 6585 j. 8 h. Cette Période a l'avantage remarquable de ramener la Lune, à très-peu de choſe

_____

(1) L'*Almageſte* eſt un Ouvrage aſtronomique de Ptolémée dont je parlerai bientôt. Cet Ouvrage ne nous fut connu que par les Arabes, & ſon nom eſt formé du mot arabe *al*, *le*, & du grec μέγας, *grand*; ce qui ſignifie dans ce ſens, *le grand Ouvrage*, *l'Ouvrage par excellence*.

* M

près, à la même pofition relativement au Soleil, au nœud de fon orbite & à fon apogée. Ainfi les Eclipfes obfervées dans une révolution, fe renouvellent de la même manière dans les révolutions fuivantes ; ce qui donnoit un moyen très-fimple de les prédire. En rapprochant tout ce qui nous refte de l'Aftronomie des Caldéens, on conjecture, avec une grande probabilité, que le mouvement diurne de la Lune dans fon orbite, la différence des deux années fidérale & tropique, & par conféquent la préceffion des Equinoxes qui la caufe, leur étoient connus avec précifion. Il paroît même qu'ils faifoient ufage du Gnomon & des Cadrans folaires.

L'Aftronomie n'eft pas moins ancienne chez les Egyptiens que chez les Caldéens. La pofition exacte de leurs pyramides vers les quatre points cardinaux, nous donne une idée avantageufe de leur manière d'obferver. Il eft de plus très-vraifemblable qu'ils avoient des méthodes pour calculer les Eclipfes de Soleil. La réputation de leurs Prêtres attira en Egypte les premiers Philofophes de la Grèce : & il y a tout lieu de croire que Pythagore leur a été redevable des faines notions que ce Philofophe & fes fucceffeurs ont eues du fyftême du monde.

L'Aftrologie judiciaire fut très-accréditée chez les peuples dont je viens de parler. Son origine remonte auffi haut que celle de l'Aftronomie. Les hommes, fe regardant comme le centre auquel tout devoit fe rapporter, imaginèrent bientôt que les mouvemens des Aftres étoient liés à leur fort, & que ces grands Corps ne rouloient fur leurs têtes, que pour annoncer les principaux événemens de leur vie. Une erreur auffi chère à l'amour-propre, & que le defir fi naturel à l'efprit humain de pénétrer dans l'avenir, fomentoit encore, a dû fe conferver long-tems. Ce n'eft que vers la fin du dernier fiècle, que la vraie Philofophie l'a fait enfin difparoître, en nous donnant des idées juftes de nos rapports avec la nature, & en nous faifant envifager le Globe que nous habitons, comme un point imperceptible dans l'immenfité des Mondes qui peuplent l'Univers.

De l'Aftronomie chez les Grecs.

On doit fixer à Thalès l'origine de l'Aftronomie en Grèce. Cet illuftre fondateur de l'Ecole Ionienne (1) voyagea en Egypte, & rapporta dans fa patrie les connoiffances qu'il y avoit puifées. Il enfeigna la Sphéricité de la Terre, l'Obliquité de l'Ecliptique, la véritable caufe des Eclipfes de Soleil & de Lune. Il alla même jufqu'à prédire l'Eclipfe de Soleil qui arriva l'année 585 avant notre Ere, au moment où Cyaxare, Roi des Mèdes, & Aliarthe Roi des Lydiens, étoient fur le point de fe livrer bataille. Mais, fi l'on confidère le grand nombre d'élémens qu'une femblable prédiction fuppofe, & qui ne peuvent être connus que par une longue fuite d'obfervations, on ne peut douter qu'il n'ait appris des Egyptiens la méthode dont il fit ufage.

---

(1) Thalès étoit de Milet, ville de l'Ionie, contrée de l'Afie mineure, le long de la mer Egée, actuellement la mer d'Archipel.

M 2

Anaximandre, Anaximène & Anaxagore, fuccédèrent à Thalès dans l'Ecole qu'il avoit fondée. On attribue au premier l'invention de la Sphère, du Gnomon & des Cadrans folaires. Il paroît aufli que l'on doit à ces fuccefleurs de Thalès, les premieres Cartes de Géographie qui aient été conftruites.

De l'Ecole Ionienne, fortit le chef d'une Ecole beaucoup plus célèbre, & qui illuftra cette partie de l'Italie à laquelle on donna le nom de *Grande Grèce* (1). Pythagore né à Samos (2), vers l'an 590 avant notre Ere, fut d'abord difciple de Thalès. Il voyagea en Egypte, d'après le confeil de fon maître. Là, il converfa avec les Prêtres, fe fit initier à leurs myftères; &, pendant fon féjour, il s'inftruifit à fond de leurs fciences. Les Gymnofophiftes (3) de l'Inde, attirèrent enfuite fa curiofité; &, pour les entendre, il pénétra jufqu'aux bords du Gange (4). De-là il revint dans fa patrie pour y répandre les connoifsances qu'il avoit acquifes dans fes

---

(1) Le favant Abbé Mazocchi penfe que la Grande Grèce ne dut fon nom qu'à la réputation de l'Ecole de Pythagore, & qu'il ne commença à être en ufage que vers l'an 210 de Rome. J'ai fuivi ce fentiment dans mon *Italie ancienne.*

(2) *Samos*, île de la mer Egée, près des côtes de l'Ionie.

(3) *Gymnofophiftes* eft le nom que les Grecs donnoient aux Philofophes de l'Inde qui n'avoient, dit-on, aucun vêtement. Ils avoient formé ce mot de Γυμνός, *nud*, & de Σοφός, *Sage.*

(4) L'un des plus grands fleuves de l'Inde, & dont les eaux fe rendent dans le golfe de Bengale. Voyez la Carte d'Afie.

voyages, & qu'il avoit perfectionnées par ſes propres réflexions. Mais le deſpotiſme ſous lequel elle gémiſſoit alors, la priva de cet avantage; & ce Philoſophe s'en exila lui-même pour ſe retirer en Italie, où il fonda ſon Ecole. Toutes les vérités aſtronomiques connues dans celle de Thalès, furent enſeignées avec plus de développement dans l'Ecole Pythagoricienne. Mais ce qui la diſtingue principalement, c'eſt la connoiſſance des deux mouvemens de la Terre ſur elle-même & autour du Soleil, enſeignée d'abord par Pythagore, & miſe dans un plus grand jour par Philolaüs.

Suivant les Philoſophes de cette Ecole, non-ſeulement les Planètes, mais les Comètes elles-mêmes, ces objets de frayeur pour le vulgaïre, étoient en mouvement autour du Soleil. Ils ne les regardoient point comme des météores paſſagers formés dans l'atmoſphère, mais comme des aſtres éternels, ainſi que les Planètes. Ces notions parfaitement juſtes du ſyſtême du monde, ont été ſaiſies & adoptées par Sénèque, avec l'enthouſiaſme qu'une grande idée ſur l'objet le plus vaſte des connoiſſances humaines, doit exciter dans l'ame d'un Philoſophe. On doit cependant remarquer que ces opinions de l'Ecole Pythagoricienne, étoient plutôt des vues philoſophiques que des vérités ſolidement établies ſur les obſervations. Les mouvemens des Corps céleſtes n'avoient pas encore été ſuffiſamment obſervés pour en former une théorie ; & c'eſt là ce qui diſtingue Copernic de tous ceux qui, ayant lui, ont reconnu les mouvemens de la Terre. Si, par exemple, Pythagore ou ſes ſuccesseurs eussent connu & expliqué, d'après leurs principes, la rétrogradation du mouvement des Planètes, on ne peut pas douter que toute l'Antiquité ne les eût adoptés avec d'autant plus de facilité, qu'elle n'auroit point été arrêtée par les obstacles religieux qu'ils ont rencontrés au renouvellement de l'Astronomie.

Dans ce Précis historique où je me propose de rendre un compte rapide des principales recherches de l'esprit humain sur le système de l'Univers, je passerai sous silence tous les travaux des Astronomes grecs sur le Calendrier, pour venir aux découvertes dont l'Astronomie est redevable à l'Ecole d'Alexandrie (1). A l'époque de son établissement, cette science prit une face nouvelle. Au lieu de se livrer, comme on l'avoit fait jusqu'alors, à des conjectures souvent frivoles, on multiplia les observations. Les inégalités des mouvemens du Soleil & de la Lune, furent mieux connues; la position des Etoiles fut déterminée; on suivit avec soin le mouvement des Planètes; enfin, l'Ecole d'Alexandrie donna naissance au premier système astronomique, fondé sur la comparaison des observations.

Après la mort d'Alexandre, ses principaux Capitaines divisèrent entre eux son Empire, &

_____

(1) Alexandrie ville fondée en Egypte par Alexandre, à l'embouchure du bras du Nil le plus occidental. Il existe encore dans ce lieu une espèce de ville de ce nom, avec cette différence que la mer s'étant fort retirée, les maisons actuelles sont assez loin de l'emplacement des anciennes.

Ptolémée Lagus eut l'Egypte en partage. Son amour pour les Sciences & fes bienfaits attirèrent à Alexandrie, Capitale de fes Etats, un grand nombre de Savans de la Grèce. Son fils Ptolémée Philadelphe, héritier de fon trône & de fes goûts, les y fixa par une protection particulière, & par les fecours en tout genre qu'il leur donna. Ariftille & Timocharis furent les premiers Obfervateurs de cette Ecole naiffante; ils déterminèrent la pofition des principales Etoiles du Zodiaque, & leurs obfervations des Planètes, ont fervi de fondement à la Théorie de Ptolémée fur leurs mouvemens.

Vers le même tems, Ariftarque de Samos s'illuftra par fes travaux aftronomiques; celui de tous qui fait le plus d'honneur à fon génie, eft la manière dont il effaya de déterminer la diftance de la Terre au Soleil, au moyen des Phafes de la Lune; il trouva que le Soleil étoit dix-huit ou vingt fois plus loin que ce Satellite; & quoique l'erreur de ce réfultat foit très-confidérable, il reculoit cependant les bornes de l'Univers beaucoup au delà de celles qu'on lui fuppofoit alors. Ariftarque fit encore revivre l'opinion de l'Ecole Pythagoricienne fur le mouvement de la Terre; &, fur l'objection qu'on pouvoit lui faire que ce mouvement devoit changer l'afpect des Etoiles, il répondoit que l'étendue de l'orbite terreftre étoit infenfible par rapport à leur diftance.

La célébrité d'Erathoftène, en Aftronomie, eft principalement due à fa mefure de la Terre & à fon obfervation de l'obliquité de l'Ecliptique.

M 4

Ayant remarqué à Sienne (1) un Puits que le Soleil éclairoit dans toute sa profondeur, à midi le jour du Solstice d'Eté, il imagina d'observer la hauteur du Solstice à Alexandrie. En suppofant ensuite ces deux villes sous le même méridien, & diftantes l'une de l'autre de 5000 ftades (2), il en conclut la grandeur du degré de 25000 ftades, ce qui pèche beaucoup par excès. Auffi ne fais-je mention de cette mefure que parce qu'elle eft la première tentative que l'on ait faite en ce genre. Son obfervation de l'obliquité de l'Ecliptique, & celle que Pithéas de Marfeille fit dans cette ville, font très-précieufes en ce qu'elles prouvent inconteftablement une diminution dans cette obliquité, ce qui d'ailleurs eft parfaitement conforme à la Théorie, comme on l'a vu dans le fecond Chapitre.

Le plus grand Aftronome de l'Antiquité, celui qui par le nombre, l'exactitude & l'importance de fes obfervations, mérita le mieux de l'Aftronomie, eft Hipparque de Bithinie ; il floriffoit à Alexandrie vers l'an 140 avant notre Ere. En comparant fes obfervations avec celles d'Ariftarque de Samos, faites 145 ans auparavant, il détermina, avec une précifion inconnue jufqu'à lui, la longueur de l'année ; il découvrit l'inégalité de la durée des Saifons, & il obferva que depuis l'Equinoxe du Printems juf-

---

(1) Sienne étoit la ville la plus méridionale de la Haute Egypte ; c'eft actuellement Affuan.

(2) Le *Stade* égyptien étoit de 52 toifes & 2 ou 3 pieds.

qu'au Solstice d'Eté, il s'écouloit 94 j. $\frac{1}{2}$, tandis que l'intervalle de ce Solstice à l'Equinoxe d'Automne, n'étoit que de 92 j. $\frac{1}{2}$, ensorte que le Soleil employoit 87 j. à parcourir les Signes septentrionaux, & seulement 178 j. à décrire les Signes méridionaux. Il s'apperçut encore que ce dernier intervalle étoit inégalement partagé par le Solstice d'Hiver. J'ai exposé dans le Chapitre troisième la cause de ces inégalités, & la raison pour laquelle elles sont dans ce siècle un peu différentes de ce qu'elles étoient au tems d'Hipparque.

Cette cause n'échappa pas entièrement à ce grand Observateur. Il supposa l'orbite du Soleil circulaire & parcourue d'un mouvement uniforme, mais dont la Terre n'occupoit pas le centre. En partant de cette hypothèse, il trouva cette excentricité égale à $\frac{1}{24}$ du rayon de l'orbite, & il fixa le lieu de l'apogée du Soleil au 24me degré des Gemeaux.

Hipparque se trompoit en regardant comme circulaire l'orbite elliptique que le Soleil paroît décrire, & en supposant uniforme le mouvement de cet astre; mais au moins, il connut une partie de la cause dont dépendoient les phénomènes qu'il avoit observés. Il s'occupa beaucoup du mouvement de la Lune, & découvrit quelques-unes de ses nombreuses inégalités. Il mesura la durée de sa révolution par une méthode semblable à celle qui lui avoit servi pour fixer la grandeur de l'année. Il détermina l'excentricité de son orbite, son inclinaison & le mouvement de son apogée. Enfin, l'Astronomie lui est redevable des premières Tables du

Soleil & de la Lune. Les diſtances de ces deux Aſtres à la Terre, furent encore l'objet de ſes recherches. Il imagina, pour y parvenir, une méthode très-ingénieuſe, fondée ſur l'obſervation de la Parallaxe; & il en conclut la moyenne diſtance de la Lune à la Terre égale à 59 demi-diamètres du Globe Terreſtre. Il fixa celle du Soleil à 1200 de ces mêmes demi-diamètres. Ce dernier réſultat eſt fort au-deſſous de la vérité, mais il avoit l'avantage d'éloigner le Soleil beaucoup au delà de la diſtance qu'on lui aſſignoit. Il paroît auſſi, par le rapport de Ptolémée, qu'il fit un grand nombre d'obſervations ſur les Planètes; mais il eſt probable que la Loi de leurs moûvemens lui parut ſi compliquée, qu'il n'oſa pas entreprendre de la déterminer.

Le travail qui fait le plus d'honneur au zèle infatigable d'Hipparque, eſt le catalogue qu'il dreſſa des Etoiles fixes. Une nouvelle Etoile qui parut tout-à-coup de ſon tems le détermina à cette entrepriſe, pour mettre la Poſtérité en état de reconnoître les changemens qui pourroient arriver dans le Ciel. Ses longs & pénibles travaux furent récompenſés par la découverte importante du mouvement rétrograde de toutes les Etoiles; mouvement occaſionné, comme je l'ai dit dans le premier Chapitre, par celui des points Equinoxiaux.

La Géographie doit auſſi publier avec reconnoiſſance que ce grand Aſtronome imagina le premier de faire uſage des Longitudes & des Latitudes, pour fixer la poſition des lieux de la Terre, & qu'il employa les Eclipſes de Lune pour déterminer la Longitude.

Quoique l'Hiftoire de l'Aftronomie nous offre quelques Obfervateurs depuis Hipparque jufqu'à Ptolémée ; cependant, comme ils n'ont rien ajouté de remarquable à cette Science, je vais paffer immédiatement aux travaux de cet Aftronome, qui floriffoit à Alexandrie vers l'an 135 de notre Ère. Ptolémée perfectionna la Théorie de la Lune, déjà ébauchée par Hipparque, & confirma fa découverte du mouvement rétrograde des Étoiles. Mais ce qui lui a donné le plus de célébrité, c'eft fon grand Ouvrage appelé *Almagefte*, dans lequel il raffembla un grand nombre d'Obfervations aftronomiques, & effaya de déterminer la difpofition & les mouvemens des Corps céleftes. Suivant Ptolémée, la Terre eft immobile au centre de l'Univers ; le Soleil & toutes les Planètes fe meuvent autour d'elle. Mais comme les Planètes paroiffent fucceffivement directes, ftationnaires & rétrogrades, il imagina de les faire mouvoir dans des Epicycles (1), dont les Centres fe mouvoient fur l'orbite même de la Planète. Souvent il étoit obligé de faire mouvoir fur ces premiers Epicycles, les Centres d'autres Epicycles ; enforte que chaque inégalité que l'obfervation faifoit découvrir, en exigeoit un nouveau. Ainfi ce Syftême, au lieu de recevoir une nouvelle confirmation par les découvertes ultérieures, fe compliquoit davantage. Ce n'étoit donc point le vrai Syftême de la Nature. Mais

---

(1) *Cycle* vient du grec Κύκλος, *Cycle, Cercle. Epicycle* eft formé du même mot, avec la prépofition ἐπὶ, *autour, par-deffus,* &c. Ces Epicycles étoient de petits cercles ajoutés aux grands que l'on connoiffoit déjà.

en ne le regardant que comme une hypothèse propre à représenter les mouvemens des Corps célestes, on ne peut disconvenir que cette première tentative de l'esprit humain pour les assujettir à des loix constantes, ne fasse honneur à la sagacité de son Auteur.

De l'Astronomie chez les Arabes.

Aux travaux de Ptolémée finit l'Histoire des progrès de l'Astronomie chez les Grecs. L'ambition des Romains, leur peu d'inclination pour les Sciences, la tyrannie de leur Gouvernement à l'égard des peuples soumis, les fureurs ou les imbécillités de leurs Empereurs, enfin la décadence de leur Empire, & les irruptions des peuples septentrionaux, furent autant de causes qui éteignirent successivement le goût des Sciences & des Arts, & qui replongèrent les hommes dans l'ignorance. Une nuit profonde semble couvrir tout l'intervalle depuis Ptolémée jusqu'au tems où l'Astronomie reprit un nouvel éclat sous les Arabes. Ce peuple conquérant & fanatique, après avoir porté le ravage & sa religion dans les trois Parties du Monde connu, n'eut pas plutôt goûté les douceurs de la paix, qu'il se livra aux Sciences avec ardeur. Peu de tems auparavant il en avoit détruit le plus beau Monument, en réduisant en cendres la fameuse Bibliothèque d'Alexandrie. Mais bientôt le repentir & les regrets suivirent cette exécution barbare dont le fanatisme avoit dicté l'ordre à Omar, l'un de ses premiers Chefs: les Arabes ne tardèrent pas à sentir que par cette perte irréparable, ils s'étoient privés du plus précieux avantage de leurs conquêtes. Obfervons ici que le goût des Sciences & des Arts chez prefque tous les peuples de la Terre, a été précédé par celui des conquêtes ou des guerres civiles. L'Ecole d'Alexandrie fuivit immédiatement la mort d'Alexandre ; &, dans ces derniers tems, les beaux jours de Louis XIV, en France, & de Charles II, en Angleterre, ont fuccédé aux horreurs des guerres civiles. Il femble que l'efprit humain mis en activité par les factions & par les guerres, cherche dans la paix qui les fuit un aliment qui l'entretienne, & qu'il n'en trouve point de plus propre à cet objet, que les Sciences & les Lettres.

Entre les Califes (1) qui fe diftinguèrent par la protection qu'ils accordèrent à l'Aftronomie, on doit principalement citer Al-Mamoun, Prince de la Famille des Abaffides (2), & qui régnoit à Bagdad (3) en 804. Vainqueur de l'Empereur Grec Michel III, il impofa pour une des conditions de la Paix, qu'on lui fourniroit les meilleurs originaux des Ouvrages Grecs. L'Almagefte de Ptolémée fut de ce nombre : il le fit traduire en Arabe, & répandit ainfi dans fa Nation toutes

---

(1) *Calife* fignifie *Vicaire*, qui fait les fonctions d'un autre. C'eft le nom que prirent les Souverains qui fuccédèrent à Mahomet, & qui régnèrent fur les Arabes après lui.

(2) C'eft la feconde famille des Califes : la première étoit celle des Omiades.

(3) Bagdad, ville fur le Tigre, eft regardée par les gens du pays comme ayant fuccédé à Babylone ; mais ce feroit plutôt à Ninive.

les connoiffances aftronomiques qui avoient illuftré la Grèce. Non content d'encourager par fes bienfaits les Savans les plus diftingués de fon tems, il fit lui-même plufieurs obfervations dont une eft relative à l'obliquité de l'Eclipti- que, qu'il trouva être de 23^d 33' 52$^{\prime\prime}$. Il fit en- core mefurer un degré de la Terre dans une vafte plaine de la Méfopotamie (1), nommée *Singar.* Mais l'impoffibilité de connoître avec précifion la grandeur de la coudée Arabe dont on fe fervit alors, nous empêche de prononcer fur l'exactitude de cette mefure (2).

Les encouragemens donnés à l'Aftronomie par ce Prince & par fes Succeffeurs, firent naître parmi les Arabes un grand nombre d'Obferva- teurs très-recommandables. Tel eft entr'autres Albaténius qui rectifia la plupart des Elémens dont Ptolémée avoit fait ufage. Mais il femble que le génie des Arabes fe foit borné à l'Art d'ob- ferver & qu'il n'ait pu s'élever jufqu'aux caufes des Phénomènes céleftes. Ils ont laiffé cette par- tie importante de l'Aftronomie, à-peu-près dans le même état où elle étoit du tems de Ptolémée, fans y ajouter aucune découverte remarquable.

---

(1) Méfopotamie fignifie *entre des fleuves.* C'eft le nom que les Grecs donnèrent à une étendue de pays affez confidérable fituée entre l'Euphrate à l'Oueft & le Tigre à l'Eft. Les Arabes l'appelèrent *l'île* ou *al Dgéfira :* ce nom eft actuellement en ufage.

(2) De ce qu'Abulféda rapporte que le degré terreftre fut évalué 56 milles arabiques & deux tiers, le célèbre M. d'Anville fe croit en droit de conclure que la cou- dée peut être évaluée à 18 pouces & quelque chofe ; mais ce n'eft qu'une conjecture.

Les bornes de ce Précis hiftorique ne me permettent pas de faire connoître les progrès de l'Aftronomie chez les Chinois & chez les autres peuples de la Terre. Je me contenterai d'obferver qu'aucun peuple ne peut fe vanter de Monumens aftronomiques auffi anciens que les Chinois, & que leurs obfervations paroiffent remonter jufqu'à l'an 2155 avant notre Ere. Mais malgré la grande vénération qu'ils ont toujours eue pour l'Aftronomie, ils l'ont beaucoup moins perfectionnée que les Grecs & les Arabes.

De l'Aftronomie dans l'Europe Moderne.

C'eft aux Arabes que l'Europe Moderne doit les premiers traits de lumière qui ont percé les ténèbres dont elle a été enveloppée pendant plus de douze Siècles. Ils ont été nos Maîtres comme autrefois les Egyptiens le furent des Grecs. Et le grand nombre de mots Arabes dont nous faifons ufage en Aftronomie, eft un Monument durable des obligations que nous avons à ce Peuple.

Alphonfe, Roi de Caftille, fut un des premiers Souverains qui encouragèrent l'Aftronomie en Europe. Cette Science compte peu de Protecteurs auffi zélés & auffi magnifiques. Mais les foins de ce grand Prince ne furent pas fecondés par les Aftronomes qu'il avoit fait venir à grands frais de tous les Pays de l'Europe ; & les tables du mouvement des Planètes qu'ils publièrent en 1252, ne répondirent pas aux dépenfes exceffives qu'elles lui avoient occafionnées. Doué d'un efprit jufte, il étoit choqué de l'em-

barras de tous les Cercles dans lesquels ces Aſtronomes faiſoient mouvoir les Planètes : il
ſentoit parfaitement que la Nature devoit agir
par des moyens plus ſimples ; & à cette occaſion
il ſe permettoit une plaiſanterie à la vérité peu
reſpectueuſe, mais par laquelle il faiſoit entendre qu'on étoit encore bien éloigné de connoître le véritable Syſtême du Monde. *Si Dieu,*
diſoit-il, *m'avoit appelé à ſon Conſeil lorſqu'il créa*
l'Univers, les choſes auroient été dans un ordre
meilleur & plus ſimple.

Au tems d'Alphonſe, l'Empereur Frédéric II ſe
diſtingua par ſon zèle pour l'Aſtronomie. On doit
à ſes ſoins la première Traduction de l'Almageſte
de Ptolémée : elle fut faite ſur un Manuſcrit
Arabe, la Langue Grecque étant entiérement inconnue dans ces contrées.

Nous arrivons enfin à l'époque célèbre où
l'Aſtronomie ſortit de l'enfance, & s'éleva par
des progrès rapides & continus à la hauteur où
nous la voyons aujourd'hui.

Purbach & Régiomontanus préparèrent ces
beaux jours de l'Aſtronomie, & Copernic les
fit naître par l'idée grande & heureuſe qu'il eut
d'expliquer les Phénomènes céleſtes, au moyen
des mouvemens de la Terre ſur elle-même &
autour du Soleil. La complication du Syſtême de
Ptolémée embarraſſoit depuis long-tems les Aſtronomes, mais il ſe maintenoit toujours par ſon
ancienneté, par ſa conformité avec les préjugés,
& par la difficulté de lui en ſubſtituer un plus
vraiſemblable. Copernic oſa franchir tous ces
obſtacles, qui avoient arrêté ſes prédéceſſeurs ;
&, en plaçant le Soleil au centre de l'Univers,

il

il fit voir que les mouvemens extrêmement compliqués des Planètes devenoient très-simples en les rapportant au Soleil. Tous les Phénomènes alors connus se plièrent sans effort à cette Théorie ; la Terre devenoit une Planète qui circuloit comme les autres autour du Soleil. En lui donnant un mouvement de rotation sur elle-même, on n'avoit plus besoin des mouvemens inconcevables qu'il falloit auparavant supposer aux Étoiles ; enfin tout annonçoit dans ce nouveau Système cette belle simplicité qui nous charme dans les moyens que la Nature emploie, lorsque nous sommes assez heureux pour les connoître. Ces idées parurent en 1563, dans l'Ouvrage intitulé, *De Revolutionibus Cœlestibus.* Copernic, dans la crainte de révolter les Préjugés reçus, ne les présenta que comme une Hypothèse. *Les Astronomes*, dit-il dans sa Préface adressée à Paul III, *quoique persuadés qu'il n'y a dans le Ciel aucun des Cercles qu'ils y ont imaginés, ne laissent pas d'employer ces suppositions contraires à la Nature : pourquoi ne pourrois-je pas supposer la Terre mobile, s'il en résulte un calcul plus simple des Phénomènes ?*

Ce grand Homme n'eut pas le tems d'être témoin de la sensation que devoit produire son Système. Il mourut presque subitement à l'âge de 71 ans, d'un flux de sang, peu de jours après avoir vu le premier Exemplaire de son Ouvrage. La Prusse Polonoise s'honore de lui avoir donné la naissance. Il naquit à Thorn le 19 Janvier 1472, d'une Famille noble. Après avoir appris dans la maison paternelle les Langues Grecque & Latine, il alla continuer ses Études à Cra-

covie. Entraîné enfuite par fon goût pour l'Aftronomie, il entreprit le voyage d'Italie, & fes
connoiffances lui méritèrent à Rome une place
de Profeffeur. Enfin il quitta cette Ville pour fe
fixer à Varmie, où fon oncle, alors Evêque, lui
donna un Canonicat dans fa Cathédrale. Ce fut
là qu'il médita fon nouveau Syftême, & que,
pour l'appuyer fur des obfervations inconteffa-
bles, il obferva très-exactement pendant près de
trente-fix années. A fa mort il fut inhumé dans
la Cathédrale de Varmie, fans pompe & fans
magnificence. Mais fon nom vivra jufque dans
la poftérité la plus reculée, dont il a mérité
l'admiration & la reconnoiffance.

Il eft rare que la vérité foit accueillie fans contradiction, fur-tout lorfqu'elle eft oppofée à des
erreurs anciennes & très-accréditées, & lorfque
pour être entendue, elle exige que l'on s'élève
au-deffus des préjugés des fens. Le Syftême de
Copernic eut encore à vaincre des obftacles d'un
autre genre, & qui, naiffant d'un fond très-ref-
pectable, l'auroient étouffé dès fa naiffance, fi
le progrès des lumières & la force de la vérité
ne les euffent furmontés. On invoqua, pour
détruire un Syftême Philofophique, le témoi-
gnage des Saintes Ecritures, comme fi l'Efprit
Saint, en parlant à des Hommes ignorans, n'eût
pas dû fe conformer à leur intelligence groffière.
On crut la Religion intéreffée à foutenir l'immo-
bilité de la Terre, & le fanatifme le plus défho-
norant & le plus abfurde tourmenta, par des
perfécutions réitérées, des Hommes qui, par
leurs découvertes, illuftroient leur Patrie & leur
Siècle.

Rothicus, disciple de Copernic, fut le premier Astronome qui adopta publiquement les idées de son illustre maître. Mais ce ne fut que vers le commencement du XVIIe. siècle qu'elles prirent une grande faveur, & elles la dûrent principalement aux découvertes & aux malheurs de Galilée.

Un hazard heureux venoit de faire découvrir le Télescope. Galilée perfectionna cet instrument & le tourna vers le Ciel. Il apperçut les Phases de Vénus & de Mercure qu'il soupçonnoit d'après la Théorie de Copernic, & il ne douta plus dès-lors du mouvement de ces Planètes autour du Soleil. Il découvrit encore les Satellites de Jupiter qui lui montrèrent une nouvelle analogie de la Terre avec les Planètes. Enfin il apperçut les taches du Soleil & les apparences occasionnées par l'anneau de Saturne.

En publiant ces découvertes, il fit voir qu'elles prouvoient incontestablement le mouvement de la Terre. Mais l'opinion de ce mouvement fut déclarée hérétique par une Congrégation de Cardinaux; & Galilée, son plus célèbre défenseur, fut cité au tribunal de l'Inquisition & forcé de se rétracter pour échapper à une prison rigoureuse. De toutes les passions, la plus puissante est, sans contredit, celle de la vérité dans un homme de génie. Persuadé que pour la faire adopter, il suffit de la mettre au jour, il brûle de la répandre, & tous les obstacles qu'on lui oppose ne servent qu'à l'enflammer. Galilée, convaincu des mouvemens de la Terre par ses propres observations, médita long-tems un Ouvrage dans lequel il se proposoit d'exposer dans un grand jour, les preuves

N 2

qui pouvoient l'appuyer. Mais, pour fe dérober en même tems à la perfécution dont il avoit déjà été la victime, il imagina de les préfenter en forme de Dialogues entre trois interlocuteurs qui défendoient chacun les trois fyftêmes connus de l'Univers. On fent bien que tout l'avantage reftoit au défenfeur du Syftême de Copernic : mais Galilée ne prononçant pas entre eux, & faifant valoir, autant qu'il étoit poffible, toutes les objections des partifans d'Ariftote & de Ptolémée, devoit s'attendre à jouir d'une tranquillité que lui méritoient fes travaux & fon grand âge. Le fuccès de fes Dialogues, & la manière triomphante avec laquelle toutes les difficultés contre le mouvement de la Terre y étoient réfolues, réveillèrent l'Inquifition. Ce grand homme, âgé de 70 ans, fut de nouveau cité à ce Tribunal ; & la protection du grand Duc de Tofcane, ne put empêcher qu'il n'y comparût. On l'enferma dans une prifon où l'on exigea un fecond défaveu de fes fentimens, avec menace de la peine de relaps, s'il continuoit d'enfeigner le mouvement de la Terre. Enfin un décret de l'Inquifition condamna ce vieillard refpectable à tant d'égards, à une prifon perpétuelle. Il fut enfuite élargi au bout d'une année par les follicitations du Grand-Duc. Mais, pour qu'il ne cherchât pas à fe fouftraire au pouvoir de l'Inquifition, on lui défendit de fortir du Territoire de Florence. Il y mourut en 1642, dans fa maifon de campagne d'Arcetti, emportant avec lui les regrets de toute l'Europe favante qu'il avoit éclairée, & qui ne vit, dans le jugement porté contre lui, que l'ouvrage d'un Tribunal ignorant & fanatique. Il étoit né à Pife, en 1564, d'une famille

diftinguée. Son éducation répondit à fa naiffance, & il annonça de bonne heure les talens qu'il
développa dans la fuite. La Méchanique lui doit
un grand nombre de découvertes. Mais celle
qui lui fait le plus d'honneur en ce genre, eft fa
belle Théorie de la chûte des Corps *graves*. J'ai
déjà parlé de fes découvertes aftronomiques. Il
étoit encore occupé à démêler les effets de la libration de la Lune, lorfqu'il perdit la vue, trois
ans avant fa mort. Tel fut ce grand homme
contre lequel un Tribunal auffi odieux qu'in-
compétent, ofa exercer une perfécution fi humi-
liante pour la raifon humaine. *Tout Inquifi-
teur*, a dit à cette occafion un homme célèbre,
devroit trembler en voyant une Sphère de Copernic.

Pendant que ces chofes fe paffoient en Italie,
& que le vrai fyftême du Monde y étoit perfé-
cuté, Képler, en Allemagne, lui donnoit un nouveau luftre par fes découvertes fublimes fur la
nature des orbites des Planètes, & fur la loi de
leurs mouvemens. Mais avant d'en parler, il convient de remonter plus haut, & de faire connoître les progrès de l'Aftronomie dans le Nord de
l'Europe, depuis la mort de Copernic.

L'hiftoire de cette fcience nous préfente en Allemagne un grand nombre d'excellens Obfervateurs : mais aucun ne fe diftingua davantage dans
cette carrière, que Guillaume III, Landgrave de
Heffe. Il protégea l'Aftronomie en Souverain, & la
cultiva en Aftronome. Il fit bâtir à Caffel un Obfervatoire qu'il munit d'inftrumens travaillés avec
grand foin; & il y obferva lui-même depuis
1561 jufqu'en 1577. Il s'attacha plufieurs Aftronomes diftingués, & Ticho fut redevable à fes

N 3

preſſantes ſollicitations, des avantages que lui procura Frédéric, Roi de Danemarck.

Ticho-Brahé, l'un des plus grands Obſervateurs qui aient jamais exiſté, naquit en 1546, à Knud-Sturp (1), d'une maiſon illuſtre de Danemarck. Son goût pour l'Aſtronomie ſe maniféſta dès l'âge de 14 ans, à l'occaſion d'une Eclipſe arrivée en 1560. La juſteſſe du calcul qui l'avoit annoncée lui inſpira un deſir ardent d'en connoître les principes ; & les oppoſitions de ſon gouverneur & de ſa famille ne ſervirent qu'à l'enflammer davantage. Il voyagea en Allemagne, où il contracta différentes liaiſons avec les Savans & les Amateurs les plus diſtingués. Il viſita le célèbre Landgrave de Heſſe qui le reçut de la manière la plus flatteuſe, & qui l'honora depuis de ſon amitié & de ſa correſpondance. Enfin de retour dans ſon pays, Frédéric, ſon Souverain, l'y fixa en lui donnant la petite Iſle de Huène ou d'Hwen, à l'entrée de la mer Baltique. Ticho y fit bâtir un Obſervatoire (2) qui devint fameux, ſous le nom d'Uranisbourg ; & là, pendant un ſéjour de vingt-un ans, il fit un amas prodigieux d'obſervations, & pluſieurs découvertes importantes.

---

(1) Knud-Sturp dans la Sicanie, diviſion méridionale de la Norwège.

(2) Ce monument de la bienfaiſance d'un Roi & des travaux d'un grand homme, fut tellement négligé après le départ de Ticho, que M. Huet, en 1652, viſitant le Nord & mouillant à l'île de Huène exprès pour le voir, en put à peine découvrir quelques ruines. Et M. Picard, y étant paſſé en 1671, le trouva abſolument ignoré des gens du pays.

A la mort de Frédéric, l'envie s'acharna sur Ticho, & le força d'abandonner sa retraite : mais heureusement il retrouva un protecteur puissant dans la personne de l'Empereur Rodolphe II, qui se l'attacha par une pension considérable & qui le logea commodément à Prague, où il mourut âgé de 55 ans, le 24 Octobre 1601.

Un nouveau Catalogue d'Etoiles beaucoup plus exact que celui d'Hipparque & de Ptolémée, des observations nombreuses sur les Planètes, les découvertes de quelques-unes des principales inégalités de la Lune, la remarque importante que les Comètes sont au delà de l'orbite Lunaire, une connoissance plus parfaite des Réfractions astronomiques : tels sont les services que cet illustre Observateur a rendus à l'Astronomie. Frappé des objections que les adversaires de Copernic opposoient au mouvement de la Terre, & peut-être entraîné par la vanité d'être lui-même inventeur d'un système nouveau, il méconnut ou du moins combattit celui de la Nature. Suivant lui, la Terre est immobile au centre de l'Univers ; la Lune, le Soleil & les Etoiles, tournent chaque jour autour d'elle, tandis qu'autour du Soleil tournent Mercure, Vénus, Mars, Jupiter & Saturne. Ce Système rend, il est vrai, raison des apparences, également bien que celui de Copernic : on peut même considérer comme immobile tel point que l'on voudra, par exemple, le centre de la Lune, pourvu que l'on transporte en sens contraire, à tous les Corps qui l'environnent, les mouvemens dont il est animé ; mais n'est-il pas physiquement absurde de supposer la Terre sans mouvement dans l'espace, tandis que le Soleil entraîne autour de lui les Planètes, au milieu desquelles elle est comprise ?

Ticho eut pour disciple le fameux Képler, que l'on doit regarder comme le Créateur de l'Astronomie moderne. Ce grand homme naquit en 1571, le 27 Décembre, à Viel, dans le Duché de Wittemberg. Doué d'une imagination ardente & enflammé du desir de s'illustrer, la carrière pénible des Sciences lui parut d'abord peu capable de remplir ses vues ; mais l'ascendant de son génie, & les exhortations de Mœstlin le rappelèrent à l'Astronomie, & il y porta toute l'activité d'une ame passionnée pour la gloire.

Le présent le plus utile, & tout à la fois le plus dangereux qu'un Savant puisse recevoir de la Nature, est une imagination brillante : elle est utile, en ce que celui qui la possède, tourmenté du desir de pénétrer la cause des phénomènes qu'il observe, s'élève quelquefois jusqu'à elle, & l'entrevoit long-tems avant que les observations aient pu l'y conduire. Sans doute, il est plus sûr de remonter des Phénomènes aux causes ; mais cette marche est beaucoup plus difficile & plus tardive que la première, & l'histoire des Sciences nous prouve qu'elle n'a presque jamais été celle des inventeurs. L'imagination est souvent dangereuse, en ce que prévenus pour la cause que nous avons supposée, loin de la rejetter lorsque les phénomènes y paroissent contraires, nous les déguisons & nous cherchons à les plier à nos hypothèses ; nous mutilons, si je puis m'exprimer ainsi, l'ouvrage de la Nature, pour le faire ressembler à celui de notre imagination, sans songer que les autres

hommes ne mettant point à nos idées l'intérêt de l'amour-propre qui nous engage à les main-
tenir, ne les jugent que par leur conformité aux
obfervations. Le Philofophe vraiment utile au
progrès des Sciences, eft celui qui réuniffant à
une imagination profonde, une grande févérité
dans le raifonnement & dans les expériences, eft
à la fois tourmenté par l'envie de connoître la caufe des Phénomènes, & par la crainte
de fe tromper fur celle qu'il leur affigne.

Képler dut à la Nature le premier de ces avantages, & le fecond à Ticho-Brahé. Etant allé
voir ce grand Obfervateur à Prague, en 1598;
Ticho, qui dans les premiers ouvrages de Képler
avoit démêlé fon génie à travers les analogies
myftérieufes des nombres & des figures dont
ils étoient remplis, l'exhorta à obferver, &
lui procura le titre de Mathématicien Impérial.
Képler fit un grand nombre d'obfervations; &
leurs comparaifons entr'elles & avec celles de
Ticho le conduifirent aux trois plus belles découvertes que l'on eût encore faites dans la Philofophie naturelle.

Ce fut une *oppofition* de Mars, qui excita
Képler à travailler préférablement fur les mouvemens de cette Planète. Son choix fut heureux,
en ce que l'orbite de Mars étant une des plus
excentriques, les inégalités de fon mouvement
font en même proportion plus fenfibles, & doivent plus facilement conduire à découvrir leur
véritable caufe. Après un grand nombre de ten-
tatives, qu'il a rapportées avec le plus grand
détail dans fon fameux ouvrage *de Stellâ Martis*,
il parvint à s'affurer que Mars fe meut dans une

Ellipfe dont le Soleil occupe un des foyers, & que le rayon vecteur mené du centre du Soleil à celui de la Planète, décrit des furfaces proportionnelles aux tems. Il étendit enfuite ces découvertes à la Terre & aux autres Planètes, & il publia d'après cette théorie, en 1626, les Tables Rodolphines à jamais mémorables en Aftronomie, comme ayant été les premières qu'on ait calculées fur les véritables loix des mouvemens des Planètes. Il n'eft pas inutile d'obferver que les principales difficultés que Képler eut à vaincre, tenoient aux préjugés métaphyfiques de fon fiècle, fur la fimplicité des mouvemens céleftes. J'obferverai auffi, pour répondre aux détracteurs de la Géométrie pure, que, fans les fpéculations des Grecs fur les courbes formées par la fection d'un plan & d'un cône, les loix des mouvemens Planétaires feroient peut-être encore ignorées. L'Ellipfe étant une de ces courbes, fa figure applatie fit naître dans l'efprit de Képler, la penfée d'y faire mouvoir les Planètes. En faifant enfuite ufage des propriétés nombreufes que les Géomètres avoient trouvées fur fa nature, il reconnut la vérité de fon hypothèfe. L'hiftoire des Mathématiques nous offre un grand nombre d'autres exemples du paffage des vérités fpéculatives aux vérités phyfiques, & cela doit être ainfi, puifque les phénomènes de la nature ne font que les réfultats Mathématiques d'un petit nombre de loix invariables.

Ce fut, fans doute, le fentiment de cette vérité, qui donna naiffance aux analogies myftérieufes des Pythagoriciens : elles avoient féduit l'imagination de Képler dans sa jeuneffe, & il leur fut redevable, dans la suite, d'une de ses plus brillantes découvertes. Perfuadé qu'il devoit y avoir un rapport entre les tems des révolutions des Planètes & leurs moyennes diftances au Soleil, il imagina de comparer ces diftances aux Corps réguliers, enfuite à l'harmonie des Corps fonores; mais, n'ayant rien trouvé par ces différens moyens, qui le fatisfît fur le rapport des tems & des diftances, il effaya de comparer les puiffances des nombres qui les expriment. Il trouva ainfi que les carrés des tems des révolutions des Planètes, étoient entre eux comme les cubes de leurs moyennes diftances, & il eut l'avantage de voir cette belle loi s'obferver auffi entre les Satellites de Jupiter.

L'imagination ardente de Képler ne pouvoit pas s'exercer fur les Phénomènes céleftes, fans chercher à en pénétrer la caufe; mais les loix du mouvement n'étoient pas encore fuffifamment connues, & la Géométrie affez perfectionnée, pour qu'il pût s'élever jufqu'à la découverte de la Pefanteur univerfelle. Il ne fit que l'entrevoir, & l'on trouve répandues dans fes ouvrages, des idées très-juftes fur cet objet. « La gravité, » dit-il, n'eft qu'une affection corporelle & mu- » tuelle entre des corps femblables pour fe réu- » nir. Les Corps graves ne tendent point vers » le centre du monde, mais à celui du corps » rond dont ils font partie. Si la Lune & la Terre » n'étoient pas retenues dans leurs diftances » refpectives, elles tomberoient l'une fur l'au- » tre, la Lune faifant environ les $\frac{53}{54}$ du che- » min; la Terre feroit le refte en les fuppo-

» fant également denfes ». Il croit encore que l'attraction de la Lune eft la caufe du flux & du reflux de la mer. On le voit enfin dans fes commentaires fur Mars, foupçonner que les irrégularités du mouvement de la Lune, font occafionnées par les actions combinées du Soleil & de la Terre fur ce Satellite.

L'Optique & l'Aftronomie doivent encore à Képler plufieurs découvertes capables d'illuftrer tout autre Aftronome, mais qui difparoiffent devant celles que je viens d'expofer. Avec autant de droit à l'admiration & à la reconnoiffance de fon fiècle, qui croira que ce grand homme vécut dans la mifère & fe vit contraint, pour fubfifter, de faire des Almanachs, tandis que l'Aftrologie judiciaire étoit par-tout en honneur & magnifiquement récompenfée par les Souverains? Heureufement le génie trouve en lui-même, & dans l'eftime du petit nombre de Savans en état de l'apprécier, de quoi fe confoler de l'ingratitude, des intrigues & des fottifes des hommes. Képler avoit obtenu des penfions qui lui furent toujours mal payées: étant allé à la Diete de Ratisbonne, pour en folliciter le paiement, il mourut dans cette ville le 5 Novembre 1631.

Les travaux d'Huyghens fuivirent de près ceux de Képler & de Galilée. L'hiftoire des Sciences offre très-peu d'hommes qui, par l'importance & la fublimité de leurs recherches, aient autant mérité d'elles. L'application heureufe qu'il fit du pendule aux horloges, eft un des plus beaux préfens que l'on ait pu faire à l'Aftronomie. Ce fut lui qui démontra le premier que les apparences de Saturne font occafionnées par un anneau fort mince dont cette Planète eſt environnée : ſon aſſiduité à obſerver ces apparences, lui fit découvrir un des Satellites de Saturne. La Géométrie, la Méchanique & l'Optique lui ſont redevables d'un grand nombre de découvertes intéreſſantes, & l'on doit à ce rare génie la juſtice de remarquer que ſes Théorêmes ſur la force centrifuge, & ſa belle théorie des *Développées*, ont préparé les grandes découvertes de Newton ſur le ſyſtême du Monde.

A cette époque l'Aſtronomie prit un nouvel eſſort, par l'établiſſement des Sociétés ſavantes. Il n'en eſt pas des Sciences & des Arts comme de la Littérature. Dans celle-ci, un ouvrage peut être porté par un ſeul homme, au plus haut point de perfection auquel il puiſſe atteindre ; on le lit avec le même plaiſir dans tous les âges, & le tems ne fait qu'accroître ſa réputation, par les vains efforts de ceux qui cherchent à l'imiter. Mais dans les Sciences, quelque parfait que ſoit un ouvrage, il eſt néceſſairement effacé par ceux qui le ſuivent, à cauſe des nouvelles découvertes que chaque ſiècle ajoute à celles des ſiècles précédens. Un Savant ne doit ainſi aſpirer qu'à tenir un rang diſtingué dans l'hiſtoire de la Science qu'il cultive. On ne lit preſque plus les ouvrages de Képler ; mais tout le monde connoît les fameuſes Loix qu'il a trouvées, & il n'eſt perſonne qui, en conſidérant l'importance & la ſublimité de ces Loix, ne place leur inventeur à côté des hommes qui ſe ſont le plus illuſtrés dans la carrière des Lettres. En général on peut regarder les productions Littéraires, comme l'ouvrage des individus, & les

Sciences, comme celui de l'espèce humaine entière. Elles ont besoin conséquemment, pour être perfectionnées, du concours d'un grand nombre d'hommes qui, réunis en corps, associent leurs travaux & leurs lumières. Un autre avantage des Sociétés savantes, est l'esprit philosophique qui doit nécessairement s'y introduire, & delà se répandre dans le reste de la nation. Un Savant isolé peut se livrer sans crainte à l'esprit de systême; il n'entend que de loin les contradictions qu'il éprouve; mais dans une Académie, chacun ayant le même droit de faire adopter ses opinions, il en résulteroit un état de division continuel; le desir de la paix & celui de persuader les autres, établit donc entre les membres, la convention de rejetter toute idée systématique, pour n'admettre que les résultats de l'observation & du calcul; aussi l'expérience a-t-elle prouvé que depuis un siècle environ que l'on a commencé à former ces établissemens, la vraie manière de philosopher s'est généralement répandue, & l'on ne voit plus, comme autrefois, les savans, allier leurs découvertes aux rêveries les plus ridicules & les plus absurdes.

De toutes les Académies, celles qui ont le plus contribué aux progrès des Sciences & en particulier de l'Astronomie, font l'Académie des Sciences de Paris & la Société Royale de Londres. La première doit sa naissance à Louis XIV dont l'ame grande & passionnée pour la gloire, sentit l'éclat que les Sciences & les Lettres pourroient répandre sur son règne. Ce Monarque, dignement secondé par Colbert, invita les Savans étrangers les plus célèbres, à venir se fixer dans fa Capitale. Huyghens fe rendit à cette invitation flatteufe, & l'Académie s'honore de le compter parmi fes premiers Membres. Il publia dans fon fein fon bel Ouvrage *de Horologio Ofcillatorio* ; fans doute il auroit fini fes jours dans fa nouvelle patrie, s'il n'eût appris que l'on alloit profcrire l'exercice de fa Religion en France. Sans attendre la publication de cet Edit fameux qui priva le royaume d'un fi grand nombre de citoyens utiles, il fe retira à la Haye où il étoit né le 15 Avril 1625, & il y mourut le 15 de Juin 1695.

Dominique de Caffini fut auffi attiré à Paris par les bienfaits de Louis XIV, & pendant quarante ans des plus heureux travaux, il enrichit l'Aftronomie d'une infinité de découvertes ; telles font la Théorie des fatellites de Jupiter, la découverte de quatre fatellites de Saturne ; celles de la rotation de Jupiter & de Mars, des bandes parallèles qui environnent la première de ces Planètes, de la Lumière Zodiacale, &c.

Le grand nombre d'Académiciens d'un rare mérite qui ont fucceffivement cultivé l'Aftronomie, & les bornes de ce Précis hiftorique, ne me permettent pas de parler de leurs travaux, ni de leurs perfonnes ; je me contenterai d'obferver que l'application du Télefcope au quart de Cercle, l'invention du Micromètre, le mouvement fucceffif de la lumière, l'accourciffement du Pendule qui bat *les fecondes*, à l'Equateur, enfin la mefure de la Terre, font autant de découvertes forties du fein de l'Académie des Sciences.

L'Aftronomie n'eft pas moins redevable à la

Société Royale de Londres; & parmi les Aſtronomes qu'elle a produits, je citerai particuliérement Flamſteed, le plus grand obſervateur de l'Angleterre; Hallei auquel on doit entre autres recherches très-intéreſſantes, l'idée ingénieuſe d'employer, le paſſage de Vénus ſur le diſque du Soleil, à déterminer la parallaxe de cet aſtre; enfin, Bradlei dont le nom ſera célèbre à jamais, par les deux plus belles découvertes aſtronomiques que l'on ait faites dans ce ſiècle; celle de l'aberration des fixes, & celle de la nutation de l'axe de la Terre.

De l'Aſtronomie Phyſique.

Après avoir expoſé les principales découvertes dont l'Aſtronomie eſt redevable aux Obſervateurs, il me reſte à préſenter en peu de mots les avantages immenſes qu'elle a retirés de la connoiſſance des forces auxquelles tous les Corps céleſtes ſont ſoumis, & des ſublimes applications que l'on a faites de la Géométrie à la Théorie de leurs mouvemens.

Deſcartes (1) eſt le premier qui ait tenté d'expliquer par les loix de la Méchanique, les mouvemens des Planètes & de leurs Satellites; il imagina des tourbillons de matière ſubtile au centre deſquels il plaça les Corps céleſtes : celui du Soleil entraînoit les Planètes autour de cet Aſtre, & les tourbillons de la Terre, de

_____

(1) René Deſcartes, né à La Haie en Tourraine, le 31 Mars 1596, mourut en 1650 à Stockolm, où il avoit été appelé par la Reine Chriſtine.

Jupiter

Jupiter & de Saturne, faifoient mouvoir les fatellites de ces différentes Planètes. Enfin, la Pefanteur à la furface de la Terre étoit, fuivant
lui, l'effet de ces Tourbillons. Si les loix mieux
connues du mouvement des Corps ont fait voir
la fauffeté de ce fyftême, on doit au moins
favoir gré à fon inventeur, d'avoir effayé le premier de foumettre à ces Loix les grands Phénomènes de la Nature.

Il étoit réfervé à Newton de nous faire connoître le principe général qui meut l'Univers.
La Nature en le douant du plus profond génie
qui ait exifté, prit encore foin de le placer à l'époque la plus favorable. La Géométrie
de l'infini commençoit à percer de toutes parts.
Wallis, Wren & Huyghens venoient de découvrir les véritables Loix du mouvement. Les
découvertes d'Huyghens fur les *Développées* & fur
la force centrifuge, conduifoient naturellement
à la Théorie des mouvemens dans les courbes.
Kepler enfin avoit déterminé les orbites des
Planètes, & entrevu leur gravitation mutuelle.
La Phyfique célefte n'attendoit ainfi pour éclorre,
qu'un homme de génie qui, en combinant &
en généralifant toutes ces découvertes, fût en
tirer la Loi de la Pefanteur univerfelle; c'eft
ce qu'exécuta Newton avec le plus grand fuccès:
& fa Théorie du fyftême du Monde eft, fans
contredit, ce que l'on a jamais fait de plus important dans les Sciences.

Cet homme immortel à tant de titres, naquit à Wooltrop en Angleterre, fur la fin de
l'année 1642; fes premiers travaux en Mathématiques, annoncèrent ce qu'il feroit un jour;

* O

l'étude des livres élémentaires ne fut pour lui qu'une lecture rapide. A l'âge de 27 ans il étoit déjà en possession de deux de ses plus belles découvertes, son Calcul des *Fluxions* & sa Théorie de la Lumière. Le Docteur Barow lui céda sa place de Professeur de Mathématiques dans l'Université de Cambridge ; & ce fut pendant qu'il la remplissoit, qu'il publia son admirable Ouvrage *des Principes mathématiques de la Philosophie naturelle.* En 1696, il fut nommé Directeur des monnoies à Londres ; & en 1705, la reine Anne le créa Chevalier. Cette princesse s'entretenoit souvent avec lui sur les matières les plus abstraites ; & plus d'une fois on l'a entendue se féliciter d'être contemporaine de ce grand Homme. Il mourut au mois de Mars 1727, âgé de 84 ans & trois mois ; son Corps fut transporté à l'abbaye de Westminster, & de-là conduit avec le cortège le plus magnifique au lieu de sa sépulture où sa famille lui a depuis fait élever un monument (1).

Ce fut en 1666, que Newton, retiré à la campagne, dirigea pour la première fois ses réflexions vers le système du monde. La chûte des Corps à la surface de la Terre, lui fit conjecturer que cette force que nous nommons *pesanteur*, s'étendoit jusqu'à la Lune, & qu'en se combinant avec le mouvement de projection

---

(1) Son Epitaphe finit ainsi : *Sibi gratulentur mortales tale tantumque extitisse humani generis decus.* En voici à-peu-près le sens : Que les hommes s'applaudissent de l'existence de ce mortel extraordinaire qui fut, à tant de titres, l'honneur & la gloire de l'Humanité.

de ce Satellite, elle lui faifoit décrire autour de la Terre une orbite à-peu-près elliptique, ainfi que nous voyons les Corps lancés par une force quelconque, retomber fur la Terre, après avoir décrit des Courbes paraboliques. En étendant ces idées aux Planètes, il fit voir, à l'aide d'une Géométrie très-délicate, que la loi des aires décrites par les rayons vecteurs des Planètes, proportionnellement aux tems, indi-quoit dans ces grands Corps une force de pe-fanteur dirigée vers le centre du Soleil, & que l'ellipticité de leurs orbites démontroit que cette tendance décroît à mefure que le carré de leurs diftances au Soleil augmente. D'où il conclut le rapport découvert par Képler, entre les diftan-ces & les tems des révolutions des Planètes ; en-forte que les différentes loix obfervées dans leurs mouvemens, & qui auparavant étoient ifolées, fe trouvèrent être une fuite néceffaire de la loi de l'attraction en raifon directe des maffes, & en raifon réciproque du carré de la diftance. En tranfportant cette Loi à la Lune confidérée par rapport à la Terre, il en conclut la quantité de pieds dont cet Aftre devoit defcendre dans une minute. Mais il fut très-furpris de trouver le réfultat de fes calculs différent de celui que l'ob-fervation lui donnoit, en partant de la grandeur que l'on fuppofoit alors au degré ter-reftre.

Loin de forcer les obfervations pour les rap-procher de fa théorie, ce grand Homme, auffi modefte que favant, abandonna pour un tems fes idées, & il ne les reprit que lorfqu'ayant fait ufage de la mefure du degré que M. Picard fit en France, il trouva le plus parfait accord entre l'obfervation & fon calcul. Il n'héfita plus dès-lors à regarder l'Attraction comme une propriété générale de la Matière. En fou-mettant au calcul les Phénomènes céleftes, il eut la fatisfaction de les voir fe ranger tous fous cette grande Loi de la Nature. D'après elle, il détermina l'applatiffement de la Terre ; il calcula le Phénomène de la Préceffion des Equinoxes ; il fit voir que les Marées font une fuite de l'inégale tendance du centre de la Terre & des Eaux qui la couvrent en partie, vers le Soleil & vers la Lune ; & que les inégalités nombreufes de ce Satellite qui avoient éludé les efforts des Aftronomes, font l'effet de fa double pefanteur vers le centre de la Terre & vers celui du So-leil ; d'où réfultèrent les meilleures Tables de la Lune qui euffent paru jufqu'alors. Enfin, il démontra que les Comètes font de véritables Planètes qui décrivent des Ellipfes très-alon-gées, & qui ne font vifibles que dans la partie de leurs orbites la plus voifine du Soleil.

Il eft aifé de fentir que ces découvertes fu-blimes dûrent fixer l'attention du petit nombre de Géomètres en état de les entendre : & comme la multitude des objets qui fe préfentoient en foule à leur inventeur, ne lui avoit pas per-mis de les traiter avec toute l'étendue néceffaire ; que d'ailleurs, une difcuffion plus approfondie exigeoit une analyfe plus perfectionnée ; les Géomètres qui ont fuccédé à Newton, ont re-pris les différens problêmes dont il n'avoit pu qu'ébaucher la folution. Et ce qui forme la preuve la plus complette de la vérité de fa

Théorie, c'eſt que l'accord entre le calcul & l'obſervation s'eſt trouvé d'autant plus parfait, que le premier a été plus rigoureux, & la ſeconde plus préciſe.

La Théorie de la Lune a reçu dans les mains de MM. Euler, d'Alembert & Clairaut, un degré de perfection auquel il ſera très-difficile de rien ajouter.

Le premier de ces grands Géomètres a déterminé les inégalités des Planètes réſultantes de leur action mutuelle, & a fait voir que la diminution de l'obliquité de l'Ecliptique, en étoit une ſuite néceſſaire.

Nous devons au ſecond, la première ſolution rigoureuſe du Problême de la Préceſſion des Equinoxes, & de la nutation de l'axe de la Terre; & la méthode qu'il a imaginée pour y parvenir, eſt un chef-d'œuvre de Dynamique (1).

La Théorie de la figure de la Terre & la prédiction du retour de la Comète de 1759, d'après le calcul des altérations occaſionnées dans ſon mouvement par les attractions de Jupiter & de Saturne, font le plus grand honneur à M. Clairaut & à la Géométrie françoiſe.

Dans ces derniers tems, l'illuſtre M. de la Grange a déterminé par une ſublime analyſe, les inégalités des ſatellites de Jupiter, & les Phénomènes de la Libration de la Lune.

Enfin, le Flux & le Reflux de la mer ont été ſoumis au calcul par MM. Daniel Bernoulli,

---

(1) Ce mot, venant du grec Δυναστaι, *être puiſſant*, eſt le nom d'une partie des Mathématiques qui s'occupe des forces.

Maclaurin & Euler ; & M. de la Place vient de reprendre cette matière, & de la traiter avec plus de rigueur qu'on ne l'avoit fait encore, dans ses *Nouvelles Recherches sur le Syſtême du Monde*, inférées dans les Mémoires de l'Académie pour les années 1775 & 1776.

En considérant les progrès de l'Aſtronomie, on ne peut se refuser à un juſte sentiment d'admiration pour l'intelligence de l'Homme qui, habitant un Globe d'une auſſi petite étendue que la Terre, eſt parvenu cependant à mesurer les diſtances des grands Corps qui se meuvent au loin dans l'espace, à soumettre leurs mouvemens à des calculs précis, & à déterminer le principe qui entretient le mouvement de l'Univers. Aucune autre science ne fait autant d'honneur à l'esprit humain, soit par la grandeur & l'importance de son objet, soit par le nombre & l'enchaînement des vérités. L'Aſtronomie embraſſe toutes les parties des Mathématiques ; les découvertes les plus intéreſſantes de la Géométrie, de l'Optique & de la Méchanique, lui appartiennent ; & c'eſt par les sublimes applications que les grands Géomètres de ce siècle ont faites de l'analyse au Syſtême du Monde, qu'ils se font le plus illuſtrés. Cette science a d'ailleurs contribué à beaucoup d'égards au bien de l'Humanité. La Géographie & la Navigation lui font redevables des moyens les plus sûrs que l'on connoiſſe pour fixer la poſition des lieux de la Terre, & pour se conduire sur la vaſte étendue des mers. Mais son principal avantage, eſt d'avoir délivré les

hommes des vaines frayeurs enfantées par l'i-
gnorance, & nourries par la superstition. Dans
les ténèbres de l'ignorance, l'homme foible &
timide tremble à chaque Phénomène extraordinaire qu'il voit paroître ; il craint que ce ne
soit l'avant-coureur de quelque révolution si-
nistre ; impatient d'en connoître la cause, il ne
peut rester long-tems dans un doute pénible ;
son imagination lui crée de vains fantômes
auxquels il attribue l'objet de sa terreur, & qu'il
cherche à fléchir : de-là ces frayeurs extrava-
gantes de plusieurs peuples à la vue des Eclipses (1), ou à l'apparition des Comètes. Si

---

(1) Les Mexicains imaginoient que la Lune dans ses
éclipses avoit été blessée par le Soleil à la suite d'une
querelle que ces deux Astres avoient eue ensemble. En
conséquence, ils jeûnoient, leurs femmes se maltraitoient
elles-mêmes, & les filles se tiroient du sang des bras.

Les Indiens attribuent les Eclipses à un Dragon mal-
faisant qui veut dévorer la Lune. Les uns font un grand
vacarme pour lui faire lâcher prise, pendant que les
autres se mettent dans l'eau jusqu'au col pour l'appaiser.
Cet usage bisarre est entretenu par la mauvaise foi des
Brames qui se font donner des aumônes pour la déli-
vrance de la Lune. Je tiens ce dernier fait d'un homme très-
éclairé, qui connoît parfaitement l'intérieur de l'Inde, &
qui en arrive.

Ce n'a été que vers la fin du dernier siècle que nous
avons cessé de nous effrayer à la vue des Comètes
& des Eclipses. La Comète de 857 inspira une telle
crainte à Louis-le-débonnaire, que ce Prince superfti-
tieux & foible consulta à ce sujet tous les Astrologues
de son empire, & fonda des Monastères. Il mourut deux
ans après de la frayeur que lui causa une Eclipse totale
de Soleil. La grande queue que traînoit après elle la
Comète de 1456 répandit la terreur dans l'Europe déjà

O 4

l'homme a montré trop d'orgueil en se faisant le centre de la Nature, & en rapportant à soi tous les Phénomènes célestes, on peut dire qu'il en a été bien puni par les craintes qu'ils lui ont inspirées. Heureusement la connoissance du vrai Système du Monde a banni pour jamais ces craintes & les superstitions qui en sont nées. Ce n'est pas que le peuple soit plus éclairé qu'autrefois, mais il n'a de préjugés que ceux qu'on

effrayée des succès rapides des Turcs qui venoient de détruire l'Empire Grec. Le Pape Caliste ordonna une espèce d'*Angelus* que l'on récitoit le matin, à midi & le soir, & dans lequel on conjuroit la Comète & les Turcs. Observons ici, à l'avantage des Sciences, que cette Comète a reparu dans ce siècle en 1759, sans causer la moindre frayeur ; mais elle a excité l'intérêt le plus vif dans l'esprit des Géomètres & des Astronomes, par la confirmation que l'on en attendoit & qu'elle a donnée de la Théorie des Comètes & des changemens qu'elles éprouvent par l'action des Planètes. L'Empereur Charles - Quint crut reconnoître dans la Comète de 1556 un signe céleste qui l'avertissoit de songer à la mort. Enfin en 1686, les Protestans en France regardoient les Comètes qui venoient de paroître en grand nombre, comme les avant-coureurs des persécutions qu'ils essuyoient. La crainte des Comètes & des Eclipses étoit alors si généralement répandue, que Bayle crut devoir réfuter toutes les raisons futiles dont on se servoit pour la justifier. Il publia sur cet objet ses *Pensées diverses*, ouvrage rempli d'excellentes réflexions qui même aujourd'hui ne sont pas tout-à-fait inutiles. A l'occasion de l'Eclipse du 12 Août 1654, il rapporte l'anecdote suivante. « La consternation, dit-il, étoit si » grande, qu'un Curé de campagne ne pouvant suffire à » confesser tous ses paroissiens qui croyoient en mourir, » fut contraint de leur dire au prône *qu'ils ne se pres-* » *sassent pas tant, & que l'Eclipse avoit été remise à la* » *quinzaine* ».

lui donne ; & les lumières font aujourd'hui trop
répandues, pour qu'une opinion ridicule ou fu-
perftitieufe s'accrédite & fubfifte long-tems.

Remarque fur le Syftême de Copernic.

Je terminerai ce Précis Hiftorique, par la remarque fuivante qui me paroît mériter l'attention des Lecteurs.

Le mouvement de la Terre eft la bafe de l'Aftronomie, & toutes les découvertes importantes
que l'on a faites dans cette Science depuis Copernic, font intimement liées à ce mouvement.
Son exiftence avant Newton étoit extrêmement
vraifemblable ; mais la découverte de la Gravitation univerfelle a porté à un tel point fa
probabilité, qu'il n'y a rien de mieux prouvé
dans la Philofophie naturelle. Pour établir cette
affertion, confidérons d'abord les preuves que
les obfervations feules peuvent fournir du mouvement de la Terre.

Tous les Corps céleftes nous paroiffant fe
mouvoir d'Occident en Orient dans l'efpace d'environ 24 heures, il eft infiniment probable qu'il
exifte une caufe commune à tous ces mouvemens. Or, fi l'on obferve que le Soleil & la Lune
font à des diftances très-différentes de la Terre,
qu'il en eft de même des Planètes, des Comètes,
& des Etoiles, enforte que tous ces Corps font
ifolés entr'eux ; on fentira facilement que ce
n'eft point dans le Ciel qu'il faut chercher la caufe
générale de leur mouvement diurne, & qu'il
n'eft qu'une apparence occafionnée par le mouvement de la Terre fur elle-même. D'ailleurs la

Parallaxe du Soleil étant presque insensible, sa masse est incomparablement plus grande que celle de la Terre, & sa distance est excessive. Or, n'est-il pas absurde de supposer un aussi grand corps tourner en 24 heures à cette distance autour de la Terre, tandis que l'on peut satisfaire à cette apparence & à celles que nous présentent tous les autres Corps célestes, en faisant tourner sur son axe, un Globe de 2800 lieues de diamètre? Enfin ce mouvement de rotation est indiqué par la diminution de Pesanteur à l'Equateur. Car il est visible que sans ce mouvement, la Terre seroit parfaitement sphérique, & que les Corps ne devroient pas peser davantage aux Pôles qu'à l'Equateur.

Quant au mouvement de la Terre autour du Soleil, il est prouvé par la bisarrerie des mouvemens célestes, lorsqu'on les rapporte à la Terre; & par leur simplicité, lorsqu'on les rapporte au Soleil. Dans la supposition de la Terre immobile, il faut, pour expliquer les Phénomènes, supposer que les Planètes & les Comètes décrivent des courbes très-composées, par des mouvemens encore plus compliqués, & en vertu desquels elles sont successivement directes, stationnaires & rétrogrades. En supposant au contraire la Terre en mouvement, tous ces différens Corps se meuvent autour du Soleil dans des orbites elliptiques, en suivant des loix simples, uniformes pour les Planètes & pour les Comètes, & qui se retrouvent dans les mouvemens des Satellites autour de leurs Planètes principales.

L'Analogie vient encore à l'appui de ce système. Jupiter, beaucoup plus gros que la Terre,

tourne fur lui-même ; il eſt le centre du mouvement de quatre Satellites : n'eſt-il pas naturel de
penſer que la Terre eſt, comme lui, une Planète qui ſe meut ſur ſon axe, & dont la Lune
eſt un Satellite ?

Enfin tout annonce dans ce ſyſtême, cette grande
ſimplicité & cette généralité qui, aux yeux d'un
Obſervateur Philoſophe, eſt la marque infailli-
ble du vrai Syſtême de la Nature. D'ailleurs le
mouvement de la Terre eſt prouvé directement
par l'aberration des Etoiles, qui n'eſt qu'une
combinaiſon de ce mouvement avec celui de la
Lumière.

Telles ſont les preuves tirées des Obſervations,
en faveur des mouvemens de la Terre ſur elle-
même & autour du Soleil ; & il faut convenir
qu'elles ſont de nature à porter une conviction
entière dans tout eſprit attentif & dégagé de préjugés. Voyons maintenant celles que fournit le
principe de la Peſanteur univerſelle.

Pour cela j'obſerve qu'il y a deux moyens
d'augmenter la probabilité d'un Syſtême : l'un
eſt de réduire à un plus petit nombre, les ſuppoſi-
tions ſur leſquelles il eſt fondé ; l'autre eſt de faire
voir qu'il explique un plus grand nombre de
Phénomènes. Or le principe de la Gravitation a
procuré ces deux avantages au Syſtême de Copernic.

D'abord, ce principe eſt tellement lié au mouvement de la Terre, qu'il n'ajoute aucune ſuppoſition nouvelle à ce Syſtême. En effet, ſi la
Terre eſt en mouvement, il eſt néceſſaire d'admettre les loix de Képler, & il eſt démontré que
ces loix ne peuvent ſubſiſter ſans la Peſanteur

des Planètes vers le Soleil; d'où il fuit que le mouvement de la Terre fuppofe néceffairement le principe de la Pefanteur. Il eft d'ailleurs vifible que réciproquement ce principe ne peut exifter fans le mouvement de la Terre. Mais Copernic étoit obligé de faire trois fuppofitions pour expliquer les Phénomènes céleftes, en donnant à la Terre un mouvement autour du Soleil, un mouvement fur fon axe, & de plus en faifant mouvoir les extrémités de cet axe autour des Pôles de l'Ecliptique. Le principe de la Pefanteur univerfelle les réduit à la feule fuppofition d'un mouvement imprimé à la Terre dans une direction qui ne paffe pas par fon centre d'inertie; car, en vertu de ce mouvement, cette Planète doit tourner autour du Soleil & fur elle-même; elle doit prendre une figure applatie vers les Pôles, & l'action du Soleil & de la Lune fur elle doit produire un mouvement dans fon axe autour des Pôles de l'Ecliptique. La Gravitation univerfelle a donc réduit au plus petit nombre poffible les fuppofitions fur lefquelles eft fondé le Syftême de Copernic. Elle a d'ailleurs l'avantage de lier ce Syftême à tous les Phénomènes aftronomiques. Sans elle, l'ellipticité des orbites des Planètes, les loix que les Planètes & les Comètes fuivent dans leurs mouvemens, leurs perturbations, les nombreufes inégalités de la Lune, celles des Satellites de Jupiter, la figure applatie de cette Planète & de la Terre, la préceffion des Equinoxes, & la nutation de l'axe Terreftre, enfin le flux & le reflux de la mer, ne feroient que des réfultats de l'obfervation, ifolés entr'eux; mais nous avons vu dans le fecond

Chapitre qu'ils dérivent néceſſairement du principe de la Peſanteur univerſelle qui les enchaîne &
qui les lie au mouvement de la Terre, de manière
que ce mouvement étant une fois admis, on eſt
conduit à tous ces Phénomènes par une ſuite de
raiſonnemens Géométriques. Chacun d'eux fournit donc une nouvelle preuve de l'exiſtence de
ce mouvement; or, ſi l'on conſidère que ce ne
ſont point des Phénomènes particuliers qui laiſſent toujours lieu de douter ſi quelque effet non
obſervé ne démentiroit pas le Syſtême qui les
explique, mais qu'il s'agit des mouvemens & de
la poſition des Corps céleſtes dans tout leur
cours; il eſt impoſſible de ſe refuſer à l'enſemble
de toutes ces preuves, & de ne pas convenir
qu'il n'y a rien de mieux conſtaté dans les Sciences, que le mouvement de la Terre, & la Gravitation univerſelle de toutes les parties de matière.

NOMS ET USAGES

De quelques Inſtrumens dont on ſe ſert pour dé-
montrer le Syſtême du Monde, ou quelques-uns
des Phénomènes céleſtes.

ON a fait, pour la démonſtration du Syſtême du Monde,
des Sphères, des Planiſphères, des Globes céleſtes.: je
ne parlerai que de ceux qui ſont les plus connus, &
qu'il importe le plus de connoître.

1°. La *Sphère de Ptolémée*, appelée auſſi *Sphère armil-*
laire, à cauſe des cercles qui entrent dans ſa compoſi-
tion, eſt conſtruite d'après un ſyſtême faux. La Terre y
occupe le centre; le Soleil & la Lune, ſuſpendus à des
ſupports, peuvent paroître dans leurs révolutions périodiques paſſer ſous tous les points de l'Écliptique. Ceci
n'eſt bon à la rigueur que pour repréſenter des apparences. Et l'on y ſupplée avantageuſement par quelques-
uns des uſages du Globe, dont je parlerai à la fin de
la Géographie. Cette Sphère n'eſt utile qu'à préſenter à
la vue les principaux Cercles imaginés dans le ciel pour
la juſteſſe des Obſervations aſtronomiques, tels ſont
l'Équateur, le Méridien, les deux Tropiques, les deux Cercles
Polaires, les deux Colures dont un paſſe aux points des
Solſtices, & l'autre aux points des Équinoxes, & enfin
l'Horizon qui tient au pied de la Machine; & dans lequel on la fait tourner. Mais cette Sphère peut donner
des idées fauſſes aux Commençans; je conſeille bien de
ne pas s'en ſervir.

2°. La *Sphère de Copernic* eſt conſtruite pour repréſenter
le Syſtême du Monde tel qu'il eſt réellement. Le Soleil
eſt au centre, les Planètes, au nombre deſquelles eſt la
Terre, font autour de lui leurs révolutions. Elle eſt
entourée d'un cercle qui repréſente la portion du ciel
que l'on nomme *Zodiaque*, large de 16^d, & ſéparée
dans ſa largeur en deux parties par le cercle appelé
Écliptique. Mais cette Machine a trois grands défauts.

Premiérement, les Planètes y font attachées à des cercles qui n'en font que les fupports, & qui femblent au premier coup-d'œil devoir être leurs orbites. Cet embarras de cercles gêne la vue, trompe le jugement & nuit à l'inftruction.

Secondement la Terre y conferve à la vérité fon parallélifme; mais elle eft fi petite que l'on n'en peut prefque retirer aucun fruit.

Troifiémement, le Zodiaque qui eft fait pour repréfenter les Etoiles vues de l'intérieur, c'eft-à-dire de la Terre, a les Signes en dehors, ce qui choque la raifon. Enfin cette machine n'eft que bien foiblement utile.

Les deux Machines auxquelles je donne la préférence à toutes fortes d'égards, quoiqu'elles foient encore fufceptibles de perfection, font celles du fieur Fortin (1): favoir un *Planifphère* à rouage, & une Machine appelée *Géo-cyclique*.

Du Planifphère du fieur Fortin.

Le Planifphère à rouages préfente à la vue le Soleil & les Planètes dans leur rapport refpectif, j'en excepte celui des diftances & des groffeurs. Mais ces Planètes font difpofées dans leur rapport de fituation à l'égard du Soleil; &, au moyen d'une petite manivelle que l'on tourne foi-même, elles font toutes enfemble leurs révolutions autour du Soleil, dans un rapport de tems qui eft à-peuprès celui qui fe trouve dans la Nature. Je ne dirai rien ici de ce qui concerne la Terre en particulier, parce que j'en parlerai à l'article fuivant, mais je vais indiquer deux ufages particuliers à ce Planifphère.

1°. *Difpofer la Sphère conformément à l'état du Ciel pour tel jour que l'on voudra.*

Placez la Terre de manière qu'elle apperçoive le Soleil fous le point du Ciel où il nous paroît être, & que chaque

----

(1) Le fieur Fortin, Ingénieur-Méchanicien pour les Globes & les Sphères, rue de la Harpe près celle du Foin.

Planète foit vis-à-vis les degrés des Signes auxquels elles doivent correspondre (1). On trouve ces pofitions dans les Tables Aftronomiques ; alors vous aurez la fituation des Planètes par rapport au Soleil : pour connoître les lieux de chaque Planète vue de la Terre, pour tel jour que l'on voudra, il faut confulter la *Connoiſſance des Tems*, ou fe fervir du *Calendrier de la Cour*, qui donnent les lieux des Planètes de 15 jours en 15 jours. Alors on peut placer chaque Planète de manière que la Ligne imaginée de la Terre à la Planète, & que l'on repréfente avec une petite verge de laiton, réponde au point de l'Ecliptique, qui eft le lieu de la Planète.

2°. *Expliquer les Stations, Directions & Rétrogradations des Planètes.*

On a vu que les *ſtations*, *directions* & *rétrogradations* des Planètes, ne font que des Phénomènes apparens. Le Planifphère les fera comprendre aifément.

Pour les Planètes inférieures : comme les rétrogradations de Vénus font peu communes, & n'arrivent que de 20 en 20 mois, il faut confidérer Mercure & la Terre.

Mercure fait fa révolution en trois mois environ. Ainfi pendant que la Terre parcourt un Signe, Mercure en parcourt quatre. Placez la Terre au premier degré de la Balance, & Mercure diamétralement oppofé derrière le Soleil au premier degré du Bélier.

Si l'on fait parcourir à la Terre le Signe entier de la Balance, Mercure aura parcouru ceux du Bélier, du Taureau, des Gemeaux & du Cancer ; il eft alors vifible pour la Terre avec laquelle il eft en quadrature : elle le rapporte vers le commencement des Gemeaux. Pendant qu'il a parcouru la dernière moitié du Cancer, il n'a pas paru changer de place, & nous le croyons *ſtationnaire*. Faites-lui parcourir les 15 premiers degrés du *Lion*, alors la Terre le rapportera vers le cinquième degré des Gemeaux, & il fera *direct*. Faites-lui parcourir enfuite le Signe de la Vierge, la Terre le verra encore direct ;

___

(1) On peut faire tourner ces Planètes fur leurs canons, l'une après l'autre avec la main, fans faire mouvoir la manivelle.
elle

elle le rapportera alors vers le dixième degré des Gemeaux. Quand il aura parcouru la moitié de la Balance,
il sera *rétrograde*, puisque la Terre le rapportera vers le
septième ou huitième degré des Gemeaux.

Si Mercure parcourt le reste de la Balance, il sera beaucoup plus rétrograde, puisque la Terre le voit revenir
vers le commencement des Gemeaux. S'il parcourt ensuite
la moitié du Scorpion, il sera toujours rétrograde. Il le
sera encore en parcourant le reste du Scorpion. Quand
il sera au premier degré du Scorpion, il sera en parfaite
opposition. La Terre qui n'aura parcouru que deux Signes
pendant tout ce mouvement de Mercure, le rapportera
alors exactement au premier degré des Gemeaux.

Faites-lui parcourir le Signe entier du Sagittaire, il sera
encore plus rétrograde, puisque la Terre le rapportera
vers la moitié du Taureau. S'il parcourt ensuite le Capricorne, il commencera à être direct; la Terre le rapportera
vers les derniers degrés du Taureau; en parcourant le
Verseau, la Terre le verra toujours direct. Il commencera
à être en quadrature avec elle, & stationnaire pour la
seconde fois. Ensuite il continuera d'être direct en achevant sa révolution.

Ce qui vient d'être dit de Mercure peut être appliqué
à Vénus; les intervalles de tems sont seulement plus
longs. De-là il est aisé de conclure que, lorsque ces Planètes sont dans leurs conjonctions inférieures, elles doivent paroître long-tems rétrogrades; elles passent devant
le disque du Soleil en rétrogradant; elles sont directes
avant & après leurs conjonctions supérieures & stationnaires vers leurs quadratures, c'est-à-dire, à-peu-près
lorsque la Terre les voit dans leur plus grand éloignement
à droite & à gauche du Soleil.

Les stations, directions & rétrogradations des Planètes supérieures, n'ont lieu que parce que la Terre se
meut plus vîte qu'elles. Il est clair que quand la Terre
voit une Planète rétrograde, cette Planète voit aussi la
Terre rétrograder. Considérons la Terre & Jupiter; ce qui
sera dit pour Jupiter pouvant être appliqué à Mars & à
Saturne.

Jupiter emploie environ 12 ans à faire sa révolution,
ainsi il ne parcourt qu'un Signe pendant que la Terre en

* P

parcourt presque douze. Placez la Terre au premier degré de la Balance, & Jupiter vis-à-vis le premier du Verseau. Faites parcourir à la Terre les Signes de la Balance, du Scorpion & du Sagittaire, pendant ces trois mois Jupiter n'aura parcouru qu'environ 9 degrés du Verseau. La Terre qui l'aura vu s'avancer, le verra *direct*. Faites parcourir à la Terre le Capricorne, pendant ce tems-là Jupiter n'aura parcouru que trois degrés de plus; la Terre le croira *stationnaire*, parce qu'il paroîtra ne pas changer sensiblement de place. Faites parcourir à la Terre le Signe du Verseau, Jupiter n'aura encore parcouru pendant ce tems que trois degrés, & sera dans le quinzième degré du Verseau. La Terre l'aura encore vu direct pendant quelque tems. Mais après ce tems la Terre l'ayant dépassé, rapportera Jupiter à quelques degrés en arrière, & il paroîtra alors *rétrograde*. Faites parcourir à la Terre le Signe des Poissons, Jupiter ne sera parvenu qu'au dix-huitième degré du Verseau. Il paroîtra encore rétrograder. Pendant que la Terre parcourra le Signe suivant, il paroîtra stationnaire; mais lorsque la Terre aura parcouru le Signe du Taureau, Jupiter étant parvenu au vingt-quatrième degré du Verseau, la Terre le verra direct: il continuera de paroître encore long-tems direct pendant tout le tems qu'il sera en conjonction avec le Soleil & même long-tems après.

Cette explication convient aux trois Planètes supérieures. Il est aisé de voir qu'elles paroissent directes dans leurs conjonctions, rétrogrades dans leurs oppositions, & stationnaires dans les tems intermédiaires. On remarquera que ces Phénomènes sont d'autant plus rares, que ces Planètes sont moins éloignées du Soleil, parce que la Terre passe plus souvent entre le Soleil & celles qui se meuvent moins vîte.

Il faut observer encore que les tems des stations & des rétrogradations ne sont pas physiquement tels que l'on pourroit les supposer d'après ces explications; mais il falloit se faire comprendre & rendre ces Phénomènes sensibles sur la machine. On a vu d'ailleurs ce qui en a été dit vers la fin du Chapitre III, Art. X, pag. 141.

De la Machine Géo-cyclique (1).

Cette Machine préfente un petit plateau monté fur un pied. Un Globe doré, placé au milieu, repréfente le Soleil. Et la Terre, dont il faut expliquer les mouvemens, eft montée fur fon axe, accompagnée d'un cercle de cuivre, & portée fur une alidade mobile. On lui a donné une groffeur qui certainement n'eft pas en rapport avec celle du Soleil, mais néceffaire aux explications qui vont fuivre.

Le grand Cercle extérieur qui tient au plateau repréfente le Zodiaque, divifé de 30 en 30 degrés, qui correfpondent aux 12 Signes, & divifé auffi en mois de 30 & 31 jours, qui répondent également aux Signes. *Voyons fes principaux ufages.*

1°. *Expliquer les révolutions apparentes du Soleil.*

La Terre, en tournant fur fon axe, rapporte au Soleil le mouvement qui n'eft réel que pour la Terre. Il faut fe reffouvenir que le Soleil éclaire toujours une moitié de la Terre, & que l'autre eft dans l'ombre. La moitié éclairée eft celle qui eft du côté du Soleil, & pour laquelle il fait jour. L'autre moitié oppofée, eft celle pour laquelle il fait nuit.

Si l'on fait faire au Globe terreftre un tour entier fur fon axe, lequel tour eft divifé en 24 heures fur l'Equateur du Globe, on verra que le point d'interfection de l'Ecliptique & du premier Méridien fera pendant 24 heures dans la moitié éclairée, pour laquelle il fait jour, & pendant les 12 autres heures, dans la partie pour laquelle il fait nuit. Voilà la révolution *diurne.*

Si l'on tourne l'alidade jufqu'à ce que la Terre ait fait un tour entier, cette révolution fera la révolution annuelle; & comme on tranfporte au Soleil le mouvement réel de la Terre, on aura par ce moyen l'explication de cette révolution annuelle. Ainfi la Terre parcourant les

_____

(1) Ce mot, formé de deux mots grecs, fignifie *qui appartient aux révolutions de la Terre.*

12 Signes en un an, le Soleil lui paroît parcourir avec la même vîtesse & dans le même tems, les Signes opposés à ceux que la Terre parcourt.

2°. *Placer la Terre relativement au Soleil, pour tel jour que l'on voudra; par exemple pour le 21 de Juin.*

Comme la division des mois correspond à celle des Signes, on trouvera sur le Cercle des mois à quel degré répondra le Soleil pour tel jour que l'on voudra.

Il faut d'abord amener le Globe terrestre vis-à-vis du premier degré de la Balance. Tournez ensuite ce Globe de façon que son Pôle septentrional ou supérieur soit dirigé vers les Signes Septentrionaux du Zodiaque (1), & que le laiton qui part du Centre du Soleil réponde par sa pointe à l'Equateur de la Terre. Alors la Terre est bien disposée; & pour s'en assurer il n'y a qu'à faire faire au Globe terrestre une révolution sur son axe. Le laiton central doit répondre toujours à l'Equateur de la Terre.

Quand on est placé vis-à-vis d'un objet on le rapporte à un point opposé. Dans la situation que je viens d'exposer, la Terre rapporte le Soleil au premier degré du Bélier. Comme le 21 de Juin le Soleil paroît à la Terre être dans le premier degré du Cancer; conduisez l'alidade & amenez la Terre vis-à-vis le premier degré du Capricorne, alors elle sera placée & disposée comme il faut, & la pointe de l'alidade indiquera derrière le Soleil le premier degré du Cancer, auquel nous le rapportons en le voyant de la Terre.

3°. *Expliquer la succession des Saisons, leurs variétés, & les inégalités des Jours & des Nuits.*

1°. La Terre, dans l'éloignement où elle est du Soleil, a toujours, comme il a été dit, une moitié éclairée & l'autre moitié dans l'ombre.

2°. Quand le Globe terrestre est placé au premier degré de la Balance & disposé, ainsi qu'il a été expliqué ci-

_____

(1) Il faut se rappeler que ce sont ceux que la Terre croit voir parcourir au Soleil pendant le Printems & l'Eté; savoir: *le Bélier, le Taureau, les Gémeaux, l'Ecrevisse, le Lion, la Vierge.*

deſſus, il eſt aiſé de ſe repréſenter que le Cercle fixe de cuivre, que l'on voit autour du petit Globe, ſépare la partie éclairée de l'autre partie qui eſt dans l'ombre. On appelle ce Cercle le *Terminateur de la Lumière & de l'Ombre*, ou l'*Horizon du Soleil*.

3°. Il faut remarquer que ce Cercle eſt néceſſairement & toujours perpendiculaire à une Ligne idéale qui ſeroit tirée du Soleil au centre de la Terre, & que l'on appelle *Ligne des Centres* ou le *Rayon Solaire*. Ce rayon eſt repréſenté par le laiton fixé au Globe du Soleil dont on a parlé, & ſon extrémité aboutit à la ſurface du Globe terreſtre.

4°. Il faut obſerver que dans cette poſition la ligne des centres aboutit à l'Equateur de la Terre. Si l'on fait faire au Globe Terreſtre une révolution ſur ſon axe, on verra que l'Equateur répondra toujours à l'extrémité de ce même rayon Solaire.

5°. Comme ce rayon eſt toujours perpendiculaire au Cercle Terminateur de la lumière & de l'ombre, & que d'ailleurs l'Equateur eſt perpendiculaire à l'axe de la Terre, alors cet axe ſe trouve dans le plan du Cercle terminateur, ainſi que les deux Pôles de la Terre, & par conſéquent ce Cercle coupe l'Equateur, & tous les parallèles, en deux parties égales. Ainſi dans cette poſition les jours ſont néceſſairement égaux aux nuits par toute la Terre : c'eſt l'*Equinoxe du Printems*.

6°. Si l'on a fait parcourir à la Terre les Signes de la Balance, du Scorpion & du Sagittaire, il faudra remarquer que la diſpoſition du Globe Terreſtre change peu-à-peu ; que le rayon Solaire répond ſucceſſivement à des points du Globe qui s'élèvent auſſi ſucceſſivement du côté Septentrional ; & que le Pôle Septentrional ſe tourne du côté du Soleil, tandis que le Pôle Méridional s'en éloigne.

7°. La Terre ayant parcouru par ce mouvement les 3 Signes de la Balance, du Scorpion & du Sagittaire, le Soleil aura paru à la Terre parcourir les 3 Signes du Bélier, du Taureau & des Gemeaux, & il paroîtra alors entrer dans le Signe du Cancer ; ainſi l'on aura éprouvé dans la partie Septentrionale de la Terre, la ſaiſon du Printems, & l'on entrera dans l'Eté.

8°. Le Globe Terreſtre étant arrêté ſur le premier de-

P 3

gré du Capricorne, on verra que la Terre a fait un quart de tour fur elle-même ; que le Pôle Septentrionale regarde toujours les Signes Septentrionaux du Zodiaque. Alors fi on fait faire au Globe Terreftre une révolution fur fon axe, on verra que le rayon Solaire répondra, pendant toute cette révolution, au Tropique du Cancer. C'eft alors pour nous le *Solftice d'Eté*, le 21 ou le 22 de Juin.

9°. Comme ce rayon Solaire ne répondra plus à l'Equateur, mais tombera fur l'un des Tropiques, éloigné de l'Equateur de 23° 28′ : il s'enfuit néceffairement que ce rayon formera, avec l'Equateur, un angle de 23° 28′ ; & comme ce rayon eft toujours perpendiculaire au Cercle terminateur, & que l'Equateur l'eft auffi toujours à l'axe de la Terre, alors ce Cercle terminateur fait auffi, avec l'axe de la Terre, un angle de 23° 28′. Par conféquent le Pôle Septentrional eft avancé de la même quantité au-delà du Cercle terminateur, du côté du Soleil ; tandis que l'autre Pôle eft éloigné de la même quantité, au-delà du Cercle terminateur dans la partie qui eft dans l'ombre. Ainfi les Cercles parallèles à l'Equateur, qui font compris entre les Pôles & les Cercles polaires, ne font point du tout coupés par le Cercle terminateur. Il y a un jour perpétuel pour les habitans de la Zone Glaciale Septentrionale, & une nuit continuelle pour la Zone Glaciale Méridionale ; puifque la première de ces Zones eft entièrement dans la lumière, & l'autre tout-à-fait dans l'ombre.

10°. Comme il fera facile d'obferver que les Cercles parallèles à l'Equateur font tellement coupés par le Cercle terminateur, que ceux qui font dans fa partie Septentrionale ont leur plus grand arc dans la lumière, & que ceux de la partie Méridionale ont leur plus grand arc dans l'ombre ; il fera facile d'en conclure que la partie Septentrionale doit avoir les plus grands jours, & que la partie Méridionale doit avoir les plus grandes nuits.

11°. Si l'on continue de faire parcourir à la Terre les Signes du Capricorne, du Verfeau & des Poiffons, le Soleil lui aura paru avoir parcouru les Signes du Cancer, du Lion & de la Vierge. Il fera aifé de remarquer que la Terre, en parcourant ces trois Signes, changera infenfiblement de fituation ; qu'elle préfentera au rayon Solaire des points qui fe rapprocheront fucceffivement de l'Equateur ; qu'étant parvenue au premier degré du Bélier, elle préfentera fon Equateur au rayon Solaire ; qu'elle aura fait fur elle-même une demi-révolution, parce que le Pôle fe retrouvera dans le plan du Cercle terminateur, & qu'il eft toujours tourné du côté des Signes Septentrionaux.

Si l'on fait faire une révolution entière au Globe Terreftre fur fon axe, on obfervera que le rayon Solaire décrira l'Equateur, & qu'il y aura néceffairement *Equinoxe* par toute la Terre, parce que la moitié de l'Equateur & de fes parallèles, fera dans la lumière, & l'autre moitié dans l'ombre.

12°. Le jour où cette fituation de la Terre aura lieu fera le commencement de l'Automne. Le Soleil paroîtra alors à la Terre entrer dans la Balance. Si l'on continue de faire parcourir à la Terre les Signes du Bélier, du Taureau & des Gémeaux, le Soleil lui paroîtra (comme on l'a dit dans le 3ᵉ Chapitre, p. 113) parcourir les Signes de la Balance, du Scorpion & du Sagittaire, & l'on obfervera comment la fituation de la Terre changera peu à peu : elle préfentera au rayon Solaire des points qui s'éloigneront fucceffivement de l'Equateur vers le Pôle Méridional.

13°. La Terre étant au premier degré du Cancer, aura fini alors les trois-quarts d'une révolution fur elle-même. Le Pôle Septentrional regardera toujours les Signes Septentrionaux, & le Pôle Méridional fera tourné du côté du Midi du Soleil. La Terre préfentera alors au Soleil le Tropique du Capricorne. Si l'on lui fait faire une révolution entière fur fon axe, le rayon Solaire correfpondra toujours à ce Tropique.

14°. Il faut faire ici fur le Cercle terminateur, fur l'Equateur & fur l'axe de la Terre, les mêmes obfervations que lorfque la Terre étoit au premier degré du Capricorne. Mais on remarquera qu'ici les chofes font oppofées. Le Pôle Auftral & tous les Parallèles de la Zone Glaciale Méridionale font tous dans la lumière ; le Pôle Boréal & les Parallèles de la Zône Glaciale Septentrionale, font tous dans l'ombre. La Terre préfente au rayon

Solaire fon Tropique du Capricorne. Les parallèles à l'Equateur, fitués dans la partie méridionale de la Terre, font coupés par le Cercle terminateur, de façon que leur plus grand arc eft dans la lumière, tandis que les parallèles de la partie Septentrionale ont leur plus grand arc dans l'ombre. Delà on conclura facilement que les Peuples de la partie Auftrale doivent avoir les plus grands jours, pendant que dans la partie Septentrionale on aura les plus grandes nuits. Cette pofition de la Terre fera celle du *premier jour de l'Hiver.*

15°. Si l'on continue de faire parcourir à la Terre les Signes du Cancer, du Lion & de la Vierge, le Soleil paroîtra parcourir le Capricorne, le Verfeau & les Poiffons. On obfervera que la fituation de la Terre continuera de changer peu à peu, qu'elle préfentera au rayon Solaire des points qui fe rapprocheront infenfiblement de l'Equateur, & qu'enfin la Terre étant parvenue au premier degré de la Balance, aura terminé fa révolution entière autour du Soleil & fur elle-même, puifqu'elle fera revenue dans fa première fituation, & dans le même degré d'où l'on aura commencé à la faire tourner.

D'après ces explications il eft aifé de fentir que cette machine fert très-bien à démontrer,

Comment nous éprouvons fucceffivement les quatre Saifons, & comment le Soleil nous femble parcourir tous les Signes du Zodiaque.

Comment le Soleil paroît décrire l'Equateur & les Tropiques, de trois mois en trois mois.

Comment en conféquence du parallélifme de l'axe de la Terre, il y a deux fois Equinoxes, & deux fois Solftices; comment les jours font inégaux depuis l'Equateur aux Pôles, & comment aux Pôles on éprouve alternativement un jour de fix mois & une nuit de même durée.

Comment le Soleil paroît pendant fix mois s'élever fur notre horizon & fe rapprocher de notre Zénith, & s'en écarter enfuite pendant fix mois.

Comment, lorfque l'on a les grands jours dans la partie Septentrionale, on a de grandes nuits dans la partie Méridionale.

Enfin on pourra voir auffi que ce que l'on nomme la *D*

clinaifon (1) du Soleil , eft produit par le mouvement de l'axe incliné de la Terre , qui fait que différens points de la furface du Globe fe préfentent fucceffivement au rayon du Soleil. Comme le premier Méridien eft gradué , on pourra voir l'augmentation ou la diminution de la Décli- naifon , en obfervant à quels degrés de ce Méridien ré- pondent les différens Parallèles à l'Equateur , indiqués par le rayon Solaire où la ligne des centres.

4°. *Connoître la durée des Jours & des Nuits à Paris , dans les différentes fituations de la Terre.*

Le Globe Terreftre porte un cercle de cuivre mobile fur deux points , afin de marquer l'Horizon de Paris & de tous les autres lieux fitués fous le même Méridien. Faites mouvoir ce cercle du Nord au Sud , en le faifant monter du côté du Nord jufqu'à ce que l'arc du Méri- dien , compris entre le Pôle & le cercle , foit celui de la Latitude , ou hauteur du Pôle (la graduation du pre- mier Méridien fervira à déterminer cette Latitude) alors tournez vis-à-vis du rayon Solaire le Méridien de Paris , pris dans l'hémifphère dans lequel Paris eft fitué (Il faut remarquer que l'Equateur du Globe eft divifé en 24 h. ; que le Méridien de Paris , dans l'hémifphère où cette Capitale fe trouve , marque Midi ou XII heures , & que les XII heures oppofées marquent Minuit.). Faites enfuite tourner le Globe fur lui-même , d'Occident en Orient , ou de droite à gauche , jufqu'à ce que le rayon Solaire rencontre l'Horizon ; alors ce rayon Solaire qui aura parcouru les heures du matin , indiquera le Méridien auquel répond l'heure du lever du Soleil. Si l'on fait enfuite tourner le Globe d'Orient en Occident , ou de gauche à droite , jufqu'à ce que le rayon Solaire ren- contre un autre point de l'Horizon , alors l'heure cor- refpondante au Méridien que le rayon Solaire indiquera , fera celle du coucher du Soleil. On aura par ce moyen la durée totale du jour , & le refte des 24 h. fera la durée de la nuit.

_____

(1) La Déclinaifon du Soleil , ou d'un Aftre quelconque , c'eft fa diftançe à l'Equateur.

5°. *Expliquer les Phases de la Lune.*

Il faut convenir que la petitesse de cette Machine la rend d'un usage un peu incommode pour expliquer les Phases de la Lune, & que la grosseur que l'on a été obligé de donner à la Terre empêche que l'on ne puisse faire bien entendre les Eclipses.

Quant aux Phases, voici comment on les explique : Placez la Terre au premier degré de la Balance, & tournez le quart de Cercle qui porte la Lune, de façon que la Lune soit entre le Soleil & la Terre. Dans cette situation, la Lune est en conjonction avec le Soleil ; & il y auroit Eclipse de Soleil, si cet Astre se rencontroit dans le même plan avec la Terre & la Lune. Mais on a vu (Chap. 3, p. 150 & suiv.) que cela n'arrivoit que dans certains cas. Cette position est celle de la *Nouvelle Lune.*

Comme la Lune fait sa révolution en 27 j. & demi, sept jours après la conjonction, la Lune a fait le quart de sa révolution. Faites mouvoir lentement la Machine pour exécuter ce quart de révolution, & tournez aussi, du côté du Soleil, la moitié blanche du Globe Lunaire ; dans cette situation la Lune sera dans le *Premier Quartier.* La Terre en voit un quart éclairé, tandis que l'autre quart noirci représente celui que l'on ne voit pas & qui est dans l'ombre. Avant que la Lune arrive à cette Phase, elle est visible tous les soirs sous la forme d'un Croissant, dont les pointes sont tournées vers l'Orient & qui augmente peu à peu, parce que la lumière du Soleil éclaire progressivement le côté qui regarde la Terre.

Sept autres jours après, comme la Lune est diamétralement opposée au Soleil, il faut faire venir le Globe Lunaire derrière la Terre ; c'est ce que l'on appelle *Opposition.* Dans cette situation il y auroit Eclipse de Lune. si les trois Corps célestes, le Soleil, la Terre & la Lune se trouvoient, ou à-peu-près, dans la même direction. Mais cela n'arrive que dans certains cas. Cette position de la Lune se nomme *Pleine Lune.* Pour en avoir une idée il faut tourner du côté du Soleil la moitié blanche de la Lune, & supposer qu'elle peut être éclairée par le Soleil.

Encore fept jours après, la Lune fe trouve dans la fe-conde quadrature ; après avoit fait faire ce troifième quart de tour à la petite Lune, tournez encore fa moitié blan-che du côté du Soleil, on appelle cette Phafe *Dernier-Quartier*. On ne voit alors qu'un quart de la Lune. Il faut remarquer que depuis la première quadrature jufqu'à l'oppofition, le Difque lunaire fe remplit de plus en plus, & qu'il diminue enfuite jufqu'au Dernier-Quartier. Depuis ce Dernier-Quartier, la pofition éclairée de la Lune di-minue chaque jour ; la Lune ne paroît que le matin du côté de l'Orient, fous la forme d'un Croiffant, dont les pointes font tournées vers l'Occident.

Enfin après fept jours, la Lune eft revenue en con-jonction avec le Soleil ; elle n'eft plus vifible.

Comme ce que j'ai dit dans tout le corps de cet Ouvrage n'a pas de rapport à l'Aftronomie pratique, je renverrai pour les ufages des Globes Céleftes, à un petit Livre qui fe trouve chez le fieur Latré, Graveur ordinaire du Roi, &c, rue S. Jacques. J'en extrairai feulement quelques Problèmes qui ont rapport au Globe Terreftre. Mais aupara-vant je vais donner une courte defcription de la Machine appelée GLOBE TERRESTRE.

Defcription du Globe Terreftre artificiel.

Dans cette efpèce de Globe il faut diftinguer deux parties très-féparées :

Le pied du Globe qui fupporte un cercle horizontal & large :

Et le Globe, entouré d'un Cercle, appelé Méridien ; ce Globe peut fe mouvoir dans l'Horizon, en faifant glifler le Méridien dans deux échancrures, & il peut tourner dans le Méridien auquel il eft attaché par les extrémités de fon axe.

Examinons chacune de ces Parties.

L'HORIZON, comme on l'a vu, eft, dans la Nature, le cer-cle qui borne notre vue quand nous fommes en pleine cam-pagne. On le nomme Horizon *vifuel* ou *fenfible*. Les Af-tronomes, comme on l'a dit auffi, ont fuppofé un autre Horizon répondant exactement à l'Horizon vifuel, mais paſſant par le centre de la Terre. L'Horizon viſuel change pour nous lorſque nous changeons de place ſur la Terre ; l'Horizon *rationel* eſt ſuppoſé changer de même. C'eſt cependant ce dernier Horizon qui eſt ici repréſenté dans le Globe, & qui lui ſert de ſoutien.

Véritablement il ne peut pas varier pour les différens points du Globe ; mais comme le Globe peut ſe mouvoir du *Nord* au *Sud*, en faiſant tourner le Méridien dans les échancrures faites à l'Horizon, & qu'il peut tourner ſur ſon axe de l'*Eſt* à l'*Oueſt*, ou, *vice verſâ* ; on ſent bien qu'il eſt aiſé d'amener au centre de l'Horizon le pays dont on voudra avoir l'Horizon. Parce que tout Peuple, toute Ville, &c., eſt toujours au centre de ſon Horizon, ayant au-deſſus de ſoi le point nommé *Zénith*, & au-deſſous le point nommé *Nadir*.

On trouve ſur l'Horizon du Globe artificiel, 1°. les noms des mois de l'année ; 2°. les noms des quatre points cardinaux, ſavoir le *Septentrion* ou Nord ; le *Midi* ou Sud ; l'*Orient* ou l'Eſt, ou le Levant ; & l'*Occident*, l'Oueſt, ou le Couchant ; on y a joint de plus les noms des vents intermédiaires.

Le Nord & le Midi ſont conſtamment aux mêmes points, ce ſont ceux par où paſſe le grand Méridien dans les deux entailles.

Quant aux points de l'Orient & de l'Occident, il faut diſtinguer :

1°. L'Orient & l'Occident *vrais* : ce ſont les points où le Soleil paroît ſe lever & ſe coucher au commencement du Printems & au commencement de l'Automne. Ces points ſont ceux où l'Equateur paroît toucher l'Horizon.

2°. L'Orient & l'Occident d'*Eté* : ils ſont entre les points précédens & le Nord ; ce ſont ceux où le Tropique du Cancer paroît toucher l'Horizon.

3°. L'Orient & l'Occident d'*Hiver* : ils ſont entre les deux premiers points & le Sud ; ce ſont ceux où le Tropique du Capricorne paroît toucher l'Horizon.

Quant aux noms des Signes du Zodiaque, qui ſe trouvent ſur cet Horizon, ils y ſont rapprochés d'autres diviſions qui indiquent les mois & font connoître à quelle époque de chaque mois, répond le commencement de chaque Signe. Les noms des Villes placés ſur les ſupports, avec leurs Latitudes & leurs Longitudes, une espèce de superfluité; quelquefois même ils sont inexacts.

Le GLOBE offre trois parties à distinguer; 1°. le Méridien qui l'entoure; 2°. Le petit Cadran qui est à l'extrémité supérieure de l'axe de la Terre; 3°. le Globe en lui-même, quant à ses divisions Mathématiques (Quant aux divisions Physiques du Globe, j'en parlerai en commençant la Géographie).

I. Le Méridien est essentiellement celui de l'Horizon du Globe. Car tout Horizon est supposé avoir un Méridien qui sépare, en deux parties, la partie supérieure du Globe dont il est le Méridien. L'une est *Orientale*, & l'autre *Occidentale*.

Il faut remarquer que quand le Soleil, au milieu de sa course apparente sur notre Horizon, est arrivé au Méridien, il est Midi pour tous les Peuples qui se trouvent sous ce Cercle, depuis un des Pôles jusqu'à l'autre.

J'ai déjà dit que l'Horizon n'étoit pas le même pour chaque Peuple, & dans toute la circonférence du Globe, chaque Peuple a le sien. Quant aux Méridiens, il doit y en avoir autant que de points sur la circonférence du Globe, en allant de l'Ouest à l'Est: mais comme ces deux Cercles sont à-peu-près fixes dans le Globe artificiel, on a recours à un moyen fort simple; c'est de hausser ou de baisser le Pôle sur l'Horizon selon la situation du Peuple dont on veut parler: puis de faire tourner la boule qui représente la Terre, jusqu'à ce qu'enfin on ait placé ce Peuple au milieu de l'Horizon.

Sur le Méridien on trouve tracés les *Latitudes* & les *Climats*.

La *Latitude*, comme on l'a vu, n'est que la distance d'un lieu à l'Equateur, dans la partie Septentrionale & dans la partie Méridionale. On a vu aussi que puisque l'on compte de l'Equateur, il n'est pas possible de compter plus de 90 degrés de Latitude, puisqu'alors on est au Pôle. Chaque degré de Latitude est estimé de 25 lieues terrestre, de 2282 toises.

Les *Longitudes* dont il a été parlé page 135, se mesurent, comme on l'a dit, en partant d'un Méridien quelconque; mais plus ordinairement du premier qui passe à l'Ifle de Fer, la plus Occidentale des Ifles Canaries. Il y fut fixé par Ordonnance de Louis XIII.

Je dois remarquer que ce n'eft que dans l'ufage ordinaire que l'on compte les Longitudes du Méridien qui paffe par l'île de Fer. Ce premier Méridien n'eft pas celui des Anglois, des Hollandois, &c. il n'eft pas même celui dont les Académiciens François fe fervent dans leurs opérations.

Les Aftronomes & les Navigateurs François qui ont publié récemment des Ouvrages, comptent les Longitudes du Méridien de Paris, en obfervant d'indiquer fi la Longitude eft orientale ou occidentale. Non-feulement cela eft plus convenable, puifqu'ils comptent ainfi du lieu où fe trouve leur principal Obfervatoire ; mais même cela eft plus jufte. Car le bourg principal de l'île de Fer, n'eft qu'à 19° 53′ 45″ à l'occident du Méridien de Paris ; & ce fut pour plus de facilité que M. de Lifle fuppofa Paris à 20° du Méridien de cette île, regardé comme le premier Méridien. Quand on eftime la différence des degrés de Longitude en mefures de tems, il faut fe rappeler que 15° donnent une heure; & que par conféquent 4 minutes de tems font une différence d'un degré.

Les degrés de Longitude vont en diminuant d'étendue depuis l'Equateur jufqu'aux Pôles. Les voici en toifes & en lieues dans la Table fuivante.

TABLE du raccourcissement des Degrés de Longitude depuis l'Equateur jusqu'aux Pôles, estimés en lieues de 2282 toises.

Degrés.	Toises.	Lieues & Toises.		Degrés.	Toises.	Lieues & Toises.	
0....	57050..	25....	0.	46....	39630..	17....	836.
1....	57041..	24....	2273.	47....	38908..	17....	114.
2....	57015..	24....	2247.	48....	38174..	16....	1662.
3....	56972..	24....	2204.	49....	37429..	16....	917.
4....	56911..	24....	2143.	50....	36671..	16....	159.
5....	56833..	24....	2065.	51....	35902..	15....	1672.
6....	56738..	24....	1970.	52....	35123..	15....	893.
7....	56625..	24....	1857.	53....	34333..	15....	103.
8....	56495..	24....	1727.	54....	33532..	14....	1584.
9....	56347..	24....	1579.	55....	32722..	14....	774.
10....	56183..	24....	1415.	56....	31902..	13....	2236.
11....	56002..	24....	1284.	57....	31076..	13....	1410.
12....	55803..	24....	1035.	58....	30231..	13....	565.
13....	55587..	24....	819.	59....	29384..	12....	2000.
14....	55355..	24....	587.	60....	28525..	12....	1141.
15....	55106..	24....	338.	61....	27659..	12....	275.
16....	54840..	24....	72.	62....	26784..	11....	1682.
17....	54557..	23....	2101.	63....	25904..	11....	802.
18....	54257..	23....	1771.	64....	25010..	10....	2190.
19....	53941..	23....	1455.	65....	24110..	10....	1290.
20....	53609..	23....	1123.	66....	23204..	10....	384.
21....	53260..	23....	774.	67....	22291..	9....	1753.
22....	52895..	23....	409.	68....	21371..	9....	833.
23....	52514..	23....	28.	69....	20445..	8....	2189.
24....	52117..	22....	1913.	70....	19512..	8....	1256.
25....	51705..	22....	1501.	71....	18573..	8....	317.
26....	51276..	22....	1072.	72....	17629..	7....	1675.
27....	50832..	22....	628.	73....	16679..	7....	705.
28....	50372..	22....	168.	74....	15724..	6....	2032.
29....	49897..	21....	1975.	75....	14764..	6....	1072.
30....	49406..	21....	1484.	76....	13801..	6....	109.
31....	48901..	21....	979.	77....	12833..	5....	1423.
32....	48381..	21....	459.	78....	11862..	5....	452.
33....	47846..	20....	2206.	79....	10885..	4....	1757.
34....	47298..	20....	1658.	80....	9907..	4....	779.
35....	46732..	20....	1092.	81....	8924..	3....	2078.
36....	46154..	20...	514.	82....	7941..	3....	1095.
37....	45562..	19....	2204.	83....	6953..	3....	107.
38....	44956..	19....	1598.	84....	5963..	2....	1399.
39....	44337..	19....	979.	85....	4972..	2....	408.
40....	43703..	19....	345.	86....	3980..	1....	1698.
41....	43056..	18....	1980.	87....	2986..	1....	704.
42....	42397..	18....	1321.	88....	1991..	0....	1991.
43....	41725..	18....	649.	89....	996..	0....	996.
44....	41038..	17....	2244.	90....	000..	0....	000.
45....	40340..	17....	1546.				

Les *Climats* font des divifions pour lefquelles on part auffi de l'Equateur ; mais , comme on l'a vu , elles ont rapport à la différente longueur des plus longs jours d'Eté & des plus longues nuits d'Hiver , laquelle va toujours en augmentant depuis l'Equateur , où le jour eft de 12 heures , jufqu'aux Pôles , où il eft de fix mois.

Cette divifion fuppofe la Terre partagée en différentes bandes d'une certaine largeur & parallèles à l'Equateur. Il y en a de deux fortes , les Climats d'*heures* & les Climats de *mois*.

Il y a 24 Climats d'heures , où , ce qui feroit plus jufte , de demi-heures , à la fin de chacun defquels le jour eft plus long d'une demi-heure qu'à la fin du Climat précédent. Ils commencent à l'Equateur & finiffent au Cercle polaire.

Il y a 6 Climats de mois , à la fin de chacun defquels le jour eft plus long d'un jour qu'à la fin du Climat précédent : ils s'étendent depuis les Cercles polaires jufqu'aux points des Pôles.

Il y a donc en tout 30 Climats , dont 24 d'heures & 6 de mois.

Il eft aifé de fentir que quand on connoît la durée du plus long jour d'un Peuple , on découvre aifément dans quel Climat il eft fitué , puifque le jour étant de 12 heures fous l'Equateur , il faudra compter les Climats par le nombre de demi-heures , dont le jour de ce Peuple excédera 12 heures. Ainfi le jour de 16 heures indiquera le huitième Climat , le jour de 18 heures le douzième Climat , &c. Et par la même raifon quand on fait à quel Climat appartient un Peuple , on trouve fon plus grand jour , en réduifant en heures les demi-heures données par les Climats. Je vais mettre ici une Table qui indique à quels degrés de Latitude finiffent chacun des Climats.

TABLE

TABLE des Latitudes qui terminent chaque Climat.

CLIMATS DE DEMI-HEURE.

Climats.	Dernière Latitude.	Climats.	Dernière Latitude.
1	8ᵈ 25′	13	59ᵈ 58′
2	16 25	14	61 18
3	23 50	15	62 25
4	30 20	16	63 22
5	36 28	17	64 6
6	41 22	18	64 49
7	45 29	19	65 21
8	49 1	20	65 47
9	51 58	21	66 6
10	54 27	22	66 20
11	56 37	23	66 28
12	58 39	24	66 31

CLIMATS DE MOIS.

Mois.	Latitudes.
1	67ᵈ 30′
2	69 30
3	73 20
4	78 20
5	84 10
6	90 0

*Q

II. Le petit Cadran qui eſt à l'extrémité de l'axe du côté du Pôle arctique ſert à différentes opérations, dont quelques-unes auront place ici. Il eſt arrêté au Méridien & diviſé en deux fois 12 h. Les XII qui ſont dans la partie ſupérieure marquent le midi, & les XII qui ſont en-bas marquent minuit. Toutes les autres heures marquées entre midi & minuit ſont du côté de l'Orient, des heures du matin ; du côté de l'Occident ce ſont des heures du ſoir. Ce qui ſuit rendra ceci ſenſible : ce ſont quelques Problèmes pris dans des Ouvrages Elémentaires de Sphère.

1°. *Connoître quelle heure il eſt en un lieu quelconque ; quand il eſt midi ou toute autre heure dans un lieu donné, par exemple, Paris.*

Amenez le lieu donné, Paris, par exemple, ſous le grand Méridien, & lorſqu'il y eſt arrivé poſez l'aiguille du Cercle horaire ſur midi. Si le lieu dont vous voulez ſavoir l'heure eſt Oriental, vous tournerez le Globe d'Orient en Occident, juſqu'à ce que ce lieu ſe trouve ſous le Méridien ; alors vous obſerverez le nombre ſur lequel l'aiguille ſe trouve poſée ; il vous indiquera l'heure actuelle du lieu demandé. Et cette heure eſt néceſſairement une des heures de l'après-midi.

Vous trouverez de cette manière que quand il eſt midi à Paris, il eſt environ deux heures après-midi à *Conſtantinople* ; près de trois heures & demie à *Iſpahan* ; cinq heures & un quart à *Agra* ; ſix heures trois quarts à *Siam* ; ſept heures & demie à *Pékin*, &c. Si le lieu dont on veut trouver l'heure étoit à l'Occident de Paris, il faudroit faire tourner le Globe d'Occident en Orient, & les heures indiquées par la petite aiguille ſeront des heures du matin.

2°. *Trouver la Longitude & la Latitude d'un lieu donné.*

Mettez le lieu donné ſous le Méridien, & remarquez quel eſt le degré de l'Equateur qui ſe trouve préciſément ſous le Méridien. Car c'eſt le degré de la Longitude particulier au lieu donné ; & le degré du Méridien qui répond exactement à cet endroit eſt préciſément ſa Latitude, qui eſt Septentrionale ou Méridionale, ſuivant que le lieu eſt au Midi ou au Nord de l'Equateur.

3°. *La Longitude & la Latitude d'un lieu étant données*
trouver ce lieu sur le Globe.

Ce Problême est l'inverse du précédent.

Placez le degré de Longitude donné sous le Méridien ;
comptez sur le même Méridien le degré de Latitude
donné, soit Méridionale ou Septentrionale : ce point sera
le lieu demandé.

4°. *Un instant étant donné pour un lieu quelconque, trouver*
les endroits de la Terre qui ont Midi en même tems.

Elevez le Pôle suivant la Latitude du lieu donné ;
mettez ce lieu sous le Méridien, & placez l'aiguille polaire sur l'heure donnée, tournez ensuite le Globe jusqu'à
ce que l'aiguille soit sur XII heures d'en-haut : cela fait,
fixez le Globe dans cette situation, & remarquez quels
sont les lieux placés exactement sous le Méridien ; tous
les lieux qui s'y trouveront auront midi, pendant que
le lieu qui y avoit été placé d'abord, aura l'heure qu'on
lui a assigné en premier lieu.

5°. *Connoître en tous tems la longueur du jour & de la nuit*
dans un endroit de la Terre donné.

Elevez le Pôle suivant la Latitude du lieu donné, cher-
chez le lieu de l'Ecliptique, où le Soleil paroît être dans
le tems (ce qui se trouve dans certains Almanachs &
dans la *Connoissance des Tems*) & placez-le à l'Horizon
du côté de l'Orient ; mettez l'aiguille polaire sur XII heures d'en-haut ; puis tournez le Globe jusqu'à ce que le
même endroit de l'Ecliptique touche & rase le côté Occidental de l'Horizon ; regardez le nombre d'heures que
l'aiguille marquera entre ce nombre XII : c'est celui où
elle se trouvera qui donne la longueur du jour au tems
desiré ; puis son complément à 24 heures, sera la longueur
de la nuit.

6°. *Connoître la longueur des plus longs & des plus courts*
Jours dans quelque lieu du monde que ce soit.

1°. Elevez le Globe suivant la Latitude du lieu donné ;
2°. mettez le premier degré du Cancer (si ce lieu est dans

Q 2

l'Hémifphère Septentrional , & le premier degré du Capricorne s'il eft dans l'Hémifphère Méridional) au côté
oriental de l'Horizon ; 3°. placez l'aiguille fur midi ; 4°.
tournez le Globe jufqu'à ce que le même point touche
le côté Occidental de l'Horizon ; 5°. obfervez fur le Cercle horaire le nombre d'heures que l'aiguille a parcouru :
c'eft la longueur du plus long jour , dont le complément
à 24 heures eft l'étendue de la plus courte nuit. A l'égard
du plus court jour & de la plus courte nuit , ils font
l'inverfe de ceux que l'on vient de trouver.

Je crois devoir renvoyer à l'ufage des Globes de Bion
& au petit Ouvrage que j'ai nommé plus haut , ceux qui
voudroient avoir un plus grand nombre de Problêmes de
ce genre. Je finirai par indiquer les principaux Inftrumens
Aftronomiques & *Géographiques* qui fe trouvent chez le
fieur Fortin.

Machines Aftronomiques & Géographiques qui fe trouvent chez le fieur Fortin.

Globes célefte & terreftre , de 18 pouces de diamètre,
dreffé par ordre du Roi. Par le fieur Robert de Vaugondy.

Globes célefte & terreftre de 12 pouces , dont le célefte
eft exécuté par M. Meffier , Aftronome de la Marine , de
l'Académie Royale des Sciences , &c. &c. dont la pofition
des Etoiles eft réduite à l'année 1800.

Globes célefte & terreftre , & Sphères de tous les diamètres , au-deffous de 12 pouces.

Atlas célefte de Flamftéed.

Uranographie , en deux grands Hémifphères , impri-
més en deux couleurs.

Nouveau Planétaire , ou Sphère de Copernic , mou-
vante.

Machine Géocyclique , fervant à démontrer le mouvement de la Terre autour du Soleil, &c. &c.

Et en outre toutes les Cartes & Atlas du fonds de M.
Robert de Vaugondy.

Fin de la Partie Aftronomique.

COSMOGRAPHIE
ÉLÉMENTAIRE.

PARTIE GÉOGRAPHIQUE.

COSMOGRAPHIE ÉLÉMENTAIRE.

PARTIE GÉOGRAPHIQUE.

INTRODUCTION.

La Géographie. eſt la deſcription de la ſurface du Globe terreſtre.

On peut appeller Géographie *mathématique*, celle qui donne les dimenſions de la Terre & de ſes principales diviſions; Géographie *Phyſique*, celle qui traite ſeulement des Terres, des Eaux & des productions de la Terre en général, ou de quelque pays en particulier; & Géographie *Civile* ou *Politique*, celle qui décrit les Etats civiliſés comme les Empires, les Royaumes & les Républiques.

On ſe ſert pour repréſenter la ſurface de la Terre, d'une Machine que l'on appelle *Globe artificiel*, & de Cartes gravées ſur leſquelles, auſſi bien que ſur le Globe, ſont tracés les con-

Q 4

tours, les divisions, les fleuves, &c. des pays que l'on veut représenter.

Ces Cartes portent différens noms, selon l'étendue ou la nature des objets qu'elles offrent.

Celles qui représentent toute la Terre, soit qu'elles l'offrent en deux hémisphères ou dans une seule étendue, sont appelées *Mappemondes.*

Les Cartes qui représentent chacune des quatre Parties du Monde ou même des Etats entiers, sont appellées Cartes *générales.*

Celles qui ne représentent que quelque portion d'un Etat, comme une Province ou un Evêché, sont nommées Cartes *Chorégraphiques.*

Celles qui ne représentent qu'un lieu particulier, comme un emplacement ou une ville, sont appellées Cartes *Topographiques.*

Enfin, celles qui ont pour objet les Eaux, quelque portion de la Mer par exemple, sont appelées Cartes *Hydrographiques.*

Définition de quelques termes dont on fait usage en Géographie.

POUR LES TERRES.	POUR LES EAUX.

CONTINENT. Grande partie de Terre environnée d'eau de toutes parts. Ce mot vient du latin *cum*, *avec*, marquant réunion, & de *tenens*, *tenant* ; ce qui donne l'idée d'une grande étendue dont toutes les parties tiennent ensemble.

MER. On donne en général ce nom à l'étendue des Eaux qui entourent les Terres, & qui occupent une partie de la surface du Globe. Quelquefois on lui substitue le nom d'Océan. Mais on verra qu'il a une signification particulière.

PRESQU'ILES. Ce sont des parties des Continens avancées dans la Mer & environnées d'eau de trois côtés. On les nomme aussi *Péninsules* & *Cherfonèses*. Le premier de ces mots est latin & signifie *Presqu'île* ; le second est grec & signifie *île terrestre*.

GOLFE. Portion de mer qui s'avance entre les Terres & communique avec la Mer par un Détroit. Lorsque le Golfe est petit, il prend le nom de *Baye*, ou même d'*Anse*.

ILES. Portions de Terre entièrement environnées d'eau.

LACS. Etendues d'eau plus ou moins considérables, au milieu des Terres, & n'ayant avec la Mer aucune communication apparente. Les *Etangs* ne sont que de petits Lacs.

ISTHME. Portion de Terre resserrée entre deux Mers & joignant ensemble deux Terres plus considérables.

DÉTROIT. Portion de Mer resserrée entre deux Terres, & joignant ensemble deux Mers plus considérables.

Suite des définitions.

POUR LES TERRES. 　　 POUR LES EAUX.

CAP. Pointe de Terre élevée & qui, de la côte d'un continent ou d'une île, s'avance dans la Mer. Lorsque le terrein n'y offre pas de montagnes, on se sert ordinairement du nom de *Promontoire*. C'est le seul que les Latins employassent.

BANCS DE SABLE. Ce sont des terreins élevés presque à fleur d'eau.

LES VIGIES sont des pointes de rochers cachées sous l'eau, & plus ou moins proches de sa surface.

SOURCES. Eaux douces qui se trouvent dans l'intérieur des Terres. Il y en a de chaudes que l'on nomme alors *Thermales*, d'un mot grec qui signifie *chaleur*.

FLEUVE. Eau douce & presque toujours salubre, qui coulant d'une source éloignée, va se jetter dans la Mer. On appelle son *lit*, le long bassin dans lequel coule le fleuve.

LES RIVIÈRES ne diffèrent en général des fleuves que parce qu'elles ont moins d'étendue. On appelle *la droite* d'une rivière le côté qui seroit à la droite d'une personne qui tiendroit la place de la rivière & iroit dans le même sens.

Des Vents.

On appelle *Aires*, différens points de l'horizon d'où le vent peut souffler; on en compte en tout 32.

Les quatre principaux sont le *Nord*, l'*Est*; le *Sud* & l'*Ouest*; entre ceux-ci, sont le *Nord-Est*, le *Sud-Est*, le *Sud-Ouest* & le *Nord-Ouest*.

Religions & Gouvernemens.

Il eſt bon de ſavoir en combien d'eſpèces on peut diviſer les différentes Religions, & les principales ſortes de Gouvernemens.

I. Toutes les Religions peuvent ſe ranger en cinq claſſes.

1°. La Religion Chrétienne qui ſe diviſe en Egliſe *Grecque* & en Egliſe *Latine*; chacune d'elles renferme pluſieurs Sectes. La Religion catholique Romaine reconnoît le Pape pour chef, & eſt ſuivie en France, Italie, Eſpagne, &c.

2°. La Religion Judaïque ſe diviſe en *Rabiniſme* & en *Samaritain*; elle n'eſt profeſſée que par les Juifs qui ne forment nulle part un Etat indépendant.

3°. La Religion Mahométane diviſée en ſecte d'*Omar* & en ſecte d'*Ali*, & profeſſée par-tout où ſont établis les Aſiatiques qui prennent le titre de *Muſulmans*, ſoit Arabes, Turcs, ou Tartares.

4°. Le Sabéïſme, ou culte des Corps céleſtes & principalement du Soleil; cette Religion reſſemble à celle des anciens Guebres, & l'on croit qu'elle ſe rapportoit au culte d'un Etre Suprême adoré dans chacun de ſes ouvrages.

5°. Enfin, l'Idolâtrie ou culte des Idoles.

II. Pour réduire les Gouvernemens à la diviſion la plus ſimple, il faut obſerver;

1°. Si l'autorité eſt entre les mains d'un *ſeul* ou de *pluſieurs*.

Quand un ſeul gouverne, s'il ſe conforme aux Loix de l'Etat, il eſt *Monarque*, & ſon gouvernement eſt appelé *Monarchique*.

Si ce Prince ne ſuit ou peut ne ſuivre que

sa volonté dans une infinité de circonstances, alors c'est un *Despote*, & son gouvernement est *Despotique*.

2°. Quand plusieurs gouvernent, c'est ce que l'on nomme République, mais il faut remarquer si l'autorité est entre les mains des *Nobles* ou entre celles du *Peuple*.

Quand les Nobles gouvernent, c'est l'*Aristocratie*, & le Gouvernement est *Aristocratique*.

Quand l'autorité est entre les mains du Peuple, c'est la *Démocratie*, & le Gouvernement est *Démocratique*.

3°. Si l'autorité du Souverain est contre-balancée par celle de la Nation, c'est alors le Gouvernement *mixte*.

CHAPITRE PREMIER.

Du Globe artificiel, & de la Mappe-monde.

ARTICLE PREMIER.

Du Globe.

JE ne décrirai point ici tous les usages du Globe, j'ai dit ce qu'il suffit d'en savoir, p. 150 & suiv. je ne parle ici que de la boule qui tourne sur un axe, & qui représente la Terre. Il faut y remarquer des *points*, des *cercles*, & la *configuration* des quatre Parties du Monde.

1°. Les deux points font le *Pôle arctique* qui, quand le Globe est bien placé par rapport à nous, se trouve en haut, c'est-à-dire au-dessus de l'Horizon qui tient au pied de la machine. Le point opposé est le Pôle *antarctique*.

2°. Les Cercles se présentent de deux manières.

L'*horizon* est large & plat, & tient au pied de la machine.

Le *méridien* tient au Globe proprement dit, & tourne dans l'horizon pour élever & pour abaisser le Pôle.

Les autres Cercles font tracés sur le Globe même ; ce font :

L'*Equateur* qui entoure le Globe à une distance égale des deux Pôles.

L'Ecliptique qui eſt incliné ſur l'Equateur, & qui le coupe en deux points.

Les deux *Tropiques* à 23 d. ½ de chaque côté de l'Equateur; celui qui eſt entre l'Equateur & le Pôle arctique, ſe nomme Tropique du *Cancer*; celui qui lui eſt oppoſé, Tropique du *Capricorne*.

A 23 degrés ½ des Pôles, il y a auſſi de chaque côté un petit cercle; ils ſont appelés *Cercles Polaires*.

On a de plus tracé ſur le Globe d'autres cercles de dix en dix degrés parallèlement à l'Equateur, & depuis ce cercle juſqu'aux Pôles.

Dans le ſens oppoſé à l'Equateur, c'eſt-à-dire en allant d'un Pôle à l'autre, on a auſſi tracé des cercles de dix en dix degrés, & qui entourent le Globe : ce ſont autant de Méridiens, c'eſt-à-dire que quand le Soleil ſe trouve en face d'un de ces cercles, il eſt midi pour tous les peuples qui ſont deſſous.

Mais entre ces Méridiens, il en eſt un qu'il faut diſtinguer; on le nomme le *grand Méridien*. Il paſſe par l'Iſle de Fer, la plus occidentale des Canaries; & c'eſt de lui que, d'Occident en Orient, on compte de dix en dix les autres Méridiens.

Voyons actuellement quelques-uns des uſages de tous ces cercles.

L'Equateur que l'on nomme auſſi la *Ligne*, ſépare le Globe en partie *ſeptentrionale* & en partie *méridionale*.

§. I.

Des Zónes.

Les ~~ux Tropiques & les cercles polaires, divisent le Globe dans le sens de l'Equateur, en cinq bandes ou ceintures que l'on appelle *Zones*.

La Zone *Torride* est entre les deux Tropiques.

Les deux Zones *tempérées* s'étendent depuis les Tropiques jusqu'aux cercles polaires.

Les deux Zones *glaciales* sont renfermées par les cercles polaires, ayant au centre les points des Pôles.

§. II.

Des Latitudes.

Les Cercles qui sont tracés sur le Globe de dix en dix, parallèlement à l'Equateur, sont nommés *parallèles*, & servent à indiquer à quelle distance les pays sont de l'Equateur ; on les appelle aussi *cercles de Latitude*.

La Latitude est la distance qu'il y a d'un lieu à l'Equateur. Comme on les compte depuis ce cercle jusqu'au Pôle, & que cela ne fait que le quart de la circonférence du Globe qui renferme 360 degrés, on ne peut donc compter que 90 degrés de la Latitude : ces degrés sont marqués sur le premier Méridien.

§. III.

Des Longitudes.

Les cercles nommés ci-deſſus Méridiens, ſont auſſi appelés cercles de *Longitude.* Marqués de dix en dix, ils diviſent la circonférence du Globe, à partir du premier Méridien, en 360 degrés qui ſe comptent d'Occident en Orient.

Il faut remarquer que les Cartes faites en Angleterre n'ont pas le premier Méridien placé où eſt le nôtre, & que les Cartes dreſſées ſous les yeux des Aſtronomes françois, ont leur premier méridien paſſant par Paris, qui eſt à 20 degrés du premier Méridien ordinaire, comme je l'ai déjà dit. Mais celui qui ſe trouve ſur tous les Globes & ſur toutes les Mappemondes, paſſe à l'Ile de Fer, la plus occidentale des Canaries.

La Longitude d'un lieu eſt la diſtance en degrés qu'il y a entre le lieu dont on parle, & le premier Méridien; elle ſe compte d'Occident en Orient, juſqu'à 360 ^{d}; ces degrés ſont marqués ſur l'Equateur.

Les degrés de Latitude ſont tous eſtimés de 25 lieues, de 2282 toiſes chacune.

Les degrés de Longitude n'ont cette étendue que ſous l'Equateur; car, comme les Méridiens vont en ſe rapprochant pour arriver aux Pôles où ils ſe réuniſſent en un point, ils laiſſent ainſi moins d'eſpace entre eux à meſure qu'ils s'approchent des Pôles. On peut conſulter la Table de la page 239, au moyen de laquelle on a le nombre de lieux que renferme chaque

degré

degré de Longitude, par degré & demi-degré de Latitude, & l'ufage en eft infiniment commode, puifqu'à l'infpection feule des degrés, vous avez auffi-tôt une idée de l'étendue d'un pays : car dès que chaque degré de Latitude vous donne 25 lieues, & qu'au moyen de la Table vous favez combien donne de lieues chaque degré de Longitude à la Latitude où vous voulez le mefurer, il eft aifé de trouver l'étendue du Sud au Nord, & de l'Oueft à l'Eft.

§. IV.

Des Climats.

Peut-être dois-je ajouter ici un mot fur les Climats, quoique j'en aie déjà parlé dans la première Partie.

Les Climats font des divifions *idéales* (1) du Globe, parallèles aux Zônes, c'eft-à-dire, entourant le Globe de l'Equateur aux Pôles, mais difpofés par leur largeur de manière que le jour eft plus grand à la fin de chaque Climat qu'à la fin du Climat précédent.

La partie Septentrionale, ainfi que la partie Méridionale, font divifées en 30 Climats.

Il y en a 24 dans chacun defquels les plus longs jours augmentent d'une demi-heure, enforte que de l'Equateur, où le plus long jour eft de 12 heures, ils vont en augmentant de

---

(1) Je dis idéales parce que les divifions ne font pas tracées fur les Globes ; mais elles font marquées fur le Méridien qui paffe dans l'Horizon.

* R

manière que fous chacun des Cercles polaires où finiffent les 24 Climats, le plus long jour eft de 24 heures ; on les nomme *Climats d'heures.*

Il y a, depuis les Cercles polaires jufqu'aux Pôles, 6 Climats dans chacun defquels le jour augmente d'un mois, enforte qu'il eft de fix mois au Pôle ; on les nomme *Climats de mois.* Ce n'eft pas ici le lieu d'en donner la raifon ; elle fe trouve dans le troifième chapitre de la première Partie.

Il fuffit donc d'entendre bien que le jour étant de 12 heures fous l'Equateur, & de fix mois au Pôle, on a partagé le Globe de manière à divifer cette augmentation en vingt-quatre efpaces, qui donnent chacun une demi-heure depuis l'Equateur jufqu'aux Cercles polaires ; & en *fix* autres, qui donnent chacun un mois d'augmentation depuis ces Cercles jufqu'aux Pôles. On a donné, page 241, une Table des degrés de Latitude où finit chaque Climat.

Comme chaque Climat d'heure ajoute une demi-heure au jour de 12 heures que l'on a fous l'Equateur ; quand on fait quel eft le plus long jour d'un peuple, on fait auffi quel eft fon Climat : car fi à Paris, nous avons feize heures de Soleil dans les plus grands jours, notre jour a donc 4 heures de plus que celui de l'Equateur ; mais ces quatre heures feront 8 demi-heures ou 8 Climats. On peut retrouver de même les heures du plus long jour, par le nombre de Climats. Si le jour a 20 heures, c'eft que l'on eft dans le feizième Climat, & ainfi de tous les lieux.

Article II.

De la Mappemonde.

LES Mappemondes repréfentent ordinairement toute la furface du Globe, projettée de
manière qu'une moitié fe trouve depuis le premier Méridien jufqu'à 90 degrés, renfermée
dans un cercle; & que l'autre, à commencer
de ce 90me degré jufqu'au premier Méridien,
eft renfermée dans un autre.

On y trouve aufli tracés l'Equateur, les Cercles polaires, &c. ; enfin, tous les Cercles que
j'ai indiqués fur le Globe.

Il faut remarquer que fur les Cartes, le *Nord*
eft en haut, l'*Orient* à la droite de la perfonne
qui étudie ; le *Sud* au bas de la Carte, & l'*Occident* à la gauche.

CHAPITRE SECOND.

Idées générales de Géographie Physique.

LA première chose qui se présente, en jet-tant les yeux sur le Globe terrestre, est la distinc-tion de la Terre & des Eaux. La Terre se divise en Continens & en Iles : les Continens sont :

1º. L'ancien Continent qui comprend l'*Euro-pe*, l'*Asie* & l'*Afrique* : sa plus grande longueur se mesure depuis le Nord de la Tartarie Orientale, jusqu'au Cap de Bonne-Espérance : elle est d'en-viron 3600 lieues, & son inclinaison sur l'Equa-teur est d'environ 30¹; 2º. le nouveau Continent, auquel on a donné le nom d'*Amérique :* sa plus grande longueur doit être prise de l'embouchure du Fleuve de la Plata, jusqu'à cette contrée ma-récageuse qui s'étend au-delà des Assiniboïs : elle est d'environ 2500 lieues, & son inclinaison à l'Equateur est d'environ 30°, mais en sens con-traire à celle de l'ancien Continent.

La surface de ces Continens a de grandes inégalités. Elle est partagée par de grandes chaînes de Montagnes dont les unes sont paral-lèles à l'Equateur, & les autres sont du Nord au Sud. On y remarque, de plus, de grands Pla-teaux fort élevés au-dessus du niveau de la Mer, & que l'on peut regarder comme des troncs dont les chaînes de Montagnes sont les différentes bran-ches. Il y a deux de ces plateaux en Europe, l'un dans la partie Septentrionale de la Russie, l'autre en Suisse. L'Asie nous en offre un très-grand au

Nord de l'Inde ; ce font les Montagnes du *Tibet.* Un autre en Afrique occupe le centre de la Cafrerie, c'eft le Mont *Lupata.* Enfin il en exifte deux en Amérique, l'un au Nord vers l'Oueft du Canada, l'autre entre le Bréfil & le Chili, c'eft le *Mato-Groffo.*

Les îles, les rochers, les bancs de fables, les élévations à fleur d'eau, que les Marins appellent *Vigies*, ne font autre chofe que des fommets de montagnes qui s'élèvent du fond de la Mer. Si, par exemple, la France étoit couverte de 50 braffes d'eau, les Alpes, les Pyrénées, les Cévennes, &c., ne feroient que des ifles pour ceux qui navigeroient fur cette nouvelle mer.

Les plus hautes montagnes connues font, le *Pic d'Adam*, dans l'île de Ceylan ; le *Pic de Ténérif*, dans l'île de ce nom, l'une des Canaries ; mais quoique fort élevées, ces montagnes le font beaucoup moins que celles qui font comprifes dans la chaîne des Cordilières au Pérou. Le fol où fe trouve la ville de Quito, eft, fuivant les obfervations de M. de la Condamine, élevé de 1460 toifes au-deffus du niveau de la Mer, enforte que les montagnes qui s'élèvent fur ce fol ont une prodigieufe hauteur. La montagne de Chimboraco, fuivant les Académiciens qui ont mefuré au Pérou le degré du Méridien, a 3220 toifes de hauteur.

Une chofe bien remarquable, c'eft la grande quantité de coquillages & d'autres productions marines que l'on trouve fur les montagnes, & qui ne permet pas de douter que la Mer ne les ait couvertes autrefois. On trouve auffi dans un grand nombre d'endroits des bancs de coquilles qui ont 100 & 200 lieues de longueur, & jufqu'à 50 ou 60 braffes de profondeur. Il eſt donc inconteſtable que la Terre a éprouvé de grandes révolutions qui ont changé confidérablement la poſition des Mers, de manière que la plus grande partie de la Terre connue a été autrefois ſubmergée. Ces révolutions ſont encore indiquées par les défenſes d'Eléphans que l'on trouve en grande quantité dans la Sybérie & dans le Nord de l'Amérique. On a de plus obſervé dans un grand nombre de pierres, en France, en Allemagne, & dans les parties du Nord, des veſtiges de plantes que l'on ne retrouve plus dans ces climats, & qui croiſſent aujourd'hui dans l'Inde & dans les pays chauds de l'Amérique.

En confidérant toutes ces révolutions, ne peut-on pas ſuppoſer que l'axe de la Terre a répondu autrefois à des points très-éloignés des Pôles actuels, enforte que la Sybérie & tous les pays du Nord étoient alors ſitués vers le Midi ? Dans cette ſuppoſition on conçoit facilement que la Mer a pu couvrir de très-hautes montagnes : car la rotation de la Terre tient les eaux de la Mer fort élevées à l'Equateur ; d'où il ſuit que ſi, par une cauſe quelconque, ſon axe de rotation venoit à changer, les éminences, qui ſont préſentement au fond de la Mer à l'Equateur, ſe découvriroient, & celles qui ſont vers les Pôles ſeroient ſubmergées. Je ne vois même que ce moyen d'expliquer la ſubmerſion des montagnes de 12 ou 1500 toiſes de hauteur, au-deſſus deſquels la Mer a laiſſé des marques inconteſtables de ſon ſéjour.

Quant à la cause des changemens de l'axe de la Terre, si l'on regarde son action comme très-lente, il me semble que l'on ne doit pas la chercher ailleurs que dans les attractions du Soleil & de la Lune sur la Mer, comme je l'ai déjà dit, (Chapitre second, Sect. III., Art. V, pag. 93). Mais si, comme plusieurs Phénomènes paroissent l'indiquer, la Terre a éprouvé une secousse violente & instantanée, qui a détruit une grande partie des animaux & bouleversé la surface de la Terre, la cause la plus naturelle que l'on puisse admettre, est le choc de la Terre par une Comète : au reste il est possible que le changement que nous présente l'Histoire naturelle du Globe ait été l'effet de ces deux causes.

Parmi les Phénomènes singuliers que nous offrent l'inspection des montagnes, les Volcans & les Glaciers sont les plus remarquables. Les uns, tels que le *Véfuve* & l'*Etna*, vomissent des matières enflammées qui se répandent au loin dans les plaines ; les autres comme les *Glaciers* de Suisse & de Savoie, sont couverts de neiges & de glaces éternelles, dont l'épaisseur est dans certains lieux de 5 à 600 pieds. Mais de plus grands détails sur ces objets ne sont pas du ressort de cet Ouvrage. J'observerai seulement que l'on trouve dans un grand nombre d'endroits des matières volcaniques, qui ne laissent pas lieu de douter qu'il n'y ait eu dans ces endroits des Volcans. Il y a même ceci de remarquable ; savoir, que l'on trouve des couches de matières calcaires qui recouvrent des matières volcaniques, ce qui indique trois états.

R 4

successifs par lesquels ces lieux ont passé, l'état actuel, celui où ils ont été recouverts par la Mer, & un troisième état antérieur aux deux autres & dans lequel ils étoient découverts comme aujourd'hui, mais avec des Volcans. On trouve même entre ces couches, d'autres couches de matières végétales. On peut juger par-là de l'antiquité du Monde.

Du pied des montagnes sortent les fleuves & les rivières qui vont ensuite se décharger dans la Mer. Pour expliquer leur origine, j'observerai que la chaleur du Soleil & l'action dissolvante de l'air élèvent en vapeurs l'eau de la Mer & des Continens. Ces vapeurs forment les nuages. Elles retombent en pluies, & pénètrent dans l'intérieur des montagnes où elles se rassemblent & dont elles sortent sous la forme de ruisseaux qui, se réunissant en grand nombre, forment les rivières & les fleuves. Quoique la quantité d'eau qui se rend ainsi à la Mer soit très-considérable, on s'est assuré cependant qu'elle est beaucoup moindre que le produit de l'évaporation. On doit remarquer encore que si l'eau des rivières est douce, quoique celle des mers soit salée, cela tient à ce que le sel dont celle-ci est imprégnée ne se réduit pas en vapeurs : car en général l'eau douce, dans les états de glace & de vapeurs, ne renferme pas de sel.

Pour ce qui regarde la salure des eaux de la Mer, j'observerai que le sel marin étant très-répandu sur la Terre, l'eau de la Mer a dû naturellement le dissoudre ; puisqu'elle tient en dissolution un grand nombre d'autres substances.

Telles font les notions principales de Géographie Phyfique, dont j'ai cru devoir faire précéder le peu que je puis dire de la Géographie Politique. Il faudra pour avoir de plus grands détails, confulter les Ouvrages des Naturaliftes.

CHAPITRE TROISIEME.

Divisions générales de la surface du Globe.

LA surface du Globe terrestre se divise en *Terres* & en *Eaux*.

Les Terres se divisent en CONTINENS & en ISLES.

Les Eaux se divisent en différentes Mers.

I.

1°. Les Continens se divisent en *Ancien* Continent, en *Nouveau* Continent, & en Continent *peu connu.*

L'Ancien Continent est la partie de la Mappemonde qui est vers l'Orient; il renferme *l'Europe*, *l'Asie* & *l'Afrique*.

Le Nouveau Continent est vers l'Ouest; il ne comprend que *l'Amérique.*

Le Continent peu connu, est vers le Sud-Est de l'Asie, & porte le nom de *Terres Australes*, c'est-à-dire *Terres Méridionales.*

2°. Les Iles, espèces de petits Continens, sont répandues en différens endroits de la Mer, & ne sont que les sommités des montagnes plus ou moins grandes qui s'y rencontrent.

II.

Les Mers se divisent en *grandes* Mers qui environnent les Continens, & en Mers *intérieures* qui en divisent quelques parties.

MAPPE MONDE
Sur laquelle on a't placé
que les noms des Quatre
PARTIES DU MONDE
Et des Quatre
Grandes Mers

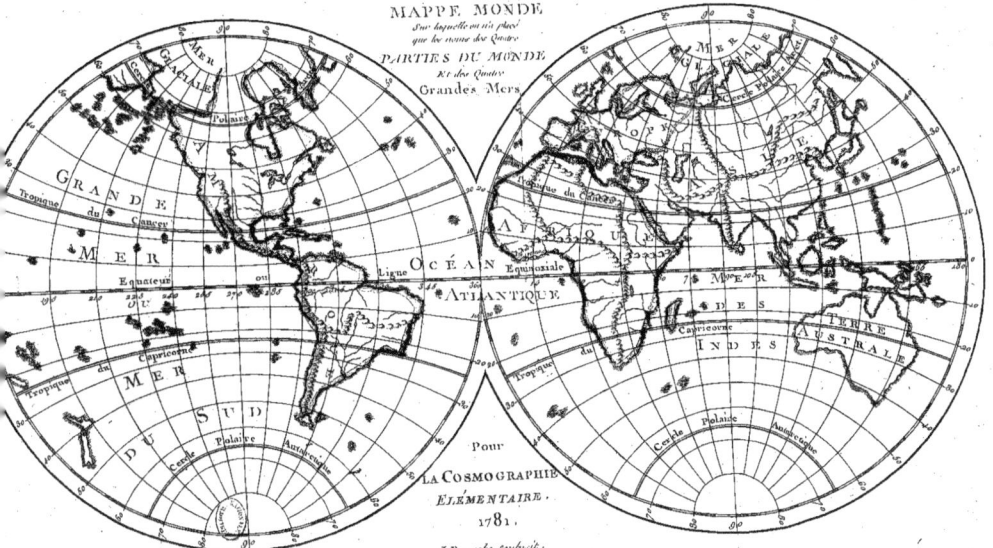

OCÉAN
ATLANTIQUE

Pour
LA COSMOGRAPHIE
ÉLÉMENTAIRE
1781.

J. Desauche sculpsit.

1°. Les grandes Mers font :

L'*Océan* qui depuis le Cercle polaire arctique jufqu'au Cercle polaire antarctique, fépare l'Ancien Continent du Nouveau. Vers le milieu, il porte le nom d'*Océan Atlantique.*

La *Mer des Indes* eft au Sud de l'Afie.

La *Grande Mer*, que l'on appelle auffi, mais très-improprement, *Mer du Sud*, eft entre l'Afie & l'Amérique.

La *Mer Glaciale* eft vers le Pôle Arctique, au Nord de l'Europe, de l'Afie & de l'Amérique.

2°. Les Mers intérieures ne font proprement que de grands Golfes. Je ne nommerai ici que la *Mer Méditerranée* qui fépare l'Europe de l'Afrique, & qui communique avec l'Océan par le détroit de Gibraltar.

SECTION PREMIERE.

De l'Europe.

L'EUROPE eft la moins étendue des trois Parties de l'Ancien Continent, mais c'eft celle qu'il nous importe le plus de connoître avec quelque détail.

Etymologie.

Son nom paroît venir de l'Oriental *Wrab*, prononcé *Ourab*, d'où s'eft formé Europe. Ce nom fignifioit l'*Occidentale* ou *qui eft du côté de la nuit*, ce qui étoit vrai par rapport à l'Afie.

GÉOGRAPHIE MATHÉMATIQUE.

Étendue.

L'Europe, à compter du Cap Finiſtère à l'Oueſt de l'Eſpagne, juſqu'au détroit de Waigats au N. E., s'étend du 8e deg. 20′ environ juſqu'au 75 de Longitude. En redeſcendant vers le Sud, elle s'avance juſqu'au huitième.

Si l'on comptoit la Longitude de la côte Occidentale de l'Iſlande, qui appartient auſſi à l'Europe, il faudroit commencer au troiſième degré à l'Oueſt du premier Méridien, c'eſt-à-dire au 357me, ſelon la manière ordinaire de les compter.

La Latitude, à partir de la pointe la plus méridionale au Cap Matapan, juſqu'au Nord-Cap, s'étend du 36me deg. 30′ juſqu'au de-là du 71me.

Cette étendue eſt eſtimée d'environ 1400 lieues du Sud-Oueſt au Nord-Eſt, & de 900 lieues du Sud au Nord.

Climats.

L'Europe s'étend depuis la fin du 4me. Climat d'heure, juſqu'au premier Climat de mois ; ce qui donne pour ſon plus long jour au Sud, 14 heures ; au Nord, environ deux mois.

GÉOGRAPHIE PHYSIQUE.

1°. Bornes.

L'Europe eſt bornée de trois côtés par la Nature. Elle a au Nord *la Mer Glaciale* ; à l'Oueſt, *l'Océan* ; au Sud, *la Méditerranée* ; à l'Eſt, à partir du Nord, elle a *l'Aſie*, *la Mer Noire* & *l'Archipel.*

2°. *Montagnes.*

Les principales montagnes de l'Europe ſont :
Les Monts *Karpacs* (vulgairement dits *Crapacs*) entre la Pologne & la Hongrie.
Les *Alpes*, entre la France, la Suiſſe & l'Italie.
L'*Apennin* traverſant l'Italie dans toute ſa longueur.
Les *Pyrénées*, entre la France & l'Eſpagne.

3₀. *Preſqu'îles.*

Au Nord, *la Suede & la Norwege ;* la partie du Danemarck appelée *Jutland.*
Au Sud, l'*Eſpagne* & le *Portugal*, l'*Italie ;* la *Moréé* au Sud de la Grèce.
A l'Eſt, la *Crimée* faiſant partie de la petite Tartarie.

4°. *Caps.*

Les principaux Caps ſont :
Le *Nord-Cap*, au Nord de la Laponie.
Le Cap *Finiſtère*, au Nord-Oueſt de l'Eſpagne.
Le Cap *Saint-Vincent*, au Sud-Oueſt du Portugal.
Le Cap *Matapan*, au Sud de la Morée.

5°. *Iles.*

Les principales Iles ſont :
1°. Dans l'Océan, les Iles Britanniques diviſées en deux grandes & en pluſieurs petites.

Les grandes font la *Grande-Bretagne* à l'Eft, & l'*Irlande* à l'Oueft.

Les petites font les *Wefternes* à l'Oueft, & les *Orcades* au Nord de la Grande Bretagne, & l'*Iflande* fous le premier Méridien, & prefque fous le Cercle polaire.

2°. A l'entrée de la Mer Baltique, fous le 30^d de Longitude & le 55me de Latitude, les Iles de Danemarck ; favoir, l'Ile de *Seland* & l'Ile de *Funen*, ou de *Fionie*.

3°. Dans la Méditerranée, de l'Oueft à l'Eft ; *Iviça*, *Maillorque* ou *Majorque* & *Minorque*, appelées *Iles Baléares*, à l'Oueft.

Les Iles de *Corfe*, de *Sardaigne*, de *Sicile* & de *Malte*, vers le milieu ;

Candie & les Iles de l'Archipel, vers l'Eft.

6°. *Golfes & Mers intérieures.*

Dans la partie Septentrionale de l'Europe, on trouve :

La *Mer Blanche* formant un Golfe au Nord de la Ruffie.

La *Mer Baltique* entre l'Allemagne au Sud, la Ruffie à l'Eft, & la Suède à l'Oueft. Cette Mer forme au Nord le Golfe de *Bothnie ;* & à l'Eft, le Golfe de *Finlande.*

Le Golfe de *Murray*, au Nord-Eft de la Grande Bretagne.

Le Golfe de *Bifcaye*, entre la France à l'Eft, & l'Efpagne au Sud.

La *Méditerranée*, au Sud de l'Europe. Elle forme elle-même plufieurs Golfes ; favoir, le Golfe du *Lion* ou *di Leone*, au Sud de la France ; le Golfe de *Gènes*, à l'Eft du précédent ; le Golfe *de Venise* , entre l'Italie & la Grèce ; le Golfe de *Lépante* , entre la Terre-Ferme de la Grèce & la Morée ; & la *Mer de l'Archipel* , entre la Grèce & l'Afie.

La Mer de *Marmara* , entre l'Archipel au Sud-Ouest , & la *Mer Noire* au Nord-Est.

La Mer *Noire* entre une portion confidérable de l'Europe , & une portion de l'Afie.

Enfin , la Mer d'*Afof* ou de Zabache , au Nord-Est de la Mer Noire.

7°. *Détroits.*

Les principaux Détroits font :

Le Détroit de *Waigats* au Nord-Est de l'Europe , entre le Continent & l'Ile de la Nouvelle Zemble.

Le *Sund* , entre le Danemarck & la Suède , à l'entrée de la Mer Baltique.

Le Canal de *Saint-Georges* , entre l'Angleterre & l'Irlande.

Le *Pas de Calais* , entre la France & l'Angleterre.

Le Détroit de *Gibraltar* , entre l'Efpagne & l'Afrique , à l'entrée de la Méditerranée.

Le Détroit de *Sicile* , ou Fare de Meffine , entre la Sicile & l'extrémité de l'Italie.

Le Détroit des *Dardanelles* , à l'entrée du Sud-Ouest de la Mer de Marmara.

Le Détroit ou Canal de *Conftantinople* , entre la Mer de Marmara & la Mer Noire.

Le Détroit de *Zabache* , appelé auffi Détroit de Cafa , entre la Mer Noire & la Mer d'Afof.

8º. Lacs.

Les principaux Lacs font :

Les Lacs d'*Onega*, de *Ladoga* & de *Peypus* en Ruffie, à l'Oüeft.

Les Lacs de *Genève* & de *Conftance*, au Sud-Oueft & au Nord-Eft de la Suiffe.

Le Lac *Majeur* & quelques autres au Nord de l'Italie, mais que l'on n'a pu défigner fur la Carte qui accompagne cette defcription.

9º. *Fleuves.*

Les plus grands Fleuves de l'Europe, font :

Le *Volga*, en Ruffie, qui a environ 650 lieues depuis le Lac où il commence entre les 51 & 52 degrés de Longitude, & les 56 & 57 degrés de Latitude, jufqu'à fon embouchure dans la Mer Cafpienne, au-deffous d'Aftracan.

Le *Don*, également en Ruffie, ayant fa fource entre les 56 & les 57mes. degrés de Longitude, & les 55 & 56mes. degrés de Latitude. Il a environ 400 lieues jufqu'à fon embouchure dans la Mer d'Afof.

Le *Dnieper*, dont la fource eft à-peu-près fous le 52me degré de Longitude en Ruffie, & entre les 55 & 56 de Latitude ; il a environ 350 lieues, & fe jette dans la Mer Noire au Nord-Oueft de la Crimée.

La *Dwina*, en Ruffie comme les précédentes. Elle fe forme de plufieurs rivières vers le 61me degré de Latitude, entre les 62 & 63 degrés de Longitude, & monte au Nord fe jetter dans la Mer Blanche.

Le *Danube*, dont le cours eft d'environ 450 lieues

lieues depuis la Forêt Noire à l'Oueſt de l'Allemagne, juſqu'à la mer Noire dans laquelle il ſe rend par pluſieurs embouchures.

Le *Rhin* qui commence en Suiſſe, coule vers le Nord, & ſe jette dans la Mer d'Allemagne au Nord des Pays-Bas; il n'a que 300 lieues de cours.

GÉOGRAPHIE POLITIQUE.

Diviſion des Pays.

La Géographie Politique, comme je l'ai dit, traite des *Pays* & des *Peuples*, en tant qu'ils appartiennent à des Etats civiliſés, à des Corps Politiques.

On reconnoît en Europe dix-ſept Etats principaux; ſavoir :

Quatre au Nord; 1°. la Grande-Bretagne; 2°. les États du Roi de Danemarck; 3°. la Suède; 4°. la Ruſſie, appelée autrefois Moſcovie.

Neuf au milieu; 1°. la France; 2°. les Pays-Bas; 3°. les Provinces-Unies; 4°. la Suiſſe; 5°. l'Allemagne; 6°. la Bohême; 7°. la Hongrie; 8°. la Pologne; 9°. la Pruſſe.

Quatre au midi; 1°. le Portugal; 2°. l'Eſpagne; 3°. l'Italie; 4°. la Turquie d'Europe.

ARTICLE PREMIER.
Etats du Nord.
§. I.
De la Grande - Bretagne.

CET Etat comprend en Europe deux grandes Iles & plusieurs petites.

Des deux grandes, celle qui est à l'Est, renferme l'*Angleterre* au Sud, & l'*Ecosse* au Nord; l'autre île à l'Ouest est l'Irlande.

1°. L'ANGLETERRE comprend environ les deux tiers de l'île dans laquelle elle est située ; elle est fertile en bled, en paturages, & renferme des mines d'étain & de houille fort estimées.

Ses principales rivières sont :

La *Tamise* qui coule à l'Est, & la *Saverne* qui coule à l'Ouest.

Ses principales villes sont :

LONDRES, capitale sur *la Tamise*. C'est une grande, belle & riche ville.

Oxford, célèbre par la manière dont on y cultive les Sciences.

Cambridge, distinguée par son Université.

2°. L'ECOSSE est au Nord ; c'est un pays montagneux & coupé par des bois & des lacs.

Ses principales villes sont :

EDIMBOURG, capitale sur le golfe *de Forth*, & bien peuplée.

Glascow, dans une situation très-agréable, avec une Université.

3°. L'IRLANDE comprend seule une île en-

tière ; ce pays renferme tout ce qui eſt néceſſaire à la vie, excepté du vin.

Sa capitale, DUBLIN ſur *la Liff'*, eſt belle &
fort ornée ; elle a une Univerſité.

Les petites Iles ſont :

Les *Weſternes* à l'Oueſt de l'Ecoſſe, fertiles en
ſeigle, en orge, & en chanvre; les *Orcades* au
Nord, où l'on trouve de l'orge, mais point d'arbres ; & les îles *Schetland* plus au Nord où l'air
eſt très-froid, mais ſain.

Remarques.

Ces trois pays formoient autrefois autant
d'Etats ſéparés.

L'Angleterre, après avoir paſſé des Romains
aux Angles & aux Saxons, commença à n'a-
voir qu'un ſeul Roi, & ce fut Egbert. En 1066,
Guillaume, Duc de Normandie, en fit la conquête. Le Roi Georges III, monté ſur le trône
en 1760, eſt de la maiſon de Brunswick-Lu-
nebourg, & poſsède en Allemagne l'Electorat
de Hanovre.

L'Ecoſſe paroît avoir eu des Rois dès l'an
422. La Couronne paſſa en 1370, à la maiſon des Stuarts. Jacques VI, devenu Roi d'Angleterre en 1603, la réunit à l'Angleterre où
il régna ſous le nom de Jacques I, & prit le
titre de *Roi de la Grande-Bretagne* ; mais l'u-
nion entière de l'Angleterre & de l'Ecoſſe, n'eſt
que de l'année 1707.

L'Irlande habitée de très-bonne heure par
des Celtes, puis par des colonies de Phéni-
ciens, paroît avoir eu des Souverains pluſieurs
ſiècles avant l'Ere vulgaire. En 1172, Henri

Iʃ, Roi d'Angleterre, la réunit à ʃon royaume à titre de Seigneurie. Henri VIII fut le premier des Rois d'Angleterre qui prit le titre de Roi d'Irlande.

Le pouvoir du Roi d'Angleterre eʃt contrebalancé par l'autorité du Parlement, compoʃé des Repréʃentans de la Nation.

La Religion n'eʃt pas la Catholique Romaine, mais elle eʃt appelée des *Epiʃcopaux*, parce qu'elle reconnoît pour chefs les Evêques qui exercent leur miniʃtère ʃous l'autorité du Roi.

§. II.

Des Etats du Roi de Danemarck.

Les Etats du Roi de Danemarck comprennent le *Danemarck*, la *Norwège* & l'*Iʃlande*.

1°. Le DANEMARCK ʃe diviʃe en Terre-Ferme & en *Iles*.

La Terre-Ferme porte le nom de *Jutland*.

Les Iles ʃont :

Séeland où eʃt COPENHAGUE, capitale de tout le Royaume, avec un des meilleurs ports de l'Europe ; & *Fionie*, dont la capitale eʃt ODENSÉE.

On y fait un grand commerce de bœufs & de chevaux.

2°. La NORWÈGE eʃt à l'Oueʃt de la Suède, dont elle eʃt ʃéparée par une chaîne de montagnes. Ce pays fournit ʃur-tout des goudrons & des bois propres à la conʃtruction des vaiʃʃeaux.

CHRISTIANIA, capitale ʃur la baie *d'Anʃlo*, avec un port aʃʃez commode.

3°. L'ISLANDE, au Nord-Oueʃt, touche preʃque au Cercle polaire.

L'air y eſt très-froid, le pays ſtérile. Il y a un volcan que l'on nomme *Mont Hecla*.

Skalholt, ville peu conſidérable, en eſt la capitale ; elle eſt ſituée dans des marécages.

Remarques.

Le Gouvernement de Danemarck eſt Monarchique, & ſes Rois ſont anciens. Depuis 1660, ce Royaume eſt héréditaire. Chriſtian VII, qui y regne actuellement, eſt monté ſur le trône en 1766. Il deſcend des Comtes d'Oldembourg, ancienne maiſon d'Allemagne.

La Norwège, après avoir eu ſes Rois particuliers, paſſa au Danemarck en 1359, par le mariage d'Aquin ſon Roi avec Marguerite fille de Waldemar III, Roi de Danemarck : elle eſt gouvernée par quatre Tribunaux, dont le principal eſt celui de Chriſtiania.

L'Islande, dont les Rois de Norwège s'étoient emparé au 13me ſiècle, paſſa avec ce Royaume, ſous la puiſſance des Rois de Danemarck.

La Religion Luthérienne eſt profeſſée dans les trois pays que je viens de nommer.

§. III.

De la Suède.

La Suede s'étend depuis le détroit du Sund, juſqu'à la Laponie Norwégienne. Dans ſa partie ſeptentrionale, elle eſt preſque toute diviſée en deux par le golfe de Bothnie.

C'eſt un pays très-montagneux, abondant en mines, en bois, mais ne produiſant point de vin, & que peu de blé. L'air y eſt en général froid, mais ſain.

La Suède ſe diviſe en cinq principales par-ties, qui ſe ſubdiviſent en pluſieurs Provinces.

Sa capitale eſt STOCKHOLM, port à l'embou-chure du lac *Méler*, que l'on écrit *Mâler*. C'eſt une ville riche, grande & bien peuplée.

Remarques.

Ce pays a eu pendant aſſez long-tems des Rois électifs. Sous le règne de Guſtave I, élu en 1523, il devint héréditaire. L'Ariſtocratie y avoit prévalu : mais Guſtave III, élu Roi en 1772, y a rétabli les droits de l'autorité Royale. Ce Prince eſt actuellement ſur le trône.

On profeſſe en Suède la Religion Luthérienne.

§. IV.

De la Ruſſie.

La RUSSIE, à ne conſidérer même que ſon éten-due en Europe, eſt le plus vaſte des Etats de cette belle Partie du Monde : en général il y fait froid, mais ſes parties méridionales ſont plus tempérées, & ſes productions ſont relatives à la variété de ſon climat.

Ses principaux fleuves ſont :

Le *Volga*, le *Don* & la *Dwina*, dont il a déjà été parlé.

Ce vaſte Empire ſe diviſe, pour la Ruſſie Eu-ropéenne, en douze grands Gouvernemens, dont ſix ſont dans la partie Septentrionale, ſix dans la partie Méridionale.

Ses principales villes ſont :

S. PÉTERSBOURG, capitale, ſur le golfe *de Fin-*

lande, à l'embouchure de *la Neva*. Cette ville eſt grande, belle & bien peuplée.

MOSKOU, ancienne capitale ſur *la Moska*, grande, mais peu peuplée & mal bâtie.

Remarques.

Quoiqu'il y ait eu plus anciennement des Princes en Ruſſie, cependant Wolodimir en eſt regardé comme le premier grand Duc à la fin du Xᵐᵉ ſiècle. Vers l'an 1490, Baſile prit le titre de *Czar*, qui répond à celui de Céſar ou d'Empereur. En 1696, Pierre, ſurnommé le Grand, devenu ſeul maître de ce pays après avoir régné conjointement avec ſon frère, le tira de l'oubli où il paroiſſoit être : il y donna l'exemple du goût des Sciences & du Commerce. En 1721, il fut reconnu que le Czar auroit le titre d'*Empereur de toutes les Ruſſies.*

L'Impératrice Catherine Alexiewna, actuellement régnante, a été plus loin encore que Pierre le Grand, pour la gloire de ſon pays. Elle donne de grands ſoins à l'éducation de ſes ſujets, & a fait reſpecter au loin ſes armes. Ses vaiſſeaux ſont venus dans la Méditerranée juſqu'aux Dardanelles, & ſes armées ont forcé la Turquie de rendre la liberté aux petits Tartares & au Commerce de la Mer Noire. Elle a de plus reçu avec de grandes marques d'eſtime pluſieurs Etrangers diſtingués dans les Sciences, les Lettres & les Arts ; & fait un très-beau ſort au célèbre Euler, actuellement accablé d'infirmités.

La Religion Grecque eſt celle de la Ruſſie qui prétend tenir ſa foi de l'Apôtre S. André. L'office divin s'y fait en Langue Sclavone, dont la Langue Ruſſe eſt un idiome.

ARTICLE II.

Des Etats du Milieu.

§. I.

De la France (1).

L A France s'étend depuis le 42me degré 30$'$ de Latitude jufqu'au 51me, ce qui lui donne du Sud au Nord, c'eft-à-dire de Mont-Louis à Dunkerque, 212 lieues & demie. Elle s'étend en longitude, dans fa plus grande largeur, de Breft à Landau, entre le 13me degré & le 26me, ce qui fait 13 degrés, eftimés à cette Latitude d'environ 17 lieues, donnant en tout, de l'Oueft à l'Eft, 221 lieues ; mais elle ne forme pas un carré de cette étendue.

Ce pays, baigné par l'Océan à l'Oueft & par la Méditerranée au Sud, fournit abondamment toutes les chofes néceffaires aux befoins & aux commodités de la vie.

Ses principales rivières font :

La *Seine*, la *Loire* & la *Garonne*, qui fe jettent dans l'Océan ; le *Rhône*, qui fe jette dans la Méditerranée.

On divife la France en quarante Gouvernemens généraux, dont trente-deux renferment des provinces ; les fept petits ne renferment prefque que des villes.

---

(1) Je donnerai à la fin de cet abrégé un article un peu plus étendu fur la France.

Les villes principales de ce Royaume font :

PARIS, capitale, fur *la Seine*, ville très-grande, très-ornée & très-riche.

Rouen, auffi fur *la Seine*, & fort commerçante.

Bordeaux, fur *la Garonne*, belle, grande & riche, & faifant un grand commerce de fes vins.

Lyon, au confluent du *Rhône* & *la Saône*, & célèbre par fes manufactures.

Marfeille, port fur *la Méditerranée*, fort riche & faifant un grand commerce dans le Levant.

Remarques.

Le Royaume de France a commencé en 420 : Pharamond a été le premier de fes Rois que l'on divife en trois races ; les *Mérovingiens* commençant à Pharamond, en 420 ; les *Carlovingiens* commençant à Pepin le Bref, en 751 ; les *Capétiens* commençant à Hugues-Capet, en 987. La première race a donné 22 Rois ; la feconde 13 ; la troifième 32 y compris Louis XVI actuellement régnant, & monté fur le trône, le 10 Mai 1774.

Le Gouvernement y eft monarchique.

La Religion Catholique y eft feule permife.

La France poffède au Sud, dans la Méditerranée, l'île de *Corfe*, dont la capitale eft BASTIA.

§. II.

Des Pays-Bas.

Ces Provinces, fituées au Nord-Eft de la France, font appelées Pays-Bas, parce qu'elles font vers la mer : ce pays eft fertile, & les campagnes en font belles. Elles renferment *quatre* Duchés, *trois* Comtés & *deux* Seigneuries.

Les principales villes font :

BRUXELLES, fur *la Senne*, capitale du Brabant.

Gand, dans la Flandre Autrichienne, au confluent de *la Lys* & de *l'Efcaut*.

Remarques.

Les Pays-Bas, après avoir eü des Souverains particuliers dans différentes provinces, appartenoient aux Ducs de Bourgogne, lorfque Marie, fille du dernier Duc, fut mariée à Maximilien d'Autriche. Charles-Quint leur petit-fils en hérita, & les laiffa, en mourant, à Philippe II fon fils, fous lequel ces Provinces s'étant révoltées, dix feulement furent contraintes de rentrer dans le devoir. On les nomma *Pays-Bas Efpagnols*, & *Pays-Bas Catholiques ;* ils appartiennent à la maifon d'Autriche.

La France s'eft depuis emparé de tout l'Artois, & d'une partie de la Flandre & du Hainaut.

La maifon d'Autriche y entretient un Gouverneur qui réfide à Bruxelles ; c'eft à préfent M. le Prince de Stahremberg qui y fait les fonctions de Lieutenant Général des Pays-Bas.

§. III.

Des Provinces-Unies.

Ces Provinces, au nombre de fept, font au N. E. des Pays-Bas, dont elles faifoient partie avant la révolte, qui les affranchit de la domination de l'Efpagne. Comme ce Pays eft bas, il eſt garanti en différens endroits des inondations de la mer par de fortes digues. La Meuſe s'y rend à la mer, & le Rhin s'y perd en quelque ſorte dans les ſables.

Les deux principales villes ſont :

AMSTERDAM, capitale de la province de Hollande, port ſur *l'Amſtel*, qui s'y rend dans le Zuyderzée, Golfe aſſez conſidérable. Cette Ville eſt fort belle & très-riche.

ROTERDAM, port ſur *la Meuſe*, près de ſon embouchure. Cette ville eſt auſſi très-riche & fort belle.

Remarques.

Ce Gouvernement eſt une eſpèce d'Ariſto-Démocratie : chaque ville a ſes Repréſentans, chaque Province ſon Conſeil; & toutes enſemble ont des Etats-Généraux formés des Députés des Provinces. A la tête du Gouvernement eſt un Prince ſous le titre de *Stathouder*, ou Gouverneur général. L'indépendance de ces Provinces n'a été reconnue de toute l'Europe qu'en 1648, à la Paix de Weſtphalie, par la médiation de la France.

§. IV.

De la Suiſſe.

La Suiſſe, à l'Eſt de la France, occupe une partie des montagnes que nous nommons les *Alpes*. Elle eſt ſur-tout abondante en pâturages, auſſi y nourrit-on beaucoup de troupeaux.

Le *Rhin* y prend ſa ſource au Mont S. Gothard.

Le *Rhône* y commence aſſez près du Rhin, au Mont *Furca* ou de la Fourche.

La Suisse se divise en treize *Cantons*.

Ses principales villes sont :

BERNE, sur l'*Aar*, ville assez grande & la plus belle de la Suisse.

BASLE, sur le *Rhin*, est divisée par ce fleuve en deux parties.

Ces deux villes sont chacune les capitales d'un Canton de leur nom.

Remarques.

Les Suisses étoient autrefois soumis à la Maison d'Autriche. Mais, trois de ces Cantons s'étant affranchis de sa puissance en 1308, & les autres ayant suivi cet exemple; leur indépendance fut enfin reconnue par la Paix de Westphalie en 1448. Chaque Canton se gouverne en particulier, mais leur réunion forme ce que l'on nomme le *Corps Helvétique*.

La Religion Catholique & la Calviniste sont professées en Suisse, avec cette différence qu'il y a *sept* Cantons *Catholiques*, *quatre Protestans*; & deux *moitié* Protestans & moitié Catholiques, mais les quatre Protestans sont les plus considérables & les plus riches.

§. V.

De l'Allemagne.

L'Allemagne, commençant un peu au-dessous du 45me degré de Latitude, & allant presque au 55me, a dix degrés du Sud au Nord, ce qui fait 250 lieues : &, s'étendant du 24me au 37me degré de Longitude, a de l'Ouest à l'Est 204 lieues environ.

Ses principaux fleuves font :

Le *Danube* , qui coule de l'Oueft à l'Eft ; & le *Rhin* , le *Wefer* , l'*Elbe* & l'*Oder* , qui coulent du Sud au Nord.

En général le climat y eft plus froid qu'en France & les Terres moins fertiles. On y trouve en beaucoup d'endroits des mines riches en différentes fortes de métaux.

L'Allemagne eft divifée en neuf grands pays , que l'on nomme *Cercles : trois* font au Nord , *trois* au Milieu , & *trois* au Midi. Ce font , en commençant à l'Oueft ;

Les Cercles de *Weftphalie* , de *Baffe-Saxe* & de *Haute-Saxe* (1).

Ceux du *Bas-Rhin* , du *Haut-Rhin* & de *Franconie* ;

Et ceux de *Souabe* , de *Bavière* & d'*Autriche*.

Les principales villes font :

VIENNE , fur *le Danube* , capitale de l'Autriche , & réfidence de l'Empereur : la ville eft petite , mais fes fauxbourgs & fes environs font fort beaux.

BERLIN , fur *la Sprée* , capitale du Brandebourg , dans le Cercle de Haute-Saxe , & réfidence de la Coūr du Roi de Pruffe.

DRESDE , fur *l'Elbe* , capitale de la Mifnie , dans le Cercle de Haute-Saxe , & réfidence de l'Electeur.

FRANCFORT , fur *le Mein* , ville libre & Impériale de la Wétéravie , dans le Cercle de Haut-Rhin , diftinguée par fes richeffes & la multitude de fes Habitans.

---

(1) Ces noms n'ont pas pu être placés fur la Carte.

HAMBOURG, port fur *l'Elbe*, ville libre & Impériale du Duché de Holſtein, dans le Cercle de Baſſe-Saxe : c'eſt une, des villes les plus marchandes & les plus riches de l'Allemagne.

Remarques.

Le Gouvernement du Corps Germanique, ou de l'Allemagne, ne reſſemble à aucun autre de l'Europe. Dans les cinq, ſix & ſeptième Siècles les François s'étoient rendu maîtres de ce Pays : Charlemagne en fut couronné Empereur en 800. En 911 l'Empire fut rendu électif. La Maiſon d'Autriche en étoit en poſſeſſion depuis l'an 1438, lorſque Charles VI mourut en 1740. En 1741 François-Etienne de Lorraine, Epoux de Marie-Thérèſe d'Autriche, fut couronné Empereur. Le Prince Joſeph II, leur fils, lui a ſuccédé en 1765.

La première perſonne de l'Empire eſt l'Empereur, qui eſt le Chef ſuprême du Corps Germanique.

La ſeconde eſt le Roi des Romains, élu du vivant de l'Empereur, & héritier préſomptif de la Couronne.

Après ces deux Princes ſont les *Electeurs*, c'eſt-à-dire, ceux qui ont le droit d'élire l'Empereur & le Roi des Romains. Il y en a *trois* Eccléſiaſtiques & *ſept* Laïques.

Les trois Eccléſiaſtiques ſont l'Archevêque de *Mayence*, celui de *Cologne* & celui de *Trèves*.

Les Electeurs Laïques ſont : le Roi de Bohême (il n'y en a point actuellement), le Duc de Bavière ; le Duc de Saxe ; le Marquis de Brandebourg ; le Comte Palatin du Rhin, & le Duc de Lunebourg ou de Brunſwick-Hanovre.

Les affaires générales du Corps Germanique se décident à des Diètes, où chaque *Etat de l'Empire* a ſes Repréſentans. On appelle *Etat* celui qui poſſède un Domaine & qui a voix aux Diètes.

Ces Etats forment trois diviſions, que l'on nomme *Collèges* & que l'on diviſe par *bancs*, parce qu'en effet les Députés y ſont ſur une ſorte de ſiège qui porte ce nom.

Le premier Collège eſt celui des Electeurs, il n'a qu'*un banc*.

Le ſecond eſt celui des Princes, des Ducs, &c. il a *neuf* bancs.

Et le troiſième eſt celui des Villes, que l'on appelle *Impériales*, parce qu'elles ne dépendent que de l'Empire : ce Collège a *deux* bancs.

Les Etats qui ont voix montent à 271, & forment 149 ſuffrages, ſelon quelques Auteurs, car il y en a qui prétendent que c'eſt un peu moins.

Les deux grands Tribunaux de l'Empire ſont la *Chambre Impériale* & le *Conſeil Aulique*.

La Religion Catholique eſt ſuivie dans les Cercles d'Autriche, de Bavière, de Mayence, de Cologne & de Trèves, & dans les Etats Eccléſiaſtiques, formant 7 Archevêchés & 32 Evêchés (1).

La Luthérienne domine dans les Cercles de Haute & Baſſe-Saxe, & dans une bonne partie de

---

(1) Il y avoit autrefois 8 Archevêchés & 48 Evêchés. Ceux qui ont quitté l'Egliſe Romaine ont été ſécularieſ, excepté l'Evêque de Lubeck qui eſt Luthérien.

ceux de Weftphalie, de Franconie, de Souabe, & dans la plupart des Villes Impériales.

Le Calvinifme eft profeffé dans les Etats de l'Electeur de Brandebourg, du Landgrave de Heffe-Caffel, & de plufieurs autres Princes.

§. VI.

De la Bohême.

On croit que le nom de Bohême s'eft formé de celui de *Boïens*, Peuples Gaulois, qui s'établirent en ce Pays environ 600 ans avant Jefus-Chrift.

Ce Pays en général eft froid, & l'air y eft mal-faifant : il produit peu de vin, mais on y recueille des grains affez abondamment. Il y a des mines d'or, d'argent, de cuivre, de plomb, &c.

PRAGUE, fur *le Muldaw*, en eft la capitale. C'eft une grande ville fort peuplée & partagée en trois : elle a d'affez beaux bâtimens.

Remarques.

Ce Royaume, poffédé fucceffivement par différens Peuples, ne commença qu'en 1199 à avoir des Rois, Vaffaux de l'Empire.

Ferdinand I, Empereur, ayant époufé Anne, fœur de Louis II, Roi de Bohême & de Hongrie, rendit ce Royaume électif, & le fit paffer dans la Maifon d'Autriche. Et cette difpofition fut confirmée par le Traité de Weftphalie en 1648. Le Roi de Bohême poffède depuis 1208 la dignité d'Electeur, qui lui fut accordée par l'Empereur Othon.

Les

Les grands Seigneurs font prefque autant de Defpotes dans ce Pays, & prefque tous les Peuples y font Serfs. Cette efpèce de fervitude, felon le caractère des Seigneurs, va dans quelques endroits jufqu'à l'efclavage.

L'Impératrice Douairière, Marie-Thérèfe d'Autriche, eft aujourd'hui Reine de Bohême.

§. VII.

De la Hongrie.

La Hongrie eft au Sud-Eft de l'Allemagne. En général ce Pays eft froid & mal-fain. Le terroir y eft fertile en grains, en vins & en fruits. Il y a beaucoup de mines d'or, d'argent, de cuivre & de fer : c'eft de ce Pays que vient l'excellent vin de Tokai.

Les principales rivières font :

Le *Danube*, qui entre dans le Pays par l'Oueft, & la *Teiffe* ou *Theyffe*, qui y coule du Nord-Eft, & fe rend dans le Danube.

La Hongrie renferme auffi l'Efclavonie & la Tranfylvanie.

Elle fe divife en *Haute* & en *Baffe*.

PRESBOURG, fur *le Danube*, eft la capitale de la Haute-Hongrie & de tout le Royaume : elle a un Château très-fort & une belle Place publique.

Bude, auffi fur *le Danube*, eft la capitale de la Baffe-Hongrie. Les Edifices publics y font fort beaux.

Remarques.

Ce fut vers l'an 891 que les Peuples appelés *Hongrois* s'établirent en ce Pays. Mais le premier

* T

Roi fut Saint-Etienne, en 1000. La Maison d'Autriche n'est devenue maîtresse de ce pays qu'avec
beaucoup de peine; & depuis la première entre-
prise que fit à ce dessein Ferdinand I, mari
d'Anne, sœur de Louis II, jusqu'en 1687 que le
Royaume fut déclaré héréditaire à la Maison
d'Autriche, il s'est donné bien des combats, &
il a bien coulé du sang. C'est l'Impératrice qui
est depuis 1740 Reine de Hongrie.

§. VIII.

De la Pologne.

Ce Royaume, situé à l'Est de l'Allemagne, est
très-vaste; l'air y est plus froid que chaud, mais
il est sain, & le terroir y est fertile, sur-tout en
bled. Il y a des mines de sel très-abondantes.

Les principales rivières sont, la *Wistule*, à
l'Ouest, qui coule du Sud au Nord, & se rend
dans la mer Baltique; & le *Dnieper*, à l'Est, qui
coule au Sud, & se rend dans la mer Noire.

La Pologne se divise en grande & en petite.

WARSOVIE, sur *la Wistule*, est la capitale de
tout le Royaume, & de la Haute-Pologne en
particulier. La ville est petite, mais les fauxbourgs sont considérables.

Cracovie, capitale de la Petite-Pologne : elle
est divisée en quatre quartiers.

Remarques.

Ce n'est point ici le lieu de s'étendre sur les
derniers démembremens de la Pologne par l'Empereur, la Russie & le Roi de Prusse.

Ce Royaume est électif, mais l'autorité du

Roi est modérée par celle du Sénat & par les Diètes; ensorte que le Gouvernement y est *mixte.*

On compte quatre classes de Princes ou de Rois en Pologne depuis Leck I, Duc, vers l'an 550.

Stanislas-Auguste Poniatowski est depuis 1764 sur le Trône.

§. IX.

De la Prusse.

La Prusse forme un très-petit Etat au Nord d'une partie de la Pologne, sur les bords de la mer Baltique.

Comme il y croît beaucoup de bois, qu'il y a beaucoup de lacs, ce n'est qu'en quelques endroits que le pays produit des grains, du lin, du chanvre, &c.

KONISBERG, capitale & port, est un peu au-dessous de l'embouchure du *Prégel.* Cette Ville est grande, bien bâtie, & partagée en trois parties.

Remarques.

Cet Etat appartenoit à l'Ordre des Chevaliers Teutoniques, considérable en Allemagne, lorsqu'en 1525 Albert, Grand-Maître de cet Ordre, & Cadet de la Maison de Brandebourg, parvint à se l'approprier pour lui & ses descendans. Il ne prit que le titre de Duc, & devoit en faire hommage à la Pologne. En 1701 l'Electeur Frédéric, Prince de la même Maison, se couronna lui-même Roi de Prusse; & en 1713, à la paix d'Utrecht, ce titre fut reconnu des autres

T 2

Etats de l'Europe, excepté de la Pologne, qui ne reconnoît un Roi de Pruſſe que depuis 1764.

Charles-Frédéric, aujourd'hui régnant depuis 1740, eſt le troiſième Roi de ce Pays.

ARTICLE III.

Des Etats du Midi.

§. I.

Du Portugal.

LE Portugal eſt à l'Oueſt d'une partie de l'Eſpagne, & s'étend du Nord au Sud d'environ 125 lieues : ſa plus grande largeur n'eſt guère que de 50.

Le climat y eſt chaud, la terre plus fertile en fruits qu'en grains ; & l'on y exploite des mines de plomb, de fer, d'alun, &c.

Son principal fleuve eſt :

Le *Tage*, qui le traverſe de l'Eſt à l'Oueſt.

LISBONNE, capitale & port, à l'embouchure du *Tage* : elle eſt bâtie ſur un terrein inégal, eſt grande, & d'un aſpect agréable ; mais elle n'a pas encore recouvré la beauté extérieure qu'elle avoit avant le tremblement de terre de 1755 ; qui l'a renverſée preſque toute entière.

Remarques.

Le premier Prince de cet Etat moderne eſt Henri de Bourgogne, deſcendant d'Hugues Capet, par ſon fils Robert. Son fils Alphonſe prit le titre de Roi. Mais en 1580 ce Royaume paſſa à

l'Espagne sous le règne de Philippe II. En 1640
les Portugais se donnèrent un Roi de leur Nation. La Reine Marie-Françoise Elisabeth, aujourd'hui sur le Trône, y est montée le 24 Février
1777.

Le Gouvernement de Portugal est Monarchique, & les filles y succèdent au droit de monter
sur le Trône.

La Religion Catholique y est seule permise.

§. II.

De l'Espagne.

L'Espagne est bien plus considérable que le
Portugal. Quoiqu'elle touche au 36me degré de
Latitude, comme ce n'est presque qu'en un point,
on ne peut guère compter son étendue que depuis
le 37me jusqu'au 43 $\frac{1}{2}$, ce qui fait 6 degrés ou
150 lieues du Sud au Nord. A la rigueur elle
touche presque à l'Ouest, au 9me degré de Longitude, & s'avance à l'Ouest jusqu'au 21°; mais
on ne peut guère compter pour son étendue que
jusqu'au 18 ; ce qui doit faire 200 lieues.

L'air y est chaud, la terre fertile à sa surface,
& féconde dans son intérieur, car elle renferme
des mines de toute espèce, & sur-tout la plus
riche mine de vif-argent connue. Elle est à Al-
maden.

Les fleuves les plus considérables sont :

Le *Douro* & le *Tage*, qui coulent à l'Ouest ; la
Guadiana & le *Guadalquivir*, qui coulent au Sud ;
& l'*Ebre* qui se jette à l'Est dans la Méditerranée.

On divise ce Pays en plusieurs Provinces, dont
quelques-unes ont conservé le titre de Royaume

T 3

qu'elles portoient lorſque les Maures en étoient les maîtres.

Les principales villes ſont :

MADRID, capitale, ſur *le Mançanarez.* C'eſt une grande ville fort peuplée, très-riche, & que les ſoins du Roi actuel ont rendue bien plus propre qu'elle n'étoit autrefois. Sa grande Place eſt d'un bel aſpect.

Tolède, ſur *le Tage,* eſt fort grande & bien peuplée. On n'y admire guère que le Palais de l'Archevêque, & la Cathédrale.

Séville, ſur *le Guadalquivir,* eſt eſtimée la ſeconde ville d'Eſpagne pour ſon étendue & ſes beautés, & la première pour ſon commerce ; elle eſt partagée en vieille & en nouvelle ville.

Cadix, port, au Sud, dans une île qui tient au Continent, eſt riche & célèbre par ſon commerce.

Remarques.

L'Eſpagne, après avoir appartenu aux Romains, leur fut enlevée par des Barbares qui y vinrent du Nord, auxquels des Arabes venus par le Sud, l'enlevèrent à leur tour. Cependant un Prince nommé Pélages, qui s'étoit retiré dans les montagnes vers le Nord, y fonda un petit Etat. Et cet Etat s'étant réuni à l'Etat de Navarre, dont les commencemens ſont dus à Charlemagne, inſenſiblement les Princes Européens s'agrandirent en faiſant des conquêtes ſur les Arabes que l'on appelloit *Maures.*

En 1516, Charles-Quint, petit-fils du Roi Ferdinand & d'Iſabelle de Caſtille, hérita de toute cette Monarchie. En 1700, un Prince de la maison de Bourbon, petit-fils de Louis XIV, monta sur le trône d'Espagne, sous le nom de Philippe V. Charles III qui règne actuellement, est monté sur le trône le 10 Août 1759.

La Religion Catholique est la seule professée en Espagne.

§. III.

De l'Italie.

La plus grande partie de l'Italie forme une longue Presqu'île qui s'avance dans la Méditerranée en forme de botte. Elle est bornée du côté de la France & au Nord, par une suite de montagnes que l'on nomme *Alpes*, & traversée dans sa longueur par une autre chaîne appelée l'*Apennin*.

Le climat de l'Italie est chaud, la terre fertile; les fruits excellens, & les productions minérales très-variées; mais, excepté les marbres, les plus abondantes ont été produites par le feu, telles que le soufre, la pozzolane, &c.

Les principaux fleuves sont le *Pô* & *l'Adige* dans la partie septentrionale; ils se rendent dans le golfe de Venise à l'Est; l'*Arno* & le *Tibre* qui se rendent dans la Méditerranée à l'Ouest.

L'Italie est partagée entre plusieurs Souverains; savoir :

1o. Les Etats du Roi de Sardaigne, dont les principaux sont :

La Savoie, au Nord-Est, pays montagneux & en général peu fertile. La capitale est CHAMBERRY, sur la *Leysse*, dans une vallée, & sans défense. La Savoie n'est pas même comprise en Italie.

T 4

Le Piémont qui eft féparé de la Savoie, de la France & de l'Etat de Gènes par des montagnes, eft d'une fort grande étendue ; on lui donne environ 50 lieues du Nord au Sud, & 34 ou 35 de l'Oueft à l'Eft.

TURIN, fur le *Pô*, en eft la capitale ; elle eft de forme à-peu-près ovale, eft fort belle & fort ornée : le Roi y fait fa réfidence.

Remarques.

La SAVOIE, après avoir paffé des Romains aux Bourguignons, devint au neuvième fiècle une poffeffion de l'Empire, & fes différentes parties furent gouvernées par des Comtes. Les plus confidérables furent ceux de Maurienne ; & Bérold, l'un d'eux en 1014, eft regardé comme l'auteur de l'illuftre maifon qui règne encore aujourd'hui. Il n'avoit que le titre de Comte de Savoie. Amedée VII, prit le titre de Duc ; & Victor-Amedée II, en 1713, étant maître de la Sicile, s'en fit déclarer Roi. La Sardaigne lui fut depuis donnée en échange de cette île ; de-là le titre de Roi de Sardaigne accordé par le traité de la quadruple alliance, figné à Londres en 1718.

Le PIÉMONT formoit une partie confidérable du royaume des Lombards. Charlemagne, qui conquit ce Royaume, établit un Marquis à Suze, ville du Piémont. Ses fucceffeurs poffédèrent Turin, comme vaffaux de l'Empire. Ulric Mainfroi, mort vers 1032, ne laiffa qu'une fille qui porta le marquifat de Suze, ou la Principauté de Piémont, dans la maifon d'Odon, Marquis d'Yvrée fon mari, d'où cette Principauté a paffé dans celle de Savoie, par la do-

nation que l'Empereur Frédéric II en fit en 1248
à Thomas de Savoie, Comte de Morienne. Depuis ce tems, ces deux Etats ont été agrandis
par quelques autres que la briéveté de cet ouvrage ne permet pas de nommer ici. (*Voyez
l'Italie moderne, de la Géographie comparée*).

Le Roi de Sardaigne actuel, est Victor-Amédée III, reconnu Roi le 20 Février 1773.

Ce Prince possède encore dans la Méditerranée, l'île de *Sicile*, dont la Capitale est CAGLIARI.

2°. Les Etats de la maison d'Autriche. Cette
maison possède les Duchés de Milan & de Mantoue : le premier est le plus considérable.

MILAN, sur des canaux, est une ville grande
& magnifique, dans laquelle il y a une Bibliothèque publique, un Cabinet d'Histoire Naturelle, & un beau Théâtre.

L'Impératrice-Reine entretient dans cette ville
un Gouverneur qui a un état considérable ; c'est
le Duc de Modène qui occupe cette place.

3°. Le Duché de Modène. Il est au Sud du
Po, & est bien moins considérable que le Duché de Milan : il renferme cependant quatre divisions principales.

MODENE sur un canal, est d'un aspect agréable,
bien bâtie & décorée de fontaines & de portiques ; elle est divisée en ville neuve & en
ville ancienne.

Le Duc de Modène actuel, est Hercule-Renaud d'Est, qui vient de succéder au Prince
François, son père.

4°. Le Duché de Parme renferme aussi celui

de Plaifance, & quelques autres petits Etats :
il eft auffi au Sud du Pô.

PARME, fur *la Parma*, eft dans une plaine
agréable. Son Univerfité eft confidérable, & il
s'y trouve un théâtre qui n'a pas fon pareil pour
la grandeur ; mais on n'en fait pas ufage.

Le Duc de Parme eft le Prince Ferdinand,
reconnu le 18 Juillet 1765.

5°. La République de Venife eft un Etat confidérable, qui renferme 13 divifions en Italie,
& trois hors de l'Italie, fans y comprendre les îles.

VENISE, port, eft bâtie fur plufieurs îles ; &
fes principales rues font des canaux fur lefquels
on va dans des gondoles. Ce font les voitures
du pays, puifqu'il ne peut y avoir pour l'u-
fage ni chevaux ni carroffes. Cette ville ne ref-
femble à aucune autre : fon féjour eft agréable ;
elle eft fort riche.

Remarques.

On rapporte les commencemens de l'Etat de
Venife au tems où Attila, chef des Huns, fe
jeta fur la Carnie vers l'an 450. Mais l'érection
du Doge, ou Magiftrat principal de cette République, n'eft fixée qu'à l'an 697.

Ce Gouvernement eft Ariftocratique. On y
empêche, fur-tout à Venife, avec une fermeté
rigoureufe, qu'il ne foit jamais parlé en public
de la Religion ni du Gouvernement.

6°. La République de Gènes s'étend le long
de la mer au Sud d'une partie des Etats du Roi

de Sardaigne. Elle touche en quelque forte à la France à l'Ouest, & à la Toscane à l'Est.

GENES, port, est une ville superbe, bâtie en amphitéâtre sur le bord de la mer : elle renferme des Palais magnifiques, & ses habitans font en général fort riches.

Remarques.

La ville de Gènes étoit déjà puissante 206 ans avant Jesus-Christ ; elle éprouva différens malheurs depuis. Ce fut en 1096, que les Génois se formèrent un Sénat ; & en 1378, on y créa un Doge comme à Venise, avec cette différence qu'à Venise cette place est à vie, au lieu qu'à Gènes l'élection s'en fait tous les deux ans.

7°. Le grand Duché de Toscane, quoique considérable, ne comprend pas tout le pays appelé Toscane ; mais ce qui ne fait pas partie de ce grand Duché, n'est pas fort étendu.

FLORENCE, sur l'*Arno*, en est la capitale : c'est une très-belle ville. On y admire sur-tout la galerie du Palais ducal, remplie de tableaux & d'Antiques de la plus grande perfection.

Remarques.

La Toscane, après avoir passé des Romains aux Barbares qui ravageoient l'Italie, eut pour la première fois un Marquis sous le règne de l'Empereur Louis le Débonnaire. Elle eut ensuite des Gouverneurs amovibles, qui relevoient des Empereurs. Elle s'érigea depuis en République, & fut souvent déchirée par des factions qui successivement y usurpèrent l'autorité. La famille des Medicis y fut si puiſſante, que Laurent de Medicis devint Prince de la République : le dernier de cette famille eſt mort en 1734.

Le grand Duc actuel eſt Pierre-Léopold, reconnu le 22 Novembre 1765.

8°. L'état de l'Egliſe, occupe une partie conſidérable de l'Italie très-étendue du côté du golfe de Veniſe. Il ſe diviſe en 12 petits pays.

ROME, ſur le *Tibre*, en eſt la capitale ainſi que de tout le Monde chrétien. C'eſt une ville magnifique par ſon étendue & par la beauté de ſes Places, de ſes fontaines & de pluſieurs de ſes bâtimens. L'Egliſe de Saint Pierre ſurtout eſt d'une majeſté impoſante, & l'Antiquité n'a jamais rien produit d'auſſi grand & d'auſſi beau. Cette ville, quoiqu'elle ait beaucoup perdu de ſon ancien état, eſt encore la plus belle à voir, & la plus curieuſe à viſiter.

Remarques.

Le Pape, chef commun de toute la chrétienté, eſt en particulier Souverain de l'Etat de l'Egliſe qui ſe gouverne en ſon nom. Quelques Auteurs font remonter cette puiſſance abſolue des Papes, à l'an 1076, que Grégoire VII prononça un anathême contre tout Eccléſiaſtique qui auroit reçu l'inveſtiture d'un Laïque (juſqu'alors les Papes s'étoient reconnus dans la dépendance des Empereurs) ; mais d'autres rapprochent cette époque juſqu'à la confirmation de l'indépendance du Pape par l'Empereur Charles IV, en 1355.

Le Pape actuel eſt Pie VI, élu le 15 Février 1775.

9°. Le Royaume de Naples renferme toute la partie méridionale de l'Italie : c'est en général un pays fort chaud , & qui n'est fertile qu'en quelques endroits.

Naples , capitale & port , est une des villes de l'Europe dont l'aspect est le plus magnifique. Elle est fort riche & fort peuplée. Ses environs sont très-curieux pour différens objets d'Histoire Naturelle ; mais le mont Vésuve, qui tient un rang considérable entre ces objets , est un volcan terrible dont les éruptions ont déjà causé de grands ravages.

Remarques.

Le royaume de Naples , long-tems partagé en différens Duchés , fut quelquefois uni à la Sicile , & d'autres fois séparé : la réunion qui subsiste aujourd'hui, ne s'est faite qu'en 1736. Alors Don Carlos , Duc de Parme & de Plaisance , & fils de Philippe V , roi d'Espagne , fut mis en possession de ce royaume. Ferdinand IV lui a succédé le 5 Octobre 1759.

Ce Gouvernement est monarchique , & la Religion Catholique y est seule professée.

Des Iles de l'Italie.

Les principales îles appartenantes à l'Italie , depuis l'île de Sardaigne dont j'ai parlé , sont :

1°. La *Sicile* qui est de forme triangulaire & très-fertile ; elle a dans sa partie occidentale , le *Gibel*, appelé autrefois *mont Ethna* : c'est un volcan très-considérable.

Palerme , port sur la côte septentrionale , en est la Capitale.

Le Roi d'Espagne entretient un Vice-Roi dans cette île.

2°. L'île de *Malte* qui n'est presque qu'un rocher, mais qui est très-bien défendu par d'excellentes fortifications.

La CITÉ VALETTE en est la capitale. Elle est le chef-lieu de l'Ordre de Malte.

L'Ordre de Malte qui avoit pris naissance à Jérusalem, passa ensuite dans l'île de Chypre, puis à Rhodes, d'où il fut chassé par les Turcs en 1523 ; & en 1530, Charles-Quint accorda aux Chevaliers l'île qui porte aujourd'hui leur nom.

§. IV.

De la Turquie d'Europe.

La Turquie, située au Sud-Est de l'Europe, est un très-vaste Etat, qui comprend toute l'ancienne Grèce au Sud, & jusqu'au de-là de l'ancienne Mœsie au Nord : elle se divise en plusieurs provinces. On y joignoit même la petite Tartarie qui en dépendoit, mais qui est actuellement libre.

Ses principaux fleuves sont :

Le *Danube* qui en traverse la partie septentrionale de l'Ouest à l'Est ; & la *Mariza* qui coule du Nord au Sud, dans le pays appelé *Roum-Ili.*

Les principales villes de la Turquie d'Europe sont :

CONSTANTINOPLE, capitale & port, dans une situation si avantageuse, & avec un port si vaste, que l'on a dit qu'elle semble être la Capitale du Monde. Les lieux où les Turcs se rassemblent pour la prière, & qu'ils appellent

Mosquées, y font en grand nombre ; le Palais
où habite le Grand Seigneur, occupe la pointe
de terre qui se trouve entre la mer de Marmara & le canal sur lequel est le Port ; on le
nomme *Sérail*.

Andrinople est au Nord-Ouest de Constantinople ; c'est une des premières Places où les
Turcs se soient établis en Europe : elle est assez
belle.

Saloniki, que l'on appelle aussi *Thessalonique*,
est à l'Ouest sur un golfe de son nom. C'est un
port assez considérable, où il se fait beaucoup
de commerce.

Remarques.

Les Turcs font une nation tartare qui, venus
d'Asie sur la fin de l'Empire Grec, dont Constantinople étoit la capitale, s'établirent dans
les environs de cette ville, & finirent par s'en
emparer, ayant à leur tête Mahomet II, l'an 1454.

Le Gouvernement y est assez doux pour les
nationaux ; & il y a de bonnes loix, mais elles ne
font pas trop bien observées ; & les ministres
s'y conduisent souvent en despotes à l'égard du
peuple, comme le Souverain l'est au leur.

La Religion est le Mahométisme qu'ils appellent, ainsi que les Arabes, *Musulmanisme*.

Le Grand Seigneur actuel, se nomme Abdul-
Hamid (1).

_____

(1) Je préviens qu'il ne faut pas s'en rapporter à
quelques Ouvrages qui le nomment Abdhul-Ahmet.

Notions générales relatives aux Peuples d'Europe.

CE que j'ai dit n'avoit presque rapport qu'aux pays ; voici un coup-d'œil général sur ce qui concerne les peuples.

1°. Les Langues qui se parlent en Europe peuvent se diviser en deux classes, qui généralement portent l'empreinte d'une même origine, je nomme les unes *occidentales ;* & celles qui tiennent tout-à-fait des Langues d'Asie, je les nomme *orientales.*

Les Langues occidentales se divisent ordinairement pour l'étude de la Géographie, relativement aux Langues anciennes dont elles tirent leur origine ; ainsi :

Du Latin se sont formées les Langues *Italienne , Espagnole , Portugaise* & même *Françoise ,* quoique celle-ci en soit plus éloignée.

De l'ancien Teuton ou Langue d'Allemagne, se sont formés l'*Allemand ,* le *Hollandois ,* le *Flamand ,* l'*Anglois* (qui doit aussi beaucoup au Latin & au François) le *Danois* & le *Suédois.*

Du Sclavon ou Esclavon, se sont formés le *Moscovite* ou *Russe ,* le *Hongrois ,* le *Polonois ,* le *Bohémien.*

Du Grec ancien, appelé aujourd'hui en Grèce Grec littéral, s'est formé le *Grec vulgaire.*

Les Langues orientales, parlées en Europe, sont le Tartare & le Turc, qui s'écrivent avec les caractères arabes de droite à gauche. Le Turc ne diffère du Tartare, qu'en ce qu'il a pris beaucoup de mots de l'Arabe & du Persan.

2°.

2°. La Religion Chrétienne, professée dans presque toute l'Europe, est divisée en Eglise Grecque & en Eglise Latine.

L'Eglise Latine renferme

Le *Catholicisme* ou la foi Catholique, professée en Italie, en Espagne, en Portugal, en France, en Pologne, en Hongrie, dans plusieurs États de l'Allemagne, & dans les Pays-Bas.

Le *Protestantisme*, qui renferme le Luthéranisme, professé en Suède, en Danemarck & dans les Parties septentrionales de l'Allemagne; le Calvinisme, répandu en Hollande & en Suisse. On peut y ajouter la Religion Anglicane, dans laquelle on trouve plusieurs sectes.

La *Religion Greque* s'étend en Grèce & en Russie.

Le *Musulmanisme*, que l'on appelle aussi *Islamisme*, est professé par les Turcs. Ils sont de la secte d'Omar, le premier des Califes ou successeurs de Mahomet, tandis qu'en Perse on est de la secte d'Ali qui prétendit au Califat sans l'obtenir.

3°. Il y a plusieurs sortes de Gouvernemens en Europe; il est :

Monarchique en France, en Espagne, en Portugal, en Hongrie, en Bohême, en Prusse, en Danemarck, en Suède & en Piémont.

Il est en général regardé comme Despotique en Russie & dans la Turquie.

Il est Aristocratique à Venise, à Gênes, & à-peu-près en Pologne.

Il est Démocratique à Genève, en Suisse, & dans les Provinces-Unies.

* V

Le Gouvernement d'Angleterre, où le Roi & le Parlement règlent les affaires de la Nation, eſt appelé *Mixte.*

4°. Les principaux Souverains de l'Europe font,

Un Prince Eccléſiaſtique; c'eſt le Pape.

Trois Empereurs ; celui d'Allemagne, celui de Ruſſie, & le Grand-Seigneur, à Conſtantinople.

Douze Rois, ou du moins douze Etats, dont le Souverain a le titre de Roi. Ce font la France, l'Eſpagne, le Portugal, l'Angleterre, la Pologne, la Pruſſe, le Danemarck, la Suède, la Bohême, la Hongrie, la Sardaigne & Naples.

Un Archiduc; c'eſt celui d'Autriche.

Un Grand-Duc ; celui de Toſcane.

Pluſieurs Ducs ou Princes, tels que les Ducs de Parme, de Modène, le Prince de Monaco, dont l'Etat eſt entre la France & l'Etat de Gènes, &c. &c.

Huit Républiques, dont *quatre* grandes ; les Provinces-Unies, Veniſe, Gènes, les Suiſſes ; & *quatre* petites ; Genève, Luques, San-Marino, ou Saint-Marin, en Italie ; & Raguſe, en Dalmatie.

Pl. III.

MER GLACIAL

Cercle
ISLANDE
Polaire
Arctique

O C É A N

MER BALTIQUE

SUEDE

NORVEGE

ISLES BRITAN.

ALLEMAGNE

POLOGNE

R U S S I E

P A R T I E   D ' A S I E

FRANCE

HONGRIE

TURQUIE

PETITE TARTARIE

ESPAGNE

PORTUGAL

MER NOIRE

MER MÉDITERRANÉE

P A R T I E   D ' A F R I Q U E

Occidental

Oriental

EUROPE
pour
LA COSMOGRAPHIE
ELÉMENTAIRE
1781.

SECTION DEUXIEME.

De l'Asie.

L'Asie eft, après l'Amérique, la plus grande des Parties du Monde.

Etymologie.

Il paroît que fon nom vient de l'ancien mot Oriental *As* ou *Aïs*, qui fignifie *Feu*, *Pays de Lumière*, & *Orient*, & dont on a fait *Asie*.

GÉOGRÁPHIE MATHÉMATIQUE.

Etendue.

A compter de fes parties les plus occidentales, l'Afie s'étend depuis le 43me degré 40', jufqu'au 200me degré de Longitude ; ce qui peut faire environ 3000 lieues de l'Oueft à l'Eft.

Et en Latitude, elle s'étend depuis l'Equateur jufque fous le 76me degré de Latitude ; ce qui fait environ 1900 lieues du Sud au Nord.

Climats.

On voit ainfi que l'Afie, qui touche à l'Equateur & qui a continuellement 12 heures de jour à fon extrémité méridionale, remonte au Nord jufque fous le troifième Climat de mois ; ce qui lui donne trois mois pour fon plus long jour dans cette partie.

V 2

GÉOGRAPHIE PHYSIQUE.

1°. *Bornes.*

L'Afie a pour bornes, au Nord, la Mer Glaciale ; à l'Eft, la Grande-Mer ; au Sud, la Mer des Indes ; à l'Oueft, l'Europe, la Mer Noire, l'Archipel, la Méditerranée, l'Ifthme de Suez & la Mer Rouge.

2°. *Montagnes.*

Les principales chaînes de montagnes de l'Afie, ou du moins les plus connues, font,

Les montagnes d'*Arménie*, à l'Oueft, entre lefquelles on diftingue le mont *Ararat*.

Les montagnes du *Tibet*, au Nord de l'Inde.

Les *Gattes*, du Nord au Sud, dans la prefqu'île en-deçà du Gange.

3°. *Prefqu'îles.*

Des parties de l'Afie confidérées comme des prefqu'îles, il y en a quelques-unes de fort confidérables.

La Natolie & les Provinces adjacentes, appelées autrefois *Afie Mineure*, à l'Oueft.

L'Arabie, au Sud-Oueft.

Les prefqu'îles de l'Inde, appelées l'une *prefqu'Ifle en-deçà*, l'autre *prefqu'île au-delà* du Gange.

La prefqu'île de Malaca ou de *Malaya*, au Sud de la prefqu'île au-delà du Gange.

La prefqu'île de Camboje, au Nord-Eft de cette dernière.

La prefqu'île de Corée, au Nord-Eft de la Chine.

La prefqu'île de Kamtchatka, au Nord-Eſt de l'Aſie.

4°. *Caps.*

Les principaux ſont,

Le Cap *Ras-al-Hhad*, vulgairement *Ras-al-Gat*, au Sud-Eſt de l'Arabie.

Le Cap *Comorin*, au Sud de la preſqu'île occidentale de l'Inde.

Le Cap de *Romania*, au Sud de la preſqu'île de Malaya.

Le Cap *Saint* ou *Swiatoï-nos*, au Nord de l'Aſie, à-peu-près ſous le 154me degré de Longitude.

5°. *Les îles.*

De ces îles, les unes ſont dans la Méditerranée, à l'Oueſt ; les autres dans la Mer des Indes, au Sud ; d'autres dans la Grande-Mer, à l'Eſt.

Dans la Méditerranée, ſont entr'autres, *Chipre* & *Rhodes*.

Dans la mer des Indes, les îles de la Sonde ; ſavoir, *Bornéo*, *Sumatra* & *Java* ; l'île de Ceïlan ou de Selendive, & les Maldives, dont la principale eſt *Malé*.

Dans la Grande-Mer ſont, la Terre d'*Yeſſo*, les îles du Japon, dont les principales ſont, *Nipon*, *Sikoko* & *Kiuſiu* ; l'île de *Formoſe* ou de *Tayan*, au Sud-Eſt de la Chine ; l'île de *Haïnan*, au Sud de ce Royaume ; les *îles Marianes*, aſſez loin vers l'Eſt ; les *Philippines*, au Sud de l'île Formoſe ; les principales ſont, *Luçon*, ayant pour capitale Manille ; &, au Sud-Eſt, *Mindanao* ; les îles Moluques, dont les principales ſont : *Célebès*, à l'Eſt ; *Gilolo*, *Ternate*, *Céram* ; & au Sud, *Timor*.

6°. *Golfes.*

Les principaux, dont quelques-uns portent le nom de Mers, font :

La *Mer Rouge*, entre l'Arabie & l'Afrique.

Le Golfe *Perfique*, entre l'Arabie & la Perfe.

Le Golfe de *Sindi* ou de *Sinde*.

Le Golfe de *Cambaye*, tous deux au Nord-Oueft de la presqu'île occidentale de l'Inde.

Le Golfe de *Bengale*, entre les deux presqu'îles de l'Inde.

Le Golfe de *Siam*, à l'Eft de la presqu'île de Malaya ou Malaca.

Le Golfe de *Tonkin*, entre ce pays & l'île de Haïnan.

Le Golfe de *Pékéli*, appelé aussi *Hoan-Hay* ou *Mer Jaune*, entre la Chine & la presqu'île de Corée.

Le Golfe ou mer de *Corée*, entre cette presqu'île & le Japon.

Le Golfe ou mer de *Kamtchatka*, entre les côtes de l'Afie & la presqu'île de ce nom.

7°. *Détroits.*

Les principaux font :

Le Détroit de *Bab-al-Mandeb*, appelé vulgairement, mais mal, de *Bab-el-Mandel*, à l'entrée de la mer Rouge.

Le Détroit d'*Ormus*, à l'entrée du Golfe Perfique.

Le Détroit de *Malaca*, entre la presqu'île de ce nom & l'île de Sumatra.

Le Détroit de la *Sonde*, entre l'île de Sumatra & celle de Java.

8°. *Lacs.*

Les principaux Lacs, dont quelques-uns portent le nom de Mers, font ;

La Mer *Cafpienne*, dans la partie Occidentale, vers la mer Noire.

La Mer d'*Aral*, ou Lac de *Khorafm*, à l'Eft de la mer Cafpienne.

Le Lac *Baïkal* ou le *Baïkal-More*, vers le Nord-Eft de la Sibérie.

9°. *Fleuves.*

Les plus grands Fleuves de l'Afie, en commençant à l'Oueft, font ;

L'*Euphrate*, & le *Tigre* qui le reçoit avant de fe rendre dans le Golfe Perfique. L'Euphrate eft le plus grand ; il peut avoir 500 lieues.

Le *Sind* ou *Indus*, appelé auffi par les Orientaux *Mehram*. Il commence au Nord-Oueft du petit Tibet, & fe jette dans le Golfe de fon nom, après un cours d'environ 300 lieues.

Le *Gange*, qui commence dans le *Tibet*, & fe rend dans le Golfe de Bengale ; il peut avoir environ 500 lieues.

Le *Ménam-Kom*, ou rivière de Camboje, dans la prefqu'île au-delà du Gange ; il a environ 500 lieues.

Le *Kian* ou Fleuve *Bleu*, qui traverfe la Chine de l'Oueft à l'Eft, & fe jette dans la mer, à peu de diftance de Nankin : il a auffi 500 lieues environ.

Le *Hoan-Ho* ou Fleuve *Jaune*, qui coule dans la partie Septentrionale de la Chine, & fe jette dans la mer, à l'Eft, comme le précédent, mais plus au Nord ; on lui donne 550 lieues.

V 4

L'*Amur*, appelé aussi *Sahalien-Ula*, ou Fleuve Noir, dans la Tartarie Chinoise; en y comprenant le *Kerlon* il a 575 lieues.

Le *Léna*, qui commence au Nord-Ouest du Lac Baïkal, & remonte au Nord : son embouchure est vers le 135me degré de Longitude : il a 700 lieues.

Le *Jénissèa*, formé vers sa source de plusieurs autres rivières, a environ 700 lieues jusqu'à son embouchure sous le 100me degré de Longitude.

L'*Oby*, qui coule aussi vers le Nord, reçoit l'*Irtisz*, au-dessous de Tobolsk, & se jette dans le Golfe d'*Oby*, appelé par les Russes *Obskaïa-Gula* ; il a environ 600 lieues.

GÉOGRAPHIE POLITIQUE.

Division des Pays.

On ne peut faire connoître ici que les divisions principales de cette vaste partie de l'ancien Continent : ce sont,

A l'*Ouest*, la Turquie Asiatique & la Perse.

Au *Sud-Ouest*, l'Arabie.

Au *Sud*, l'Inde.

A l'*Est*, la Chine.

Au *Centre* & au *Nord*, la Tartarie.

§. I.

Turquie d'Asie.

On comprend sous ce nom les possessions du Grand-Seigneur, en Asie.

Ces Pays sont vastes, mais incultes en beaucoup de lieux, & en général peu peuplés. Le défaut de culture y rend l'air mal-fain ; & la chaleur y eft confidérable (1).

Ses principales divifions font,

L'Anadoli, où font *Smirne*, port, à l'Oueft, & *Kutaich.*

La Karamanie, où eft *Konieh* ou *Coni*, fur un Lac de fon nom.

L'Arménie, où eft *Arz-Roum*, fur l'Euphrate, appelé *Frat.*

L'Al-Dgézira (ou l'île, en Arabe) au Nord duquel eft *Diarbékir*, fur le Tigre.

L'Yrak-Arabi, où font *Bagdad* au Nord, & *Bafra* au Sud, toutes deux fur le Tigre.

La Syrie, appelée *Sham* par les Arabes, où font *Alep* & *Jérufalem.*

Remarques.

Les Provinces que je viens de nommer, & que le peu d'étendue de cet ouvrage ne me permet pas de décrire, font une partie confidérable des Etats du Grand-Seigneur. Elles font gouvernées en fon nom par des Beglier-Beg, dont le nom fignifie *prince des princes* (2). Leurs revenus font affignés fur les provinces & fur les

---

(1) Comme les villes de ces divifions font moins intéreffantes que celles de l'Europe ; qu'un mot fur chacune d'elles, ne feroit pas d'un grand avantage, je m'en tiendrai ici aux feuls noms & à quelques remarques fur chaque pays, afin d'arriver plus promptement à la France qui nous intéreffe infiniment davantage.

(2) Autrefois ce titre étoit affecté aux feuls Pachas de Romélie, de Natolie & de Damas ; aujourd'hui tous les Pachas à trois queues fe l'attribuent.

villes. Leurs gouvernemens font divisés en diftricts que l'on nomme Sandgiacats, dont les chefs font appelés Sandgiacs. Voici l'idée que l'on peut prendre en général des Provinces que j'ai nommées.

1°. L'Anadoli a des lieux très-fertiles ; & les environs de Smirne font très-agréables. Il y a beaucoup de maifons de campagne habitées par des Francs, c'eft-à-dire, en terme du pays, par des Européens. De côtés & d'autres on trouve des ruines magnifiques dont les Turcs ne font aucun cas.

2°. La Karamanie eft à-peu-près dans le même état ; on y trouve beaucoup de ruines & beaucoup de terres incultes. Le territoire de Konieh produit, il eft vrai, du coton affez abondamment, mais dans tout le refte on ne trouve guère que des forêts.

3°. L'Arménie, que l'on appelle auffi Turcomanie, eft prefque toute couverte de montagnes qui renferment différentes efpeces de mines. Mais il y a peu de bois, &, dans beaucoup d'endroits, on n'y brûle que de la fiente de vache & du fumier. D'ailleurs le pays eft affez fertile en grains ; & il s'y fait du commerce, parce que la plupart des Caravannes qui vont en Perfe & aux Indes paffent le plus ordinairement par Arz-Roum.

4°. Le Grand-Seigneur poffède encore vers le Nord-Eft, & le long de la mer Noire, le *Guriel*, l'*Imirette*, & la *Mingrélie*, formant ce que l'on nomme *la Géorgie Ottomanne.*

Le Guriel eft un très-petit pays fur la mer Noire. Son Souverain, qui relève du Grand-

Seigneur, a le titre de Prince, & paie tous les ans un tribut de quarante-six esclaves de l'un & de l'autre sexe. Ce pays est plein de bois & de montagnes.

L'Imirette est gouvernée par un Souverain qui est nommé Mepe d'Imirette. Il paie un droit pareil à celui du Prince du Guriel. Son pays renferme un assez grand nombre de bourgs, de villages & de forteresses. Il est plus fertile que le précédent.

La Mingrélie est plus étendue que le Guriel & l'Imirette ; mais elle n'est pas si peuplée. L'épaisseur & la quantité des forêts, les brouillards qui s'élèvent de la mer Noire & des eaux qui y tombent du Caucase, situé au Nord, y rendent l'air mal-sain. La peste & d'autres maladies épidémiques y font de fréquens ravages. La nature y a préservé, dit-on, le pays de toute espèce de bêtes venimeuses ; mais la paresse des habitans y a tellement multiplié la vermine, que presque tous les hommes, les femmes & les enfans en font couverts depuis la naissance jusqu'à la mort. Cependant le sang y est beau ; & une grande partie des esclaves qui se vendent à Constantinople font des Mingréliennes. Le Prince qui gouverne ce pays a seulement le titre de *Danian*, ou Chef de la Justice. C'est, malgré ce titre modeste, un Despote très-absolu, qui, au moyen d'un tribut de six milles brasses de toile qu'il paie tous les ans au Grand-Seigneur, exerce le droit de vie & de mort sur ses sujets. Au reste les Voyageurs nous donnent une très-mauvaise idée de cette nation.

5°. L'Al-Dgézira eft fitué entre le Tigre à l'Eft & l'Euphrate à l'Oueft, & répond à l'ancienne Méfopotamie. Il eft peu fertile & peu habité. C'eft dans un petit pays, au Nord, appelé *Diarbeck*, que fe trouve Diarbekir, renommée par fon commerce de marroquin rouge.

6°. L'Yrak-Arabi, que l'on diftingue de l'Yrak-Agemi, qui appartient à la Perfe, abonde en grains, en légumes, en fruits, en beftiaux, en chevaux & en chameaux : auffi ce pays eft-il vivant & peuplé. Bagdag eft coupé en deux par le Tigre ; fa partie orientale eft la plus confidérable. Quant à Baffora, appelée auffi Balfora & Bafra, elle eft fituée au Sud fur la rivière formée de la jonction du Tigre & de l'Euphrate. Son port eft commode & fûr : la marée y monte à quinze lieues au-delà de la ville. Il s'y fait un grand commerce.

7°. La Syrie, à l'Oueft, le long de la Méditerranée, eft divifée en trois Gouvernemens, favoir ceux d'*Alep*, de *Tripoli* & de *Damas*.

Le Gouvernement d'Alep eft un très-beau pays. Il produit des fruits en très-grande abondance, & de très-bons fourrages. La ville d'Alep, bâtie fur quatre collines qui s'élèvent au milieu d'une belle plaine, eft très-vafte ; fort peuplée & très-commerçante. C'eft, après Conftantinople & le Caire, la ville la plus confidérable des Etats du Grand-Seigneur.

Le Gouvernement de Tripoli s'étend le long de la Mer. Le pays eft fertile ; & l'on y fait un commerce confidérable en foie. Les moutons en font renommés par la groffeur de leurs queues qui pèfent ordinairement de trente à trente-cinq livres. On compte à Tripoli, que l'on furnomme *de Syrie*, environ 60 mille habitans.

Le Gouvernement de Damas s'étend au Sud, & comprend tout le pays enfermé par la chaîne de montagnes appelée *Liban*. Cette chaîne, qui peut avoir cinquante ou foixante lieues du Nord au Sud, eft fameufe par la beauté & la prodigieufe quantité de fes cèdres, & par deux peuples qui y habitent, & que l'on nomme *Maronites* & *Drufes*. Les premiers, plus confidérables, font Chrétiens attachés à l'Eglife Latine, quoique leur liturgie diffère de la nôtre. Les Drufes fe font quelquefois rendus très-redoutables aux Turcs qui n'ont jamais pû les foumettre entiérement. C'eft dans ce Gouvernement que fe trouve Jérufalem, appelée par les Arabes *Elkouds*, ou la ville Sainte. Les Religieux de S. François y font en poffeffion de l'Eglife du S. Sépulcre, dans laquelle on n'entre qu'en payant un droit aux Turcs : on en paie un auffi pour entrer dans la ville.

§. II.

La Perfe.

La Perfe, divifée en 15 Provinces, eft un Pays en général affez plat ; il eft fertile, excepté vers la mer. L'air y eft fort chaud.

Sa capitale eft ISPAHAN, fur le petit fleuve de *Zendéroud.*

Le Souverain actuel fe nomme Abdul-Kérim-Khan. Il eft bon de remarquer que, n'étant pas de l'ancienne famille des Rois de Perfe, il n'a pas voulu prendre le titre de *Scha*, qui désigne le Roi ; mais qu'il se contente de celui de *Khan*, qui signifie *Chef*.

Remarques.

Le Royaume de Perse est très-vaste ; il a environ du Sud au Nord quatre cens lieues, & de l'Ouest à l'Est plus de cinq cens. On sent bien que, dans un pays de cette étendue, le climat doit être très-varié ; aussi les Rois de Perse, ceux que nous fait connoître l'Antiquité, comme ceux qui ont régné paisiblement dans les tems modernes, ont-ils été dans l'usage de passer du Sud au Nord de leur Empire, selon la différence des Saisons. En général le ciel y est beau, les pluies peu fréquentes, & les terres fertiles, du moins dans la partie Septentrionale. On y a fort multiplié l'usage des canaux, mais on y est quelquefois accablé en Eté par un vent brûlant qui tue les plantes & les animaux. Les voyageurs qui en sont surpris en pleine campagne, n'ont de ressource, pour se conserver la vie, que de s'étendre promptement à terre, les pieds tournés au vent, & le visage enfoncé s'il se peut en terre. Selon la manière de diviser ce pays, on y compte treize ou quinze Provinces, dont je traiterai dans cette partie de ma *Géographie comparée.*

Ispahan, capitale de ce vaste Etat, est à présent dans une situation déplorable. Depuis 1730 que la foiblesse de Schah-Hussein, dernier prince de la famille des Rois légitimes, mit les armes à la main de l'usurpateur Nadir, connu sous le nom de Thamas-Kouli-Kan, cette ville n'a cessé d'être ravagée par lui ou par ceux qui lui ont succédé. Le fauxbourg de Zulfa ou Julfa en est la partie la plus habitée.

§. III.

De l'Arabie.

L'Arabie est une grande contrée, en général assez peu fertile & presque point arrosée : cependant on la divise en

Arabie Pétrée, au Nord, où sont *Suez* & *Tor*, *Ports* sur la mer Rouge.

Arabie Déserte, où sont *Médine*, appelée avant Mahomet Yatrib ; & la *Mecque*, avec un *Port* à quelque distance, sur la mer Rouge ; il se nomme *Dgeddah*.

Arabie Heureuse, qui produit le meilleur café & des parfums : on y trouve *Mocka*, port, & *Aden*, qui est aussi un port, mais à l'Est du Détroit de Bab-al-Mandeb.

Remarques.

L'Arabie, comme on vient de le voir, se divise en Arabie *Pétrée*, Arabie *Déserte*, & Arabie *Heureuse*, épithètes qui ont rapport aux qualités physiques de ces trois divisions. 1o. L'Arabie Pétrée ou pierreuse s'étend jusqu'à la Syrie. Ce pays, si l'on en excepte quelques endroits assez fertiles, n'offre par-tout que des sables & des rochers. C'est dans cette partie de l'Arabie que se trouvent les deux montagnes appelées autrefois Sinaï & Oreb. Suez, petit port au fond d'un golfe de la Mer Rouge, & près de l'Egypte, a donné son nom à l'Isthme qui joint l'Asie à l'Afrique : elle appartient aux Turcs aussi-bien que Tor qui eſt au fond d'un golfe, ſitué à l'Eſt du précédent : elle n'eſt pas fort conſidérable.

2°. L'Arabie Déſerte eſt fort étendue & préſente preſque par-tout des déſerts immenſes, des plaines arides & des montagnes environnées de précipices. Il faut en excepter cependant l'Hedgiadge, qui eſt un canton fertile. C'eſt par cette raiſon, ſans doute, que quelques Auteurs l'attribuent à l'Arabie Heureuſe. On y voit deux villes que les circonſtances ont rendu conſidérables.

La Mecque, très-anciennement révérée des Arabes, renferme une maiſon carrée, que la tradition dit avoir été bâtie par Abraham, ou du moins par Iſmaël. Elle a toujours été un objet de vénération pour les Arabes ; & Mahomet, dans ſon Alcoran, en a auſſi recommandé le pélerinage. Cette maiſon carrée porte le nom de *Kaaba* (prononcé Kiaba). Mahomet eſt né en cette ville.

Medine, avant que Mahomet fût chaſſé de la Mecque, portoit le nom d'Yatrib. Mais, ayant accueilli le prophète, elle en reçut le nom de ville du prophète, ou *Médinah al Nabi*, d'où nous avons fait Médine. Les caravanes qui vont chaque année à la Mecque ne manquent pas, à leur retour, de paſſer par Médine, pour y viſiter le tombeau de leur prophète, qui y eſt dans une moſquée fort riche.

Dgeddah, ſur la Mer Rouge, eſt un Port fameux par ſon commerce.

3°. L'Arabie Heureuſe eſt la partie la plus méridionale de l'Arabie ; mais la portion que l'on appelle Yémen, en eſt la plus intéreſſante. En général, ce pays produit des aromates, & ſur-
tout

tout du café. Comme c'eft à Moka que les Européens l'achètent, cette ville a donné fon nom à tout celui que l'on tire de l'Arabie. Cependant il n'en vient point dans fon territoire, & on l'y apporte de Betelfagui, qui en eft éloignée de trente lieues. Il fait en Eté à Moka des chaleurs exceffives.

Aden eft un lieu de commerce affez confidérable, & d'où l'on tire pour les Indes & pour l'Europe des parfums & du café. On dit cependant que Moka l'emporte actuellement de beaucoup fur cette ville.

Au refte, il ne faut pas croire que le Grand-Seigneur foit le maître de l'Arabie, comme il l'eft de la Grèce. Quelque idée qu'il fe forme de fes droits fur cette partie de l'Afie, fes habitans ne le regardent que comme un puiffant protecteur.

§. IV.

De l'Inde.

L'Inde eft un vafte & riche Pays, partagé par la Nature en terre-ferme & en deux grandes prefqu'îles, &, par la Politique, entre un affez grand nombre de Souverains. Le plus puiffant eft le Grand-Mogol, qui règne dans la partie de terre-ferme, appelée *Indoftan*.

L'Indoftan a pour capitale *Agra*, fur *le Guémené*.

Dans la prefqu'île en-deçà du Gange, les villes les plus confidérables font:

A l'Oueft, *Surate, Bombai, Goa, Calicut, Cochin*.

A l'Eft, *Négapatnam, Pondichéri, Madras, Paliacate & Mafulipatnam*.

* X

Le Bengale, qui eſt entre les deux preſqu'îles, au fond du Golfe de ſon nom, a pour ville principale *Daka.*

Dans la preſqu'île au-delà du Gange, on trouve,

Au Nord, le Royaume d'*Ava.*

Au Sud, celui de *Pégu.*

Au Sud-Eſt, celui de Siam, dont la capitale eſt *Juthia;* & celui de Camboje, qui donne ſon nom à la preſqu'île qu'il occupe.

A l'Eſt, celui de Cochinchine, dont la capitale eſt *Kehoa,* ou plutôt *Ca-Hué;* & celui du Tonkin, dont la capitale eſt *Ké-cho.*

Remarques.

Je ne pourrai qu'être fort court dans ces remarques : des détails un peu étendus ſur l'Inde formeroient aiſément un volume. Je renvoie donc à ce qui s'en trouvera dans ma *Géographie comparée.* Je vais ſeulement dire un mot des parties nommées ci-deſſus.

1°. Le mot *Indoſtan* ſignifie pays de l'Inde, & ce pays comprend plus que le Mogoliſtan ou pays du Mogol. Mais je ne parlerai ici que de cet Etat.

Les Mogols qui gouvernent ce pays ſont une nation tartare, dont le premier chef, établi dans l'Inde, fut Babor ou Babour, prince de la famille de Tamerlan. Il fonda ce nouveau Royaume dans les années 1526 & 1527. Ces Mogols ſont devenus très-puiſſans : ils profeſſent la Religion Mahométane. Leur Souverain, appelé chez nous Grand-Mogol, prétend

être le Maître ou du moins le Seigneur fuzerain de
toute l'Inde Occidentale. Et en effet, ce pays
eft divifé en Nababies qui font autant de Vice-
royautés. Mais les Marates qui font les véritables Indiens, & qui font maîtres d'une grande
partie de l'intérieur des terres, fecouent également le joug des Mogols & des Anglois, qui
cherchoient à s'emparer de toute l'Inde.

Agra, capitale du Mogol depuis que Delhi
a perdu l'avantage d'être la réfidence du Souverain, eft une grande & belle ville. On y remarque fur-tout, auffi-bien que dans fes environs, une très-grande quantité de magnifiques
tombeaux. On admire avec raifon celui de l'Impératrice Tadgé-Makal, qui eft une des merveilles
de l'Orient.

2°. Le Bengale eft un pays fort riche, arrofé
par le Gange. Daka, fur le Gange, à une certaine diftance de fon embouchure, eft une des
villes les plus confidérables du Bengale, & celle
où les Européens font le plus de commerce.

3°. La prefqu'île en deçà du Gange eft tra-
verfée dans fa longueur, du Sud au Nord, par
une longue chaîne de montagnes que l'on
nomme les Gattes. Ces montagnes ne divifent
pas feulement les pays, elles féparent auffi les
Saifons. Les habitans de la côte de Coromandel, qui eft à l'Eft, ont un Eté étouffant depuis
les mois de Mai & de Juin jufqu'en Octobre;
pendant qu'à l'Oueft, fur la côte de Malabar,
ils ont un mauvais tems qui eft leur hiver.

Surate eft une ville très-commerçante, & l'une
des plus belles de l'Inde.

Bombay, fituée dans une ifle, eft un port

excellent, & très-avantageux pour le commerce de cette côte.

Goa est le principal lieu du commerce des Portugais ; c'est une ville bien bâtie ; les maisons y sont peintes à l'extérieur, & ont toutes un jardin.

Calicut est la capitale d'un Etat Indien, qui porte le même nom. Le Souverain est désigné par le nom de Samorin. La ville est presque sans police, & le commerce y est fort embarrassé par la grande quantité de droits auxquels il est assujetti.

Cochin étoit autrefois considérable : elle fut enlevée aux Portugais par les Hollandois. Il y a une autre ville de même nom dans l'intérieur des terres ; elle est la résidence du prince Malabare, qui est Souverain du Royaume de Cochin.

Sur la côte Orientale de cette presqu'isle sont les villes suivantes, que j'ai indiquées ci-dessus, en remontant du Sud au Nord.

Négapatnam, dont on défigure le nom en disant Négapatan ; il signifie *la ville des Serpens.* C'est un des principaux établissemens des Hollandois.

Pondichéry, plus au Nord, étoit depuis long-tems le principal établissement des François dans l'Inde, & la résidence du Gouverneur. Cependant ce lieu est d'un accès très-difficile par mer ; les vaisseaux n'y peuvent aborder, & il est tout ouvert du côté de la terre. Il est vrai que l'on y avoit fait des fortifications. Les Anglois s'en sont emparés depuis peu de tems.

Madras, appelée aussi le Fort Saint-Georges, est divisée en Cité blanche, habitée par les Européens, & en Cité noire, habitée par les Indiens. Elle appartient aux Anglois.

Paliacate est nommée par les Hollandois, à qui elle appartient, le Fort de Gueldre ; on y fait un commerce considérable de belle toile. C'est vis-à-vis de cette ville, au-delà d'un grand lac, qu'est la Pagode de Tripeti, si célèbre par la vénération des Indiens.

Masulipatnam, qui termine la côte de Coromandel, est la capitale d'une belle province : elle fut donnée aux François, en 1750, par le Souba (1) de Golkonde. Ses toiles sont très-estimées.

Je n'ai nommé que quelques-unes des grandes villes de la presqu'île au-delà du Gange.

Ava est la capitale d'un royaume de son nom, soumis actuellement au roi de Pégu, qui y fait sa résidence. Les rues y sont alignées & bordées d'arbres.

Pégu, qui a été autrefois florissante, est bien déchue depuis que les Rois n'y font plus leur résidence.

Juthia, capitale du royaume de Siam, est bâtie dans une île assez vaste, au milieu des eaux du Ménan. Ce Royaume est fort étendu ; on remarque que l'on n'y connoît guère que trois Saisons, l'Hiver, le Printems & l'Eté. Les terres y sont fertiles, mais la forme du gouvernement y est si contraire à la culture, que la plus grande partie du pays est en friche.

Le royaume de Camboje est hérissé de montagnes, de forêts, & noyé d'eau dans les terres,

---

(1) *Souba* est un mot corrompu de *Soubadar*, qui signifie, comme *Nabab* en Indien, *Gouverneur* ou *Vice-Roi* d'une grande Province.

X 3

baffes : il n'eft pas fort peuplé. Ce prince relève du roi de la Cochinchine.

La Cochinchine, que je ne nomme ainfi que par indulgence pour l'ufage & pour être entendu, eft appelée par fes habitans *Annam* (1). Il eft divifé en onze Provinces ou Gouvernemens, dont quatre font nommées Provinces Septentrionales, & fept, Provinces Méridionales.

La capitale, que j'ai nommée fur la carte Kéhoa, fe nomme dans le pays Hué : on y joint quelquefois la fyllabe *Ca*, alors on dit Ca-Hué, ce qui fignifie Hué-la-Grande. Elle eft très-étendue, & a au moins cinq lieues de circonférence. On y admire le palais du roi, & environ 500 Pagodes, ou temples d'Idoles, qui font la plupart fort belles (2).

Le Tonkin eft un pays affez mal gouverné, quoiqu'on y ait reçu plufieurs connoiffances des Chinois. Les Européens ont cherché, mais toujours inutilement, à y former quelque établiffement folide. La nation y eft livrée à la pareffe, à la volupté, & craint autant d'être afservie par fes maîtres que par les étrangers.

---

(1) Il faut faire entendre le fon de la dernière lettre *m* comme fi elle étoit fuivie d'un *e* muet. Ce fûrent les Portugais qui, trouvant quelque reffemblance avec la côte de Cochin, lui donnèrent le nom de Cochinchine.

(2) On trouvera dans cette Partie de ma *Géographie comparée* une defcription très-exacte de ce pays. Je la tiens d'un homme infiniment refpectable par fes vertus ainfi que par fes lumières, & qui a vécu long-tems dans la Cochinchine, & dans d'autres parties de l'Inde.

§. V.

De la Chine.

La Chine eſt un Pays immenſe, & renfermant une population nombreuſe, qui ſe nourrit preſque uniquement de riz, que l'on y recueille en grande abondance. Nous ne connoiſſons guère ici des Arts de la Chine, que ceux qui s'occupent de porcelaines, d'étoffes de ſoie, & d'une ſorte d'encre propre à deſſiner. Les Chinois en ont pluſieurs autres ; mais ils ſemblent exceller plutôt dans ceux où il faut de l'adreſſe, que dans ceux qui demandent du génie. Ils n'ont que de mauvais Peintres, de mauvais Architectes, & n'ont rien produit dans les Sciences. Ce ſont les Miſſionnaires François qui ont porté chez eux la vraïe connoiſſance des Mathématiques, & qui les y ont cultivées.

Les principales Villes de la Chine ſont, PÉKIN, capitale, au Nord; *Nankin*, à l'Eſt, ſur le *Kian*; & *Koan-tcheu*, appelée vulgairement Canton, au Sud. A peu de diſtance eſt *Macao*, dans une preſqu'île.

Remarques.

L'Empire de la Chine (1) qui a environ 500 lieues du Sud au Nord, & autant de l'Oueſt à l'Eſt, eſt la partie de l'Aſie la plus peuplée &

---

(1) Quelques Auteurs croient que le nom de Chine eſt pris du mot *Chin* que porte la ſoie dans le Bengale. D'autres le font venir du nom de la Dynaſtie des *Tsīn*. Quoi qu'il en ſoit, ce pays eſt nommé par les Tartares *Kathay*, & par les Chinois *Tchōn-Koué*. C'eſt peut-être de *Tchōn* que l'on a fait Chine.

la plus anciennement foumife à une même forte de Gouvernement. Ce n'eft pas que j'admette la haute antiquité que quelques Ecrivains lui donnent; car ce pays a été, ce me femble, long-tems partagé entre plufieurs Dynafties avant de former un feul Empire. M. de Guines, fi juftement célèbre par fes profondes connoiffances dans la Langue de ce pays, & dans les autres parties de l'Hiftoire Orientale, a formé à l'égard de l'antiqui-té de l'Empire Chinois une conjecture heureufe, & que de nouvelles recherches ne feront peut-être qu'affermir. Selon lui, la Chine étoit peu-plée depuis des tems très-anciens ; mais elle n'a commencé à former un Corps politique, ayant une Langue écrite, un Gouvernement, des Loix, que dans le troifième fiècle avant J. C. & ces avantages, les Chinois les tinrent des Egyptiens qui s'établirent fur les côtes, & do-minèrent enfuite dans tous le pays. Ceux qui s'en rapportent à la Chronologie Chinoife, telle qu'elle eft reconnue par leurs meilleurs Critiques, font commencer cet Empire vers l'an 2000, ou même 2411 avant l'Ere vulgaire, au règne d'Yao; quoique ce Prince n'ait été, felon l'opinion vulgaire, qu'un des fucceffeurs de Fohi, regardé pendant long-tems comme le fondateur de l'Em-pire de la Chine.

On compte ordinairement vingt-deux Dynaf-ties de Souverains en Chine ; & deux feule-ment ne font point Chinoifes. Celle des Man-gous en fit la conquête au treizième fiècle; celle des Mantcheoux s'en eft emparée depuis, vers 1645, & règne encore actuellement.

Ces Tartares ont adopté les loix & la forme

du Gouvernement des Chinois ; ils ne les ont gênés que fur certains ufages. On remarque que ceux des Chinois qui font établis dans les îles de la mer des Indes s'affranchiffent de cette efpèce de joug , & fuivent les coutumes de leurs ancêtres.

Quoiqu'il y ait beaucoup de Loix en Chine, cependant l'Empereur eft moins gêné par elles que par l'opinion générale. C'eft un Defpote qui reçoit des repréfentations & qui s'y conforme. En général , il eft regardé comme le père de fon Etat, & cette idée s'oppofe aux excès du defpotifme qu'il pourroit exercer. Tout l'Empire eft divifé en Provinces, gouvernées chacune par un Vice-Roi, appelé *Fou-Yven.* Il eft à la tête du confeil de la Province. Chaque ville a fon Tribunal fubordonné à celui de la Province. Les affaires fe jugent en dernier reffort aux différens Tribunaux de Pékin, qui font ceux 1°. des Mandarins ; 2°. des Finances ; 3°. des Rites ; 4°. de la Guerre ; 5°. des Affaires criminelles ; 6°. des Travaux publics.

Les Chinois cultivent les Arts méchaniques avec affez d'adreffe, les Sciences d'une manière très-bornée, & le commerce avec affez peu de bonne foi, du moins à l'égard des étrangers.

Leur écriture ne tend pas , comme la nôtre, à peindre les fons qu'ils profèrent en parlant, mais à rappeler l'idée qu'ils ont de la chofe dont ils veulent parler. C'eft une forte d'écriture hiéroglyphique : ainfi chez nous les chiffres 1, 2, 3, 4, 5, 6, &c. rappellent l'idée des nombres qu'ils défignent , indépendamment de la manière dont on les prononce. Ils écrivent du haut en bas des pages, en allant, comme tous les Orientaux, de droite à gauche.

Des quinze cens Cités, renfermées dans la Chine, je ne me suis permis d'en nommer ici que trois : c'eſt aſſez pour des commençans. Je n'ai pas même mis le nom de ſes quinze provinces, parce que ce feroit ſe charger inutilement la mémoire. Preſque toutes ces Provinces ſont très-vaſtes ; & preſque toutes les maiſons des villes ſe reſſemblent, n'ayant que le rez-de-chauſſée, & formant des rues très-bien alignées. Celles des Mandarins ſont un peu plus conſidérables.

Pékin, dont le nom ſignifie *Cour du Nord*, ſe diviſe en ancienne & en nouvelle ville. C'eſt la réſidence de l'Empereur dont le palais eſt d'une étendue prodigieuſe. Ces deux villes forment une enceinte de ſix grandes lieues, ſans y comprendre les fauxbourgs.

Nankin, ou *Cour du Midi*, étoit autrefois la capitale de cet Empire. Elle eſt encore plus grande que Pékin, & renferme un plus grand nombre de Savans & d'Artiſtes.

Canton, au Sud, eſt le ſeul port fréquenté aujourd'hui par les Européens. C'eſt auſſi un lieu de relâche plus commode que Macao.

Macao, dans une preſqu'île, appartient aux Portugais ; mais il feroit aiſé aux Chinois de s'en rendre maîtres, s'il ſurvenoit quelque rupture entre les deux Nations.

§. VI.

Du Japon.

L'Empire du Japon eft renfermé dans plufieurs îles. Les peuples y ont à-peu-près la même induftrie qu'en Chine, & la même écriture, quoique la Langue parlée y foit différente.
La capitale eft YÉDO.

Remarques.

La plupart des îles du Japon (1) font peu fertiles, mais cependant bien cultivées & riches en minéraux. Il y a en quelque forte deux Empereurs au Japon ; l'un, féculier, a réellement toute l'autorité : on le nomme le *Cubo-Sava* ; il eft defpote, & réfide à Yédo. L'autre, qui réuniffoit autrefois les deux puiffances, a le nom de *Daïri*. Il eft le chef de la Religion ; il réfide à Méaco.

Yédo eft une très-grande ville ; on dit même qu'elle a vingt lieues de tour, ce qui paroît exagéré. Au refte il eft difficile de s'en affurer, parce que les Etrangers n'ont la liberté d'aller, pour leur commerce, qu'à Nangazaqui, où les Hollandois habitent une petite île du port.

---

(1) Les Japonois appellent leur Empire Nipon, du nom de la plus grande des îles qui le compofent. C'eft du mot Chinois *Guépuangue*, ou Royaume du Soleil levant, en Chinois, que les Portugais ont fait Japon.

§. VII.

De la Tartarie.

On a donné ce nom générique à toutes les parties de l'Asie qui ne sont pas comprises dans celles que je viens de nommer. Mais il faut une description détaillée pour les faire connoître.

On divise communément la Tartarie en trois parties.

La Tartarie Chinoise, au Nord de la Chine, a pour principale ville KIRIN, sur le *Songari-Ula*.

La Tartarie indépendante, dont la principale ville est SAMARCAND, sur la rivière de *Sogd*, dans la grande Bukharie.

La Tartarie Russienne porte dans sa plus grande partie le nom de *Sibérie*. Sa capitale est TOBOLSK, sur l'*Irtitz*, qui y reçoit à l'Ouest la rivière de *Tobol*.

Remarques.

En prenant le nom de Tartarie dans son acception la plus générale on comprend, comme on le voit sur la Carte, environ un tiers de l'Asie. Il s'en faut bien que son intérieur soit aussi connu que les autres parties. Ce vaste pays est partagé entre trois grandes Puissances, les Chinois, la Russie & les Tartares indépendans.

1°. La Tartarie Chinoise est occupée par des Tartares occidentaux qui portent le nom de *Mongous* ou de *Mogols*; & par des Tartares orientaux, appelés *Mantcheoux*.

La Mongalie, ou pays des Mogols, est peuplée de différentes Nations Tartares qui vivent presque toutes sous des tentes du produit de leurs nombreux troupeaux.

Le pays des Mantcheoux est fort peuplé, & il s'y fait un assez grand commerce, sur-tout en papier de coton. Il est divisé en trois grands Gouvernemens.

La ville de Kirin en est regardée par les Européens comme la capitale, parce qu'elle est la résidence du Vice-Roi, ou du moins d'un Général Mantcheoux qui en a tous les privilèges. Mais les Tartares de ce pays font leur capitale de Chin-Yang, ou Mogden, au Sud, & plus près de la Corée.

2°. La Tartarie Russe est immense ; elle s'étend depuis l'Europe jusqu'à la Grande-Mer, où, à peine, vers le Nord, il se trouve un passage entre l'Asie & l'Amérique. La partie qui avoisine l'Europe est plus civilisée. On y trouve les Nogaïs, les Daghestans ; mais dans la partie septentrionale, appelée Russie, on trouve les Wogulistes, peuple païen, sans presque aucune idée de morale ni de religion ; les Samoyèdes, petits, laids & stupides ; les Tzuktzchi, qui font les peuples les plus féroces du Nord de l'Asie, & qui massacrent tous les Russes qui tombent en leur pouvoir. C'est en différentes parties de la Sibérie que la Cour de Russie exile les coupables que l'on ne veut pas condamner à mort.

3°. Tout l'intérieur de la Tartarie, que les bornes de cet Ouvrage ne me permettent pas de détailler, est ici compris sous le nom de Tartarie indépendante, parce qu'en effet il n'y a que des Princes Tartares qui y commandent. Elle est divifée en Kharifme, & en grande & petite Bukharie (1). C'eft dans le Kharifme que l'on trouve les Turcomans & les Usbeks. Dans la grande Bukharie font les Tandgiks, les Mogols & des Uzbecks maîtres du Gouvernement. La petite Bukharie, qui eft moins peuplée, mais plus étendue que la grande, eft auffi défignée par le nom de royaume de Kafchgar, parce qu'il en eft la partie la plus confidérable.

Samarcande eft dans la province de la grande Bukharie, que l'on nomme Maouarennahar. Elle eft fortifiée de bons remparts; il y a une Académie célèbre chez les Orientaux. On y fait un papier de foie qui paffe pour le plus beau de l'Afie.

Des Iles de l'Afie.

Quant aux principales îles de l'Afie, j'obferverai ici que,

Les îles de *Rhodes* & de *Chipre*, dans la Méditerranée, font très-fertiles, & la dernière fur-tout. Elles appartiennent au Grand-Seigneur.

Dans la Mer des Indes.

1°. Les *Maldives* forment une fuite d'îles qui s'étendent du Nord au Sud. Elles font divifées en treize Provinces, appelées *Atollons*, dont deux feulement font au Sud de l'Equateur. L'air

----

(1) Ceux qui feroient curieux d'avoir de plus grands détails fur cette partie de l'Afie peuvent confulter, outre les voyageurs, l'*Hiftoire Généalogique des Tatars* (c'eft le nom de la Nation, & non pas *Tartare*) par le Prince Aboulghazi-Baadour Khan. On y a joint des Notes très-inftructives.

y eſt mal-ſain, la chaleur exceſſive, & les plus
fertiles ne produiſent que des herbages & du
coco. Malé eſt le ſéjour du Souverain qui
prend le titre de Sultan des treize Provinces
& des douze mille îles. Il eſt vrai qu'en comp-
tant les rochers, le nombre en eſt bien conſidérable. Les habitans de ces îles ſont Mahométans.

2°. L'île de *Ceilan* eſt au pouvoir de deux
Puiſſances : le Roi de Candi, Souverain naturel de ce pays qui eſt le ſien, n'en poſſede plus
que l'intérieur ; les Hollandois ſont maîtres de
preſque toute la côte. Le Roi a le plus grand
ſoin d'empêcher que l'on ne pénètre dans ſon
domaine, & prend les mêmes précautions pour
empêcher que l'on n'en ſorte quand une fois
on y eſt entré. La ville de Candi a ceſſé d'être
le ſéjour du Souverain. Celle de Colombo qui
appartient aux Hollandois eſt fort belle : c'eſt
le ſéjour du Gouverneur. La meilleure cannelle
ſe recueille dans ſon territoire.

3°. Les îles de *la Sonde*.

L'île de *Sumatra* a dans ſon intérieur deux
chaînes de montagnes qui portent des arbriſſeaux
& qui renferment de l'or. Il y a un volcan. Le
pays eſt aſſez fertile. Le royaume d'Achen occupe une grande partie de cette île. Les Hollandois & les Anglois ont des établiſſemens
ſur les côtes.

L'île de *Java* n'eſt ſéparée de Sumatra que
par le détroit de *la Sonde*. Cette île eſt partagée, comme la précédente, entre les Indiens
& les Hollandois, avec cette différence qu'il
y a entre eux une communication plus facile ;
mais les Indiens n'en ſont que plus à plaindre,

car le Royaume de Bantam qui étoit autrefois très-floriffant, eft aujourd'hui peu confidérable. Il y a encore d'autres petits royaumes. BATAVIA eft la capitale des poffeffions Hollandoifes. C'eft une grande & belle ville dont le port eft fpacieux & commode, mais dont le féjour eft en général très-mal-fain. Le Gouverneur général des Indes pour les Hollandois y fait fa réfidence. On trouve beaucoup de Chinois à Batavia & dans fes environs.

L'île de *Bornéo* eft d'une très-grande étendue, & renferme fept principaux Royaumes. Mais la férocité de fes habitans n'a pas permis aux Européens d'y former des établiffemens. Ils font idolâtres.

4°. Dans la Grande-Mer, qui renferme beaucoup d'îles (j'ai déjà parlé de celles du Japon), j'ajouterai que la terre d'Yeffo eft habitée par un peuple fauvage qui n'a ni police, ni fubordination, ni écriture, ni aucune pratique extérieure de Religion.

Les îles *Formofe* & de *Haïnan* font peuplées de Chinois.

Les *Mariannes* forment une fuite d'îles qui s'étend du Sud au Nord. Elles font quelquefois défignées par le nom d'*îles des Larrons* que leur donna Magellan, parce que les habitans le volèrent à fon arrivée dans ces îles. Leur nom actuel vient de Marie d'Autriche, veuve de Philippe IV & Régente d'Efpagne. Elles appartiennent aux Efpagnols. L'air y eft pur & le terroir fertile.

Les îles *Philippines*, qui appartiennent auffi aux Efpagnols, du moins en partie, font bien

plus

plus confidérables, par la beauté du ciel & la fertilité des terres. L'île de *Luçon* eft la plus confidérable, & la ville de Manille, fa capitale, eft le centre des forces efpagnoles aux Indes. C'eft de ce port que partent tous les ans les Marchandifes des Indes pour être tranfportées à Acapulco, port du Mexique. Mindanao, plus au Sud, renferme un terrein en général fort marécageux, & rempli d'infectes. Il y vient beaucoup de cannelle & de tabac.

Les *Moluques* appartiennent, au moins en grande partie, aux Hollandois.

L'île de *Célebs*, où eft la ville de Macaçar, eft grande, & fes habitans font très-féroces.

L'île de *Gilolo* eft grande : elle avoit des Souverains puiffans ; actuellement ce font les Rois de Ternate & de Tidor qui en font les maîtres.

Ternate, à l'Eft, infiniment plus petite que Gilolo, renferme un volcan confidérable.

Cette île, & toutes celles de ces parages fourniffent aux Hollandois la plus grande parties des épices qu'ils apportent en Europe ; & ils empêchent que les petits Souverains n'y communiquent avec aucune autre puiffance Européenne.

Récapitulation concernant les Peuples d'Afie.

1°. LES principales Langues de l'Afie, font : *le Turc*, dans l'Anadoli ; *l'Arabe*, dans la Sourie & dans l'Arabie ; *le Perfan*, en Perfe. Ces trois Langues fe fervent des mêmes caractères. *L'Indien*, divifé en un grand nombre de dialectes ; *le*

Chinois & *le Japonois* qui s'écrivent de même, mais qui diffèrent par les idées qu'ils attachent aux lettres. On compte dans ces Langues jusqu'à quatre-vingt mille caractères ; ce qui n'est pas étonnant, puisqu'au lieu de n'employer, comme nous, les caractères qu'à peindre les sons, ils mettent autant de caractères que d'idées. Il est vrai cependant qu'il y en a 214 que l'on nomme *clefs*, & qui servent à former les autres.

La Langue *Tartare* est parlée dans l'intérieur de l'Asie, & la Langue Russe est en usage dans la Sibérie.

2°. La Religion chrétienne, du rit *Grec* & du rit *Arménien*, est professée par-tout où il y a des Russes, des Grecs & des Arméniens, c'est-à-dire en Sibérie, dans la Géorgie & dans l'Arménie.

Le Mahométisme, de la secte d'Omar, est suivi en Arabie, dans la Turquie Asiatique, dans une partie considérable de la Tartarie, & jusque dans le Mogol.

La secte d'Ali ne comprend guère que la Perse.

Les Guèbres ou Parsis, regardés comme les descendans des anciens Perses, suivent la Religion de Zoroastre ou *le culte du Feu*. On en trouve en Perse & dans les Indes.

Une Idolâtrie plus ou moins grossière & plus ou moins absurde règne dans le reste de l'Asie, en Chine, au Japon & en Tartarie.

3°. Le Despotisme qui semble avoir pris naissance en Asie, s'y est conservé d'une manière plus ou moins absolue. On ne pourroit pas faire

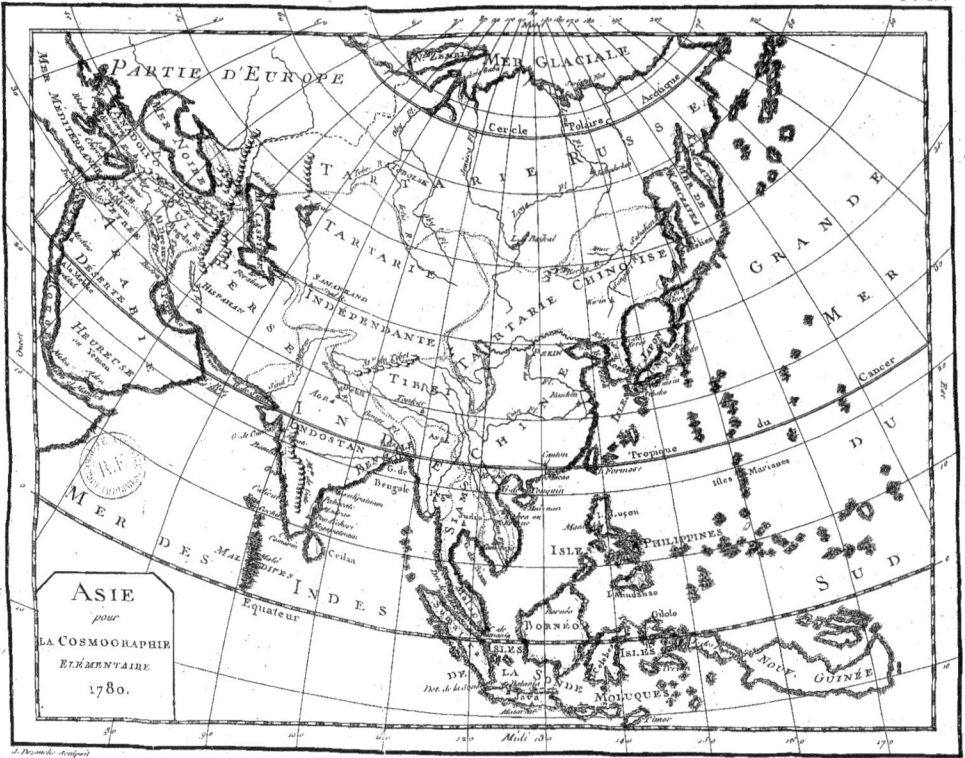

Pl. IV.

PARTIE D'EUROPE

MER GLACIALE

N.le ZEMBLE

Cercle Polaire Arctique

MER MEDITERRANÉE

MER NOIRE

TARTARIE

TARTARIE INDÉPENDANTE

TARTARIE CHINOISE

GRANDE

MER

DU

ARABIE

PERSE

HEUREUSE

DESERTE ou Petra

TIBET

PEKIN

CHINE

Cancer

Tropique

INDOSTAN

Bengale

GANGE

Formose

Isles Marianes

Ceilan

MALDIVES

Luçon

Mindanao

ISLES PHILIPPINES

SUD

MER DES INDES

Équateur

Midi

BORNÉO

ISLES DE LA SONDE

Java

ISLES MOLUQUES

Gilolo

Timor

NOUV. GUINÉE

ASIE
pour
LA COSMOGRAPHIE
ÉLÉMENTAIRE
1780.

J. Perrier Sculpsit

fentir ici la différence de tous ces Gouvernemens. Il paroît que celui de la Chine approche
le plus de celui que nous appelons *Monarchique.*
Il y a un Empereur & des Tribunaux qui jugent
fous lui des affaires de l'Etat.

4°. Les principaux Souverains en Afie font:

Un Prince chef du peuple & de fa Religion,
dans le Tibet, on le nomme *Dalaï-Lama.*

Trois Empereurs, celui du Mogol, celui de
la Chine, & celui du Japon

Un grand Khan appelé *Contaifch* : il gouverne prefque tous les Tartares idolâtres.

Il y a plufieurs autres Khans qui régiffent
certaines parties confidérables de la Tartarie ;
mais ils relèvent du Contaifch.

Il ne feroit guère poffible de compter ici
tous les Rois, n'ayant fait connoître que les
principaux pays. Je remarquerai feulement que
le Grand-Seigneur eft Souverain dans toute la
Turquie Afiatique, & qu'il fe regarde comme
le protecteur né de l'Arabie : en cette qualité,
il envoie tous les ans un préfent magnifique à
la Mecque.

L'Impératrice ou l'Empereur de Ruffie étend
fon Empire fur toute la partie feptentrionale de
l'Afie, depuis les confins de l'Europe, jufqu'aux
parties les plus avancées vers l'Eft, ce qui donne
à cet Empire une étendue plus grande que n'a
jamais été celle de l'Empire Romain. Mais il
eft difficile de faire exercer l'agriculture, de ci-
vilifer les nations, & de faire refpecter les loix
dans un fi grand nombre de contrées.

SECTION TROISIEME.

De l'Afrique.

L E nom d'Afrique paroît venir de l'oriental
P-hré, le Soleil dans sa force ; ce qui signifie-
roit aussi le *midi*, parce qu'en effet cette partie est au midi de la plus grande partie du
pays que connoissoient les Anciens qui lui donnèrent son nom.

GÉOGRAPHIE MATHÉMATIQUE.

Etendue.

L'Afrique, placée à-peu-près à une égale distance des Pôles, s'étend au Nord de l'Equateur
jusqu'au 37ᵈ 30′ de Latitude septentrionale (1);
&, au Sud de ce Cercle, jusqu'au 35 de Latitude méridionale, au Cap de Bonne-Espérance.

Etroite & terminée en pointe à son extrémité vers le Sud, elle est bien plus vaste dans sa
partie septentrionale, & s'étend, à compter du
Cap verd à l'Ouest, sous le premier Méridien,
jusqu'au Cap Guardafui, presque sous le 68 ½
de Longitude.

Elle peut avoir 1800 lieues du Sud au Nord, &
1750 de l'Ouest à l'Est.

Au Nord, elle touche au Vᵐᵉ climat, ce qui

_____

(1) Ceci n'a lieu qu'entre les 25ᵉ & 30ᵉ degrés de
Longitude.

y donne 14 ½ pour le plus grand jour ; & au Sud, elle ne va qu'au IVme, ce qui ne fait que 14 heures.

GÉOGRAPHIE PHYSIQUE.

Bornes.

· L'Afrique est bornée au Nord par la Méditerranée ; à l'Est, par l'Isthme de Suez qui la joint à l'Asie, par la Mer Rouge qui l'en sépare, & par la mer des Indes ; au Sud, par la partie de l'Océan que l'on nomme mer des Cafres, & à l'Ouest, par l'Océan.

Montagnes.

Il y a de fort hautes montagnes en Afrique, & même de très-longues chaînes ; les plus connues sont : le mont Atlas qui s'étend de l'Ouest à l'Est au Sud de la côte de Barbarie dans la partie septentrionale ; au milieu, les monts appelés par les Anciens les monts de la Lune, sous le 5me degré de Latitude septentrionale ; & le mont Lupata ou l'*Epine du monde*, s'étendant du Nord au Sud dans la Cafrerie.

Caps.

· Les principaux Caps font :

Le Cap *Bon*, appelé par les Arabes *Ras-addar*, au Nord, en face de la Sicile.

Le Cap *Spartel*, à l'Ouest de l'embouchure du Détroit de Gibraltar.

Le Cap *Bojador*, au Sud des Canaries.

Le Cap *Blanc*, au Sud du précédent.

Le Cap *Verd*, en face des îles de ce nom.

Sur la côte de Guinée à l'Ouest & au Sud, le Cap *des Palmes* ou das Palmas ; & celui des *Trois Pointes* , ou de Tras Puntas.

Le Cap de *Bonne-Espérance* , & le Cap des *Aiguilles* , tout-à-fait au Sud.

Sur la côte Orientale :

Le Cap *des Courans* , ou Gabo das Correntes, presque sous le Tropique du Capricorne.

Le Cap de *Gado* , sur la côte de Zanguebar.

Le Cap *Guardafui* , à la pointe la plus avancée vers l'Est.

Iles.

Les principales sont :

A l'Ouest , *Madere* ou l'île des Bois ; les Canaries dont les plus connues sont l'île de Fer, l'île de Canarie & l'île de Ténérif où est une montagne très-haute & très-pointue, que l'on appelle *Pic de Ténérif ;* les îles du Cap Verd, dont la principale est S. Iago ; les îles de S. *Thomas* , de l'*Ascension* , inhabitée , & celle de Sainte *Hélène* aux Anglois.

A l'Est , l'île de *Madagascar* , l'île de *Bourbon* & l'île de *France* , qui appartiennent aux François ; les îles de *Comoro* au Nord-Ouest de Madagascar , & celles de l'*Amirante ;* puis l'île de *Socotora* , près de l'Arabie.

Golfes.

Les principaux sont :

Le Golfe de la *Sidre* au Nord dans la Méditerranée , sur les 34 & 35mes degrés de Latitude.

Le Golfe de *Guinée* au Sud de la côte d'Or
& du Royaume de Benin.

Le Golfe de *Sofala*, en face de l'île de Madagafcar.

Lacs.

L'Afrique, qui a de grands fleuves, n'a de
Lacs connus, que celui de *Maravi* dans la Ca-
frerie, & celui de *Dambéa*, appelé par les
Arabes *Bahr-Dambéa*, dans l'Abiffinie.

Fleuves.

On trouve de grands fleuves en Afrique; ils
y font entretenus par les pluies qui tombent
réguliérement chaque année dans la Zone Torride. Les principaux font :

Le *Nil*, formé de la réunion de plufieurs
autres grands fleuves : il peut avoir 900 lieues
de cours, & fe jette dans la Méditerrannée au
Nord de l'Egypte.

Le *Médgerda* qui coule du Sud-Oueft au Nord-
Eft dans le royaume de Tunis, & tombe auffi
dans la Méditerranée près du Cap Bon.

La *Guin* ou Iça, que les Anciens appeloient
Niger, qui coule de l'Oueft à l'Eft dans la Nigritie, & tombe dans un petit Lac : il a près
de 500 lieues.

Les trois fuivans fe jettent à l'Oueft dans
l'Océan.

Le *Sénégal* qui commence en Nigritie ; il a
environ 500 lieues.

Le *Zaïre* ou *Bardela*, dans le Congo feptentrional.

Le *Cuantza*, dans le Congo Méridional.

Les deux fuivantes tombent à l'Eft dans la mer des Indes, mais leurs cours font peu connus.

Le *Zambèzé*, ou rivière de Couama qui fe rend dans le golfe de Sofala.

Et le *Quilimanci*, qui finit près de Mélinde.

GÉOGRAPHIE POLITIQUE.

Divifion des Pays.

L'Afrique renferme :

Au Nord-Eft, l'*Egypte*, la *Nubie* & l'*Abiffinie*.

Au Nord, le défert de Barca & la côte de *Barbarie*, qui a au Sud le *Biledulgérid* & le *Sahara*.

Au milieu, en commençant à l'Oueft, la *Guinée* & la *Nigritie*.

Vers le Sud, en commençant à l'Oueft, le *Congo* & la *Cafrérie* qui s'étend jufqu'au Cap de Bonne-Efpérance.

A l'Eft, fur la mer des Indes & hors de la Cafrérie, les côtes de *Zanguebar* & d'*Ajan*, & le Royaume d'*Adel*.

§. I.

De l'Egypte.

Ce pays touche à l'Ifthme de Suez & à la Mer Rouge : il n'eft fertilifé que par les eaux du Nil qui le couvre en débordant pendant trois mois de l'Eté.

L'Egypte fe divife en trois parties :

La haute Egypte ou *Saïd*, où font *Girgé*, capitale, & *Affuan*, tout-à-fait au Sud, fur le Nil.

L'Egypte du milieu, appelée *Voftani*, où eft le *Caire*, Capitale de toute l'Egypte.

La Baſſe Egypte appelée Bahri, où eſt *Alexandrie*, port de mer.

Ce pays appartient au grand Seigneur qui y envoie un Gouverneur ſous le titre de Bacha.

Remarques.

L'Afrique, comme on l'a vu par le peu que j'en ai indiqué, n'eſt point connue dans ſon intérieur. Auſſi mes remarques ne pourront-elles avoir rapport qu'aux principaux pays que j'ai nommés.

C'eſt aux débordemens du Nil que l'Egypte doit ſa richeſſe, quant à la fertilité des campagnes, & les maladies qui s'y renouvellent chaque année après le long ſéjour des eaux ſur les terres. Il faut que le fleuve ait monté au-deſſus de 15 Draas, & ſe tienne au-deſſous de 25, pour que l'Egypte paie le tribut au Grand-Seigneur. Le bâtiment, eſpèce de puits conſidérable dans lequel on s'aſſure de la hauteur à laquelle le fleuve eſt monté, ſe nomme *Mékias*; & chaque Draa eſt de la longueur d'environ 20 pouces de notre pied-de-roi.

Le Caire eſt ſur la droite du Nil, à une petite diſtance, & traverſé par un canal qui n'a de l'eau que lors du débordement. Le jour que l'on en fait l'ouverture, eſt un jour de grande réjouiſſance. Cette ville a un Château où réſide le Bacha (1). C'eſt de l'autre côté du Nil, c'eſt-à-

_____

(1) Les Turcs diſent Pacha, mais les Arabes n'ayant pas de P dans leur Langue, on dit Bacha dans tous les lieux où leur Langue eſt parlée.

dire à l'Oueft, que fe trouvent les Pyramides.
La plus grande, haute d'environ 600 pieds, a
dans fon intérieur une galerie, des chambres,
un puits, &c. que l'on parvient à vifiter quand
on ne craint pas la fatigue à laquelle cette vifite
expofe.

Quant à la ville d'Alexandrie, elle eft dans
le plus trifte état. Comme la mer s'eft retirée
de ce côté d'une manière très-fenfible, les hàbi-
tans ont fuivi le bord de la mer; & fes ma-
fures actuelles ne font pas fur les ruines des
anciennes maifons de la première Alexandrie.
On voit à une petite diftance, au Sud, une
belle colonne haute de plus de 90 pieds; on
l'appelle la colonne d'Antoine. Une obélifque
porte le nom d'Aiguille de Cléopatre.

§. II.

De la Nubie.

La Nubie eft au Sud de l'Egypte, & renferme
quelques Etats particuliers.

On la divife en

Nubie Turque, où eft *Ibrim*, capitale ;

Nubie propre, où font les royaumes de Fungi, capitale *Sennar;* & de Dun-gala, capitale
Dun-gala fur le *Nil.*

Remarques.

J'avoue que je n'ai pu encore me procurer
des détails inftructifs & fûrs concernant la
Nubie que, dans le pays, on regarde comme
une partie de l'Ethiopie. La plupart des peuples

y font errans. On dit que Fungi forme un Etat
affez confidérable. Ses habitans commercent
avec l'Egypte.

§. III.

De l'Abiffinie.

L'Abiffinie, au Sud de la Nubie, s'étend le
long de la Mer Rouge jufque vers le détroit
de Bab-al-Mandeb. C'eft en grande partie fur
les montagnes de ce pays, que tombent les
pluies qui fervent chaque année à l'accroiffement du Nil. L'intérieur de ce pays eft bien peu
connu.

On y trouve *Guender*, appelé vulgairement
Gondar ; & des peuples appelés *Galla* ou
Galles.

Remarques.

L'Abiffinie eft un pays prefque tout couvert
de montagnes fort hautes. Il en fort de très-
grands fleuves. L'air eft d'une chaleur infup-
portable dans les plaines ; les terres y font fertiles ; mais les principales richeffes du pays font
en beftiaux & en troupeaux.

Le Souverain a le titre de Grand-Négus. Il
fe regarde comme propriétaire de tout le pays,
& fes fujets comme n'étant que fes fermiers.
Cependant il ne peut pas difpofer de leur mo-
bilier. En général, on s'accorde à louer les qualités de l'efprit & du corps des Abiffins. Ils
croient avoir eu la Religion de Moïfe de la
Reine de Saba, qui, partie de chez eux, alla
vifiter Salomon. Et comme, fans doute, ils aiment
les origines diftinguées, ils prétendent tenir

la Religion Chrétienne de l'Eunuque de la Reine de Candace. Cependant on ne peut les regarder que comme des Schifmatiques Grecs, chez lefquels on trouve quelques traces du Judaïfme.

§. IV.

Du Défert de Barca.

Ce pays, fort peu étendu & peu peuplé, eft à l'Oueft de l'Egypte : on y trouve *Dern.*

Remarques.

Ce Défert qui fe trouve à l'Oueft de la Baffe-Egypte, n'eft réellement que du fable. On y a trouvé, à différentes fois, des fquelettes enterrés, & dont toutes les humeurs avoient été abforbées par le fable & par la chaleur. Ce pays eft gouverné par un Bey, au nom de l'Etat de Tripoli.

§. V.

De la Côte de Barbarie.

On comprend fous ce nom toute la côte qui s'étend depuis le défert de Barca, jufqu'au détroit de Gibraltar : elle eft très-fertile en plufieurs endroits ; & a pour bornes, au Sud, la chaîne du mont Atlas.

On y trouve de l'Eft à l'Oueft, avec titre de Royaume, *Tripoli, Tunis, Alger.*

Au Nord-Oueft font les Etats du Roi de Maroc, où font les villes de *Maroc* & de *Fez*, capitales de deux Etats qui portent le titre de Royaume.

Au Sud de la Barbarie, eſt le Bilédulgerid, dont le nom ſignifie *pays des dates* : il renferme les royaumes de *Taſilet* & de *Sisdgilmeſſa*, qui appartiennent au Roi de Maroc.

Remarques.

La côte de Barbarie, depuis le Déſert de Barca, juſqu'à l'Océan, étoit ſous l'Empire des Romains dans un état très-floriſſant. A préſent les récoltes y ſont peu abondantes, les animaux malfaiſans fort communs, & les habitans, ſinon très-cruels, au moins très-farouches, & s'occupant volontiers de vols & de brigandages. On ne trouve que trois principaux Etats le long de cette côte. Ce pays fut ſi cruellement dévaſté par les Arabes, dans le tems de leurs conquêtes au ſeptième ſiècle, qu'il s'en reſſent encore actuellement, d'autant mieux que ſes maîtres actuels ne font rien pour le rapprocher de ſon ancien état.

1°. Le Royaume, ou plutôt la Régence de Tripoli, eſt d'une étendue conſidérable ; mais, excepté ſa capitale, elle ne renferme preſque que des lieux déſerts où l'on trouve quelques ruines de villes anciennes, actuellement détuites.

Tripoli eſt un port de mer avec quelques fortifications ; d'ailleurs la ville n'eſt ni belle, ni agréable, car on riſque ſouvent d'y manquer d'eau & de vivres. Le chef de cette Régence ſe nomme Bey. Tout le pays eſt ſous la protection du Grand-Seigneur, ainſi que les ſuivans.

2°. L'Etat de Tunis eſt, en général, plus fertile & plus peuplé que celui de Tripoli. La ville est avantageusement située sur le bord d'un lac auquel on n'arrive que par un canal appelé Goulette. Elle est bâtie de pierres blanches qui la font remarquer d'assez loin ; mais l'air y est mal-sain à cause des marais qui l'environnent. Cependant elle ne laisse pas d'être fort peuplée, & la police s'y observe assez bien. On rapporte qu'un Bey détrôné par ses sujets, ayant amassé de grandes richesses par la culture des terres, avoit la réputation de posséder le secret de la Pierre Philosophale. Un Dey d'Alger lui offrit de le remettre en place, à condition qu'il lui feroit part de son secret. Après son rétablissement le Bey lui envoya des bêches & des charrues, en lui disant que *l'agriculture étoit la Pierre Philosophale des Rois*. Ce pays fait un assez grand commerce avec la France.

3°. L'Etat d'Alger est plus puissant que les précédens. Quoiqu'il renferme beaucoup de pays déserts, il comprend aussi beaucoup de montagnes faisant partie du Mont Atlas, & qui sont fort peuplées. La ville d'Alger est assez belle ; elle forme du côté de la mer un amphithéâtre, dont l'aspect devient intéressant par la vue de toutes les terrasses qui couvrent les maisons. Les rues y sont excessivement étroites, & procurent ainsi de la fraîcheur aux appartemens des maisons. Le Souverain a le titre de Dey. Il a les dehors de la puissance, & même de droit il prononce sur la paix ou la guerre, sur les grâces, &c. Mais, dans le fait, c'est le corps des gens de guerre qui fait tout ; & les affaires sont souvent discutées entre eux à coups de sabre. En général, le commerce de ce pays n'est pas très-florissant ; & les nations d'Europe l'estiment peu ; il est presque tout entier entre les mains des Juifs.

4°. Le Royaume de Maroc occupe la partie du Nord-Ouest de l'Afrique, & s'étend sur la Méditerranée & sur l'Océan. Il est très-considérable, composé de plusieurs parties qui portent le nom de Royaume, & son Souverain est très-puissant.

Le Royaume de Maroc, proprement dit, s'étend sur les côtes de l'Océan. Sa capitale, de même nom, n'est pas une ville fort ancienne ; elle est située avantageusement, & fermée de bonnes murailles.

Le Royaume de Fez s'étend de l'Océan à la Méditerranée. Fez, sa capitale, est formée de la réunion de deux villes ; il y a de belles manufactures de soie. Dans tout ce Royaume les peuples sont moins soumis que dans celui de Maroc.

Le Royaume de Tafilet est fort petit, & renferme celui de Sisdgilmessa. Ce pays est dans un état assez triste. On y commerce un peu d'indigo & de marroquin. Il y croît des dattes assez abondamment.

Tout l'Etat de Maroc gémit sous la plus affreuse tyrannie ; & l'avilissement de cette nation, aussi-bien que ses vices, semblent justifier l'esclavage honteux dans lequel elle est retenue. On divise les habitans de ce Royaume en trois peuples ; les Bérébères, qui sont les plus anciens maîtres du pays, sont aussi les plus traitables : ils habitent les montagnes. Les Arabes y sont superstitieux & avides ; & ceux qu'on appelle Maures font fourbes, cruels & fans aucune efpèce de vertu. Ils font les maîtres du pays depuis que les Princes, appelés Chérifs, le gouvernent. Quant aux efclaves chrétiens, j'ai eu occafion d'en interroger plufieurs, il m'a paru que ce que l'on dit quelquefois des mauvais traitemens qu'on leur fait éprouver, eft fort exagéré. Et j'ai appris que plufieurs d'eux les avoient mérités par des vols domeftiques, ou d'autres fautes que l'on ne pardonneroit pas en Europe.

§. VI.

Du Défert de Sahara.

Au Sud du Bilédulgerid, eft le défert appelé en Arabe, Sahara; on y indique deux nations nègres puiffantes, les Zehaga à l'Oueft, & les Lemta au milieu.

Remarques.

Quelques Auteurs ont dit que le Sahara étoit un pays fain; cela, ce me femble, ne fe peut guère entendre que de quelques endroits. Car, dans un défert de fable fujet à des ouragans qui mettent des collines où étoient des plaines, & creufent des vallées profondes où il y avoit des collines; ou des tourbillons d'une pouffière brulante fatiguent affez habituellement la poitrine & enflamment les yeux, il eft bien plus probable que l'on y eft affecté du fcorbut & d'autres maladies inflammatoires, ainfi que le difent plufieurs voyageurs. La chaleur y eft fi incommode, que l'on n'y voyage que la nuit, encore fait-on peu de chemin, portant avec
foi

foi fes provifions d'eau qui y eft très-rare. D'ailleurs, les habitans, Arabes ou autres, font très-
féroces.

§. VII.

De la Guinée.

La Guinée eft un très-grand pays dont la
partie méridionale fe divife en différentes côtes.

Dans la partie feptentrionale, on trouve le
Royaume des Foules ou de Siraut, où eft *Gom-
mel*, & le pays des Ialofes, que l'on nomme
auffi Royaume de Bur-Ialof, où eft *Tubacatum*.
Cette partie, qui avoit été cédée aux Anglois
dans la dernière guerre, vient d'être reprife par
les François.

La Guinée méridionale renferme la côte des
Graines ou de la Maniguette, où eft le Royaume de *Sanguin*; la côte des Dents, où eft *Druin*,
à l'embouchure de la rivière de *S. André*; la
côte d'Or, où fe trouve *S. Georges de la Mine*, au
Nord-Eft du cap des *Trois-Pointes*; & plus à
l'Eft les Royaumes de Juida, d'Ardre & de Benin.

Remarques.

Ces remarques feront divifées en plufieurs
articles fort courts.

1°. Le Senégal ou Sanaga, eft un pays très-
vafte qui a pris fon nom de la rivière qui l'ar-
rofe, & que les Portugais nommèrent ainfi d'a-
près un Prince qu'ils y trouvèrent lors de leur
découverte. Nous avons une poffeffion fur
ce fleuve qui avoit été cédée aux Anglois,
mais qui vient d'être reprife dans la guerre pré-

*Z

fente (1). Les Ialofs, ou bien Oualofs, ont pour chef un Prince qui porte le titre de Bur-Ialof; les Foules font une nation affez nombreufe. On fait dans ce pays commerce de la gomme du Senégal, qui eft la sève de l'acacia; on l'en tire par des incifions.

Le Cap Verd eft apperçu en mer par la quantité d'arbres qui le couronnent, & qui lui donnent au loin la couleur dont il a pris fon nom.

L'île de Gorée, nommée ainfi par les Hollandois, n'étoit qu'une terre aride; on y a cultivé avec fuccès des arbres fruitiers, & des herbes potagères. Un Naturalifte refpectable femble parler avec éloge de fes avantages & de fon climat. J'ai eu occafion d'interroger des perfonnes qui y avoient été, & qui n'en faifoient pas un rapport auffi avantageux.

On n'a des pays fitués fur la Gambra, que des relations bien incomplettes, & qui ne s'accordent pas. Les Anglois y ont un comptoir; le commerce s'y fait en efclaves, en ivoire, en cire & en or.

La Guinée méridionale eft partagée en plufieurs côtes qui ont reçu leurs noms des marchandifes que l'on y achete en plus grande quantité.

La côte de Maniguette ou de Malaguette, appelée ainfi d'après le *poivre long* que l'on y com-

---

(1) On a publié une *Nouvelle Hiftoire de l'Afrique Françoife*, à laquelle il étoit naturel d'ajouter foi, fon Auteur ayant été fur les lieux. Mais je puis affurer que fon défaut de capacité & de principes honnêtes en ont fait un ouvrage très-méprifable par fon infidélité totale.

merce, renferme un très-grand nombre de nations nègres ; & même on y trouve beaucoup
de Portugais qui, retirés dans l'intérieur du
pays, y ont acquis de la confidération & du
pouvoir. Les nègres y font fort induſtrieux.

La côte des Dents, appelée auſſi *côte d'Ivoire*,
a été diviſée par quelques Auteurs en côte du
mauvais peuple, non pas qu'il ne foit un peuple
fort doux, mais parce qu'il eſt pauvre ; & en
côte du *bon peuple*, c'eſt-à-dire, en langage des
premiers commerçans qui y allèrent, en peuple
riche. Ce peuple poſsède quelques villes & plufieurs villages ; véritablement il paſſe auſſi pour
le plus franc & le plus civil de toute cette côte.
Ce pays d'ailleurs eſt fertile en fruits, en riz &
en légumes.

La côte d'Or renferme dix-huit Etats, dont
le nom feroit ici aſſez déplacé : outre la fertilité du pays, il produit auſſi beaucoup d'or,
ce qui a donné lieu à un aſſez grand nombre
d'établiſſemens Européens ; cet or ſe trouve communément avec le fable des rivières. Les Hollandois ont fur cette côte quelques établiſſemens
confidérables.

Le Royaume de Juida eſt un très-beau pays,
& fon afpect du côté de la mer eſt très-agréable.
Il n'a point de ville confidérable, mais les villages y font nombreux, & tout le monde y eſt
cultivateur. Il paroît que les peuples y font bien
gouvernés, & qu'ils font heureux (1).

---

(1) J'ai eu occafion de voir un homme qui y avoit
porté un talent utile, & qui m'a confirmé de bouche
le récit des Voyageurs.

Le royaume d'Ardra s'étend affez avant dans l'intérieur de l'Afrique ; mais ce pays eft funefte aux Européens. Ardra, qui en eft la capitale, eft grande & affez belle. On remarque que le gros de la nation a fuppléé à l'ufage de l'écriture, par celui de faire des nœuds comme les anciens Péruviens. Les Hollandois y font un grand commerce, & y font traités avec beaucoup d'égards par le Roi.

Le Royaume de Bénin eft la partie la plus occidentale de la Guinée. Sa capitale de même nom, eft fort grande, avec des rues fort droites & garnies de boutiques ; elle étoit fort peuplée avant une révolte qui y a caufé un grand dommage : mais ce pays eft auffi très-mauvais pour les étrangers.

En général, tous ces peuples nègres font fort fuperftitieux, & leurs prêtres abufent de leur timidité & de leur ignorance pour leur perfuader qu'ils peuvent faire venir le diable, & communiquer avec lui.

§. VIII.

De la Nigritie.

Ce vafte Pays, dont le nom en ufage dans la Géographie vient du Latin & fignifie Pays des Noirs, eft très-peu connu. On y trouve *Tombut*, capitale d'un Royaume de même nom, & celui de Bournou à l'Eft dont la capitale eft *Ka.rné* fur la *Bahr-al-Gazal*, ou rivière de la *Gazelle*.

Remarques.

On connoît fort mal l'intérieur de la Nigritie; & plusieurs voyageurs en ont fait des contes qui ne font pas croyables. On fait, ou du moins il paroît certain, que le commerce fait à Tombut ou Tumbuto, par les caravanes de Tripoli & de Maroc, se fait sur-tout en or.

§. IX.

Du Congo.

Le Congo est baigné à l'Ouest par l'*Océan*. Il est presque sous l'Equateur. On comprend sous ce nom plusieurs Etats.

Le Loango, capitale *Banza*, près de la mer.

Le Cacongo, capitale *Cacongo*.

Le Congo proprement dit, capitale *S. Salvador*, appelée aussi *Banza*.

Le Dongo, ou Royaume d'Angola, capitale *S. Paul de Loanda*, ou seulement *Loanda*.

Le Matamba, capitale *Jaga-calanda*.

Le Benguela, capitale *Benguela*, sur le bord de la mer.

Remarques.

On vient de voir que, sous le nom de Congo, on comprend plusieurs royaumes qui ont chacun un nom particulier.

Le royaume de Loango, est divisé en plusieurs provinces, dont quelques-unes font indépendantes, & même ennemies du Souverain.

Loango est une ville fort grande, & le palais du Roi y est très-vaste, les rues en font belles; on y voit de belles allées de palmiers,

Z 3

de bananiers , &c. Le Roi, qui paroît être à ſes peuples une divinité vivante, a la réputation de commander aux vents & à la pluie ; & ce ſeroit un crime digne de mort, que de le voir manger. On raconte qu'un chien de quelque Européen, s'étant trouvé dans la ſalle où ce Roi étoit à table, fut maſſacré ſur le champ.

Le Cacongo fait partie du royaume Loango ; c'eſt une des plus agréables contrées de l'Afrique.

Le Congo propre eſt diviſé en ſix provinces principales, qualifiées par les Portugais des titres de Duché , Marquiſat , Comté. Pluſieurs de ces provinces ſont très-fertiles , mais leurs Gouverneurs ſont quelquefois aſſez puiſſans pour refuſer au Souverain le tribut qu'ils lui doivent annuellement. Cependant, le Gouvernement y laiſſe le Prince diſpoſer de la vie & des biens de ſes ſujets. Depuis que les Portugais commercent dans ce royaume, ils ſont parvenus à éclairer les Princes ſur leurs véritables intérêts , & à rapprocher ainſi les ſujets de leur Souverain.

Le royaume d'Angola a pour capitale Loanda, qui eſt bien ſituée , grande & ornée de beaux édifices ; c'eſt le ſiège du Gouverneur portugais, de l'Evêque & des principales Cours de Juſtice. Sa campagne eſt belle & très-fertile , & ſon port eſt ſpacieux, ſûr & commode.

Le Royaume de Matamba ou de Métamba, eſt moins connu ; il paroît qu'il eſt ſur-tout habité par des Tribus vagabondes qui ſe déplacent habituellement.

Le pays de Benguéla eſt peu connu ; & ſon air, pernicieux aux étrangers , ne permet guère aux Européens d'y faire une longue réſidence.

§. X.

De la Cafrérie.

On donne ce nom affez généralement à tout l'intérieur de l'Afrique. C'eft un mot qui s'eft formé par corruption de l'Arabe *Kiafer*, figni-fiant *infidèle*.

On trouve dans la Cafrérie,

L'Empire du Nimeamay, ou Mano-Emugi ; celui des Baroros, dont le principal lieu eft *Maravi*, & le Mano-Motapa, ou Monomotapa.

A l'Eft font les Royaumes de Sofala, de Sabia, d'Inhambané, de Manica ; & au Nord, fous le quinzième degré de latitude méridionale, celui de Mozambique, ou Moçambique.

Au Sud de la Cafrérie eft le pays des Hot-tentots où eft le cap de *Bonne-Efpérance*, éta-bliffement confidérable appartenant aux Hollan-dois.

§. XI.

Pays fitués à l'Eft.

Les Pays dont il refte à parler font fitués à l'Eft de la mer des Indes. Ce font ;

La côte de Zanguebar, renfermant les Royau-mes de Quiloa, de Mélinde, la ville de *Mon-baza*, &c.

La côte d'Ajan, où font les Royaumes de Jubo, de Magadecho, appelé fur quelques Cartes Magadoxo ; & la République de *Brava*.

Dans le Royaume d'Adel eft la ville d'*Auça-gurel*.

Remarques.

1°. L'Empire du Mano-Emugi eft entiérement

Z 4

inconnu, fort étendu & très-montueux. On dit qu'il y a des mines fort riches. C'est à-peu-près tout ce que l'on en fait.

2°. Celui des Bororos n'est pas mieux connu; on le trouve seulement indiqué sur la Carte.

3°. Le Monomotapa a peu de possessions sur la côte orientale, en comparaison de son étendue dans les terres. On y trouve quelques cantons fertiles; mais le sol y est, en très-grande partie, sablonneux & aride. Les habitans, naturellement féroces, sont plus portés à la guerre qu'au commerce. Ils sont robustes, intelligens & habiles nageurs. Il paroît qu'ils sont moins sauvages que plusieurs autres peuples de l'intérieur de l'Afrique.

4°. Le Royaume de Sofala s'étend le long de la côte orientale. C'est un pays fertile qui abonde en riz, en millet, & qui nourrit beaucoup de troupeaux. Les éléphans y sont si communs que les habitans se nourrissent de leur chair. Il s'y trouve beaucoup d'Arabes & de Nègres. Sofala, sur la *Cuama*, célèbre par son sable, où il se trouve beaucoup d'or, est une ville assez grande & dominée par un fort que les Portugais y ont construit.

5°. Les pays de Sabia, d'Inhambané, de Manica sont très-peu connus.

6°. Moçambique, ou Mozambique, est une île tout près de la côte. Elle offre un lieu de rafraîchissement très-commode pour les vaisseaux. Les Portugais, qui en sont les maîtres, y exilent les criminels au premier chef. Elle est fertile en riz, en millet, en fruits & en légumes. Il y a un Gouverneur Portugais. C'est lui, dit-on, qui fait le commerce, confiftant en or & en dents d'éléphans.

7°. Le Royaume de Quiloa a pour chef-lieu une île qui n'eft féparée de la terre-ferme que par un détroit. Le pays eft fertile, & la capitale eft riche, peuplée & bien bâtie. Ce Royaume relève du Portugal.

8°. Le Royaume de Melinde eft un pays abondant en fruits, en légumes, en bétail, en volaille & en gibier. On dit que la capitale eft une des plus belles villes de l'Afrique orientale, & le commerce y attire un grand concours de peuples de différentes nations. Les Arabes font maîtres de ce pays, & la Cour du Roi eft plus brillante que celle des autres princes d'Afrique. Les Portugais y font le commerce.

9°. Le Royaume de Monbaza, ou de Monbaça, a pour chef-lieu une île, détachée du continent par un bras de rivière. La terre y eft fertile, la ville très-peuplée, le port fort commode. On dit qu'à l'aide des terraffes qui font fur les maifons, on pourroit aller d'un bout de la ville à l'autre. Le peuple y eft plus affable que dans tout le refte de la côte. Les Portugais y ont un comptoir.

10°. Les Royaumes de Jubo & de Magadecho, ou Magadoxo, font très-peu connus. Les habitans n'en font pas noirs, mais feulement bafanés. Le commerce y eft confidérable : on y profeffe un Mahométifme très-corrompu.

On ne connoît pas non plus la République de Brava : on dit qu'elle eft fous la protection des Portugais.

Les Arabes font un grand commerce à Auçagurel en poudre d'or, en ivoire, en encens & en esclaves.

Des îles de l'Afrique.

On a vu précédemment la position de ces îles : je vais les reprendre dans le même ordre.

1°. Les îles de l'Océan, à l'Ouest de l'Afrique, font, comme on l'a dit :

Madère, dont le nom, en Portugais, signifie *île des Bois*. Elle fut ainsi nommée, parce que quand Jean Gonzalez & Tristan Vaz qui la découvrirent, après avoir long-tems ignoré quel étoit l'objet qu'ils appercevoient en Mer, connurent en s'en approchant que c'étoit une île couverte d'arbres. Cette découverte est de l'an 1419. On mit le feu à ces arbres pour y pouvoir pénétrer : ensuite on y planta des cannes à sucre & de la vigne qui y réussirent à merveille. Mais elle n'est plus si fertile que dans les commencemens. Quoique son sucre soit très-estimé, la plus grande culture est sur-tout en vignes. On y fait quatre sortes de vins ; mais la Malvoisie est l'espèce supérieure. Sa capitale est *Funchal*. Cette île appartient aux Portugais.

Les îles *Canaries* furent découvertes en 1417. Les peuples y étoient alors de véritables sauvages. Ils étoient si grands mangeurs qu'un seul Canarien pouvoit, dit-on, consommer dans un repas vingt lapins & un chevreau. Ils ignoroient l'usage du fer, cultivoient la terre avec des cornes de bœufs, admettoient la polygamie. Ces anciens habitans sont appelés par les Espagnols *Gouanches*. On a trouvé des cavernes qui leur avoient servi de sépulture, dans lesquelles un grand nombre de corps morts étoient arrangés à-peu-près comme les momies d'Egypte (1). Je ne dirai qu'un mot de chacune des Canaries qui appartiennent aux Espagnols.

L'île de *Palma*, peut avoir 25 lieues de circuit. Elle produit d'excellent vin & de très-bon sucre. Il y a un volcan qui s'est ouvert avec un bruit affreux, vers le commencement du dernier siècle.

L'île de *Fer*, qui n'a guère que 6 lieues de tour, est sur-tout connue par la position du premier Méridien que l'on est convenu d'y faire passer pour l'usage de la Géographie.

Gomera, ou *Gomère*, a environ 8 lieues de longueur. Elle a le titre de Comté, & produit aussi d'excellent vin & du sucre.

Ténérif, qui a environ 60 lieues de circuit, est sur-tout connue par la hauteur de sa montagne, que l'on appelle *Pic*, & qui paroît avoir été produite par un volcan. On l'apperçoit en mer de 40 à 50 lieues. Sa hauteur perpendiculaire est de plus de deux tiers de lieue.

Canarie, qui a donné son nom à la totalité des îles qui l'accompagnent, produit d'excellent vin. C'est de cette île que nous sont venus les serins. Elle est la résidence du Gouverneur & des trois Auditeurs qui composent la Cour souveraine de ces îles.

Fortaventura est à 24 lieues à l'Est de Canarie. Elle a 24 lieues de long, sur une largeur fort inégale : car elle est composée de deux presqu'îles jointes par un isthme. Elle est peu fertile.

_____

(1) On voit quelques momies de ces Gouanches au Cabinet du Roi.

Lancerota, qui a le titre de Comté, a l'île précédente dans son district. On lui donne envion 40 lieues de circonférence. Elle n'est guère fertile.

Les îles du *Cap-Vert* sont au nombre de dix, accompagnées d'un très-grand nombre d'ilots, formés par des rochers. Elles sont peu fertiles, & leur principale richesse est en sel qui s'y forme naturellement des eaux que la mer y dépose chaque année.

Saint-Iago, la plus considérable, a plus de 80 lieues de circuit. La ville de *Praïa* a un bon port. *Ribéria-Grande*, capitale, est la résidence du Gouverneur. On y fait du sucre & quelques toiles.

Ces îles appartiennent au Portugal.

L'île de *Saint-Thomé*, ou *Saint-Thomas*, est dans le golfe de *Guinée*, & près de la Ligne. Malgré l'insalubrité de son climat, elle a été pendant quelque tems estimée par sa culture & par son commerce de sucre. On y cultive de la vigne. Sa baie est excellente. Cette île appartient au Portugal qui y entretient un Vice-Roi.

L'île de *l'Ascension*, quoique déserte, nue, rocailleuse, sans bois & sans eau, & portant toute l'empreinte d'une production volcanique, est cependant, par sa position, d'un grand secours aux navigateurs qui vont ou qui reviennent des Indes. Sa côte abonde en tortues, & l'on s'y arrête pour en rassembler (1). Le mouillage y est fort bon.

_____

(1) Voici comment cela se fait. Lorsqu'à l'entrée de la nuit, les tortues sont sorties de la Mer pour se pro-

L'île de *Sainte-Hélène* eft à plus de 200 lieues de celle de l'Afcenfion, & peut avoir feulement 12 lieues de circuit. On y refpire un air très-fain : l'eau y eft très-bonne. Les matelots malades s'y rétabliffent en peu de tems. Ce fut un particulier qui la peupla de différentes fortes d'animaux, & y porta des grains & des fruits de l'Europe. Elle appartient aux Anglois.

2°. Les îles de l'Orient dans la mer des Indes font :

L'île de *Madagafcar*, ou *Madecafe*, qui eft fort grande ; on lui donne plus de 300 lieues de long, & 125 de large : elle eft divifée en une vingtaine de provinces. Outre le fer & l'acier, cette île produit des topazes, des grenats, des cornalines, & différentes autres fortes de pierres. On y trouve une efpèce de cryftal qui n'a point de forme régulière ; on le nomme cryftal de *Madagafcar*. Il y a auffi beaucoup de bois, de bétail, de gibier, de poiffon, &c. Les habitans font féroces : il y en a de blancs & de noirs. Les François ont eu quelques établiffemens dans cette île, mais on ne les a pas confervés.

L'île de Bourbon, dont le premier nom eft

---

mener fur le fable, deux Matelots vont rapidement avec des bâtons le long de cette côte, & retournent fur le dos toutes les tortues qu'ils rencontrent. Placées ainfi, elles ne peuvent échapper, & on les tranfporte à l'aife.

Les Bâtimens qui paffent par l'île de l'Afcenfion font dans l'ufage, en tems de paix, d'écrire fur un papier leurs noms, la date de leur départ, &c. on met ce papier dans une bouteille qui fe place dans une petite caverne où d'autres la retrouvent.

Mafcaragne, a 25 lieues de long fur 15 de large ; elle abonde en fruits, en herbages, en beftiaux : elle produit du tabac, du café, du poivre blanc, de l'ébène, de l'aloës & plufieurs fortes d'arbres réfineux. Il y a beaucoup d'oifeaux ; la chair des porcs y eft excellente. Elle a plufieurs bonnes rades, mais point de port. Il y a un volcan confidérable, encore en activité.

L'île de France, qui peut avoir 40 lieues de circonférence, offre, comme la précédente, un terrein volcanifé. Et la furface de la terre, en beaucoup d'endroits, y eft couverte de mines de fer. Il y vient du bois & différentes efpèces de plantes. On ne laiffe pas d'y être incommo-dé par les fauterelles, les maringoins, les che-nilles, &c.

Il y a dans cette île qui appartient aux Fran-çois, auffi bien que la précédente, un Confeil Supérieur.

Depuis quelques années, par les foins & fur les projets de M. Poivre, qui en étoit Inten-dant, on a réuffi à apporter des Moluques dans ces îles plufieurs plants de mufcades, de girofle & de cannelle, qui réuffiffent très-bien. On a le même avantage à Cayenne.

Les îles Comores, habitées par des Arabes, font fertiles, mais mal cultivées ; ce font des retraites de pirates.

Les îles de l'Amirante, ou de l'Amiral, font peu confidérables & peu connues.

L'île de Socotora, ou de Socotra, habitée par des Arabes, eft fur-tout connue par fon excellent aloës. Les naturels du pays font, dit-on, de beaux hommes : l'île eft très-fertile.

Pl. V.

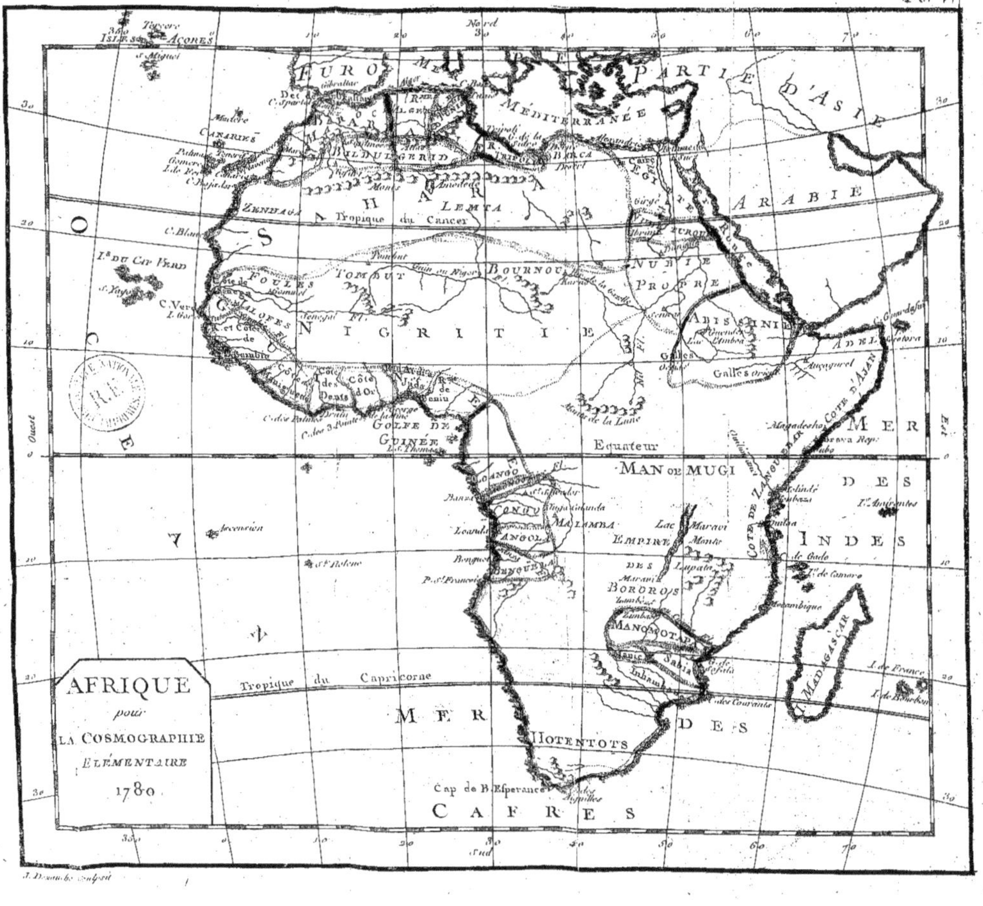

EURO...

PARTIE D'ASIE

MER MEDITERRANEE

MAROC

ARABIE

BILEDULGERID

TRIPOLI

BARCA

ZAHARA

ZENHAGA

Tropique du Cancer

C. Blanc

NUBIE PROPRE

BOURNOU

TOMBUT

Isle du Cap Verd

FOULES

ABISSINIE

NIGRITIE

Galles Orie.

COTE D'AZAN

GUINEE

Côte

Côte d'Or

GOLFE DE GUINEE

I. S. Thomas

Equateur

MER

MAN ou MUGI

LOANGO

CONGO

MALAMBA

DES

COTE DE ZANGUEBAR

O   C   E   A   N

Ascencion

ANGOLA

EMPIRE

Monte

I. S. Helene

DES

Lupata

INDES

BORORIS

I. de Camore

Mozambique

MANOMOTAPA

MADAGASCAR

AFRIQUE

pour

LA COSMOGRAPHIE

ÉLÉMENTAIRE

1780.

Tropique du Capricorne

MER

DES

HOTENTOTS

Cap de B. Esperance

CAFRES

I. de France

I. de Bourbon

J. Dennel fecit.

Récapitulation concernant les Peuples d'Afrique.

1°. ON parle l'*Arabe* en Egypte & dans toute la partie Septentrionale de l'Afrique; il est moins pur qu'en Syrie & en Arabie. Les autres Langues de l'Afrique, qui sont en grand nombre, nous sont inconnues.

2°. Le Musulmanisme est professé par-tout où se parle la Langue Arabe; l'un est une suite de l'autre. La Secte *Jacobite* de l'Eglise Grecque domine en Nubie & en Abyssinie. Le reste des Africains est abandonné à l'Idolâtrie.

3°. L'Egypte est dominée par le Grand-Seigneur qui y entretient un Bacha; ce Gouverneur commande aux différens Beys qui sont les maîtres des différentes parties du Pays, & dont quelques-uns se rendent plus puissans que le Bacha. Les villes de Tripoli, de Tunis, font des espèces de Républiques ou Régences sous la protection du Grand-Seigneur, avec un chef appelé Bey. La Régence d'Alger est plus considérable; son chef se nomme Dey.

4°. Le Royaume de Maroc a un Souverain puissant que l'on peut regarder comme une espèce de Despote. Les autres Princes Africains, moins instruits de leurs véritables intérêts, le font encore davantage. La ville de Brava me paroît être la seule République d'Afrique.

On connoît les Souverains des principales parties de l'Afrique par ce qui vient d'être dit. Je remarquerai seulement que le Souverain de l'Abyssinie, ou du moins d'une partie de cet

Etat, eſt appelé *Grand-Négus*, & que pendant long-tems on le déſigna ſous le nom de *Preſte-Jean*.

SECTION QUATRIEME.

De l'Amérique.

QUOIQUE découverte dans les années 1492 & 1494 par Chriſtophe Colomb, cette partie du Monde a cependant reçu ſon nom d'Amérique Veſpuce, Florentin, employé par la Cour d'Eſpagne, lequel découvrit une grande partie de ce Continent.

GÉOGRAPHIE MATHÉMATIQUE.

Etendue.

L'Amérique eſt la plus grande des quatre Parties du Monde. Elle monte dans ſa partie Septentrionale juſqu'au de-là de 80 degrés de latitude, & deſcend au Sud juſqu'au 56me; ce qui fait environ 3400 lieues.

Sa partie Septentrionale touche vers l'Oueſt au 210 ou 220e degré de longitude; à l'Eſt, au 325me. On donne à cette partie 850 lieues de largeur environ; car le peu de connoiſſance que l'on a des parties Occidentales, ne permet pas de donner des meſures bien préciſes.

Sa partie Méridionale commence vers le 298e degré de longitude, & s'avance à l'Eſt juſqu'au 344me; ce qui lui donne environ 900 lieues dans ſa plus grande largeur; mais elle va fort en ſe rétréciſſant vers le Sud.

Climats.

Climats.

Son plus long jour doit être de 17 h. $\frac{1}{2}$ au Sud où elle est sous le onzième climat ; au Nord elle remonte jusqu'au quatrième climat de mois, & peut-être au-delà.

GÉOGRAPHIE PHYSIQUE.

Bornes.

L'Amérique, entourée de mer de tous côtés, est séparée en deux parties, réunies cependant par l'isthme de Panama ; l'une de ces parties, comme on l'a vu, se nomme Partie *Septentrionale* ; l'autre, Partie *Méridionale*.

Montagnes.

Les principales montagnes de l'Amérique sont dans sa Partie Septentrionale. Ce sont là grande *chaîne des Cordilières* le long de la grande Mer ; les *Monts-Popayans* vers le golfe du Mexique, au Nord ; & le *Mato-Grosso* dans l'intérieur des Terres.

Isthmes.

Le plus connu & le plus considérable, à toutes sortes d'égards, est l'isthme *de Panama* qui joint les deux Amériques. Il a 46 lieues dans sa plus grande largeur, & 14 dans sa moindre.

Presqu'îles.

La *Floride* au Sud-Est de l'Amérique Septentrionale ; la presqu'île de *Yucatan* dans le golfe du Mexique, près l'isthme de Panama ; & la *Californie* à l'Ouest de l'Amérique Septentrionale.

* A a

Caps.

Les principaux font,

Le Cap *Breton*, à l'Eft du Canada, à la pointe d'une île appelée l'Ifle-Royale.

Le Cap de *Floride*, au Sud de cette prefqu'île.

Le Cap *Saint-Auguftin*, à la pointe la plus Orientale de l'Amérique.

Le Cap *Frowart*, le plus Méridional du nouveau Continent.

Le Cap de *Horn*, plus au Sud, à la pointe de l'île que l'on nomme *Terre de Feu*.

Le Cap *Korrientes*, ou des Courans, fur la côte Occidentale du Mexique.

Iles.

On trouve à l'Eft de l'Amérique Septentrionale les îles de *Terre-Neuve*, du *Cap-Breton*, de *Saint-Jean*, & d'*Anticofti*.

Vers le Sud de cette même partie, les Lucayes, dont les principales font *Bahama* & *Saint-Sauveur*.

A l'entrée du golfe du Mexique, les Antilles divifées en grandes & en petites. Les grandes font *Cuba*, la *Jamaïque* & *Saint-Domingue*. Les petites fe divifent en *Iles-du-Vent*, ou Barlovento, favoir, la Martinique, la Guadeloupe, la Marie-Galande, &c.; & en *Iles-fous-le-Vent*, ou Sottovento, qui font la *Marguerite*, la *Trinité*, &c.

Entre l'Amérique & l'Europe font les Açores, dont la principale eft *Tercère*.

Golfes.

Les principaux font,

Le Golfe de Saint-Laurent, à l'Eſt de l'Amérique Septentrionale.

Le Golfe du Mexique, entre les deux Amériques.

La Mer Vermeille, entre le Nouveau-Mexique & la Californie.

Le Golfe de Panama, à l'Oueſt de l'iſthme de ce nom.

Baies.

La Baie d'*Hudſon* & celle de *Baſin*, au Nord-Eſt de l'Amérique Septentrionale.

Les ſuivantes ſe trouvent dans le Golfe du Mexique.

La Baie de *Honduras*, au Sud-Eſt de la preſqu'île de Yucatan.

La Baie de *Campêche*, au Nord-Eſt de cette même preſqu'île.

Détroits.

Le Détroit de *Davis*, à l'entrée de la Baie de Baſin.

Le Détroit d'*Hudſon*, à l'entrée de la Baie de ce nom.

Le Détroit de *Magellan*, au Sud de l'Amérique.

Le Détroit de *le Maire*, au Sud-Eſt entre la Terre de Feu & la Terre des Etats.

Lacs.

Les principaux Lacs de cette partie du Monde ſont dans l'Amérique Septentrionale, & communiquent entr'eux ; ce font le Lac *Supérieur*, le Lac *Michigan*, le Lac *Huron*, le Lac *Érié*, & le Lac *Ontario*. Toutes ces eaux s'écoulent par le fleuve Saint-Laurent.

Fleuves.

Les plus grands fleuves de l'Amérique font,

Dans la partie Septentrionale, le fleuve *Saint-Laurent* qui, avec les Lacs, forme une fuite d'eau de plus de 900 lieues, & tombe à l'Eft ; & le *Miffiffipi*, dans la Louifiane, qui fe rend du Nord au Sud dans le golfe du Mexique ; il a environ 700 lieues.

Dans l'Amérique Méridionale, l'*Orénoque*, ou l'*Orinoque*, qui commence aux Monts Popayans, & fe jette dans le golfe du Mexique ; & le Marañon, prononcé *Maragnon*, & appelé Fleuve des Amazones ; il commence à l'Oueft aux Cordelières du Pérou, coule pendant plus de 1200 lieues, & fe rend à l'Eft dans l'Océan. La *Madera* qui fe rend dans le Fleuve des Amazones, a plus de 660 lieues ; & le *Rio de la Plata*, ou Fleuve d'Argent, qui coule au Sud, & a environ 800 lieues, en y comprenant le Paraña qu'il reçoit.

Peuples.

La nature de cet Ouvrage ne me permet pas de difcuffion fur aucune des queftions qui peuvent s'élever fur l'origine, la couleur, &c. des Américains : je ne pourrai donner que très-briévement, mes idées fur ces différens objets (1).

_____

(1) Outre plufieurs Ouvrages qui ont été faits fur l'Hif-

On a beaucoup raifonné fur l'origine des Américains. Il eft probable que les premiers y vinrent d'Afie par mer : on n'en fait ni l'époque, ni l'occafion.

On a prétendu qu'ils étoient imberbes; cela n'eft pas, au moins pour un très-grand nombre.

On les a quelquefois peints comme étant inférieurs en intelligence aux peuples d'Europe & d'Afie. J'ai entendu foutenir le contraire des Sauvages du nord de l'Amérique. Mais je fais d'une très-bonne part que, dans l'Amérique méridionale, il y a des nations fauvages qui, pour les facultés phyfiques & morales, ne valent pas le moindre des Européens.

Quant à leur couleur cuivreufe, & non pas noire, on peut en attribuer la caufe à la difpofition phyfique de l'Amérique, & à la différence qui fe trouve entre elle & l'Afrique. Toute la partie de l'Afrique qui eft fous la Zone torride eft un terrein fablonneux, prefque fec & bas. Ceux de la côte occidentale font les plus noirs, parce que les vents n'arrivent chez eux qu'à travers des fables brûlans. Ces vents, au contraire fe rafraîchiffent fur la mer avant d'arriver aux côtes orientales de l'Amérique ; & quant à la partie occidentale elle eft fort

---

toire de l'Amérique, & fur différentes queftions importantes qui tiennent à fon hiftoire naturelle & à fon hiftoire politique, on peut fur-tout confulter ce qu'en a écrit M. l'Abbé R. dans fon Hiftoire de l'Afie, de l'Afrique & de l'Amérique. Cet Ouvrage renferme beaucoup de détails très-inftructifs & des vues très-philofophiques. Le Public a prononcé fur celui de M. Robertfon.

élevée, remplie de hautes montagnes & si rafraîchie quelquefois, que l'on y cherche à se vêtir chaudement. Je ne donne ceci d'ailleurs que pour des opinions : ce sont les miennes, c'est tout ce que je puis dire. Je passe aux principales divisions de l'Amérique septentrionale, remettant à un autre tems à discuter les points qui concerne la Baie d'Hudson, le pays des Esquimaux, &c. &c.

GÉOGRAPHIE POLITIQUE.

Division des Pays.

L'Amérique se divise en deux Parties : la première est appelée Partie *septentrionale*, & la seconde Partie *méridionale*.

§. I.

Amérique Septentrionale.

1°. Le Canada, Capitale QUEBEC, sur le Fleuve Saint-Laurent.

2. Les Treize Etats - Unis de l'Amérique qui commencent au Sud du Canada, & se suivent dans cet ordre.

Noms des Provinces.	Capitales.
1. Le New-Hampshire (1).	Portsmouth.
2. Massachuset's-Bay...... ...	Boston.
3. Rodisland.,....,............,...	Newport.

(1) Remarquez que *New* se prononce *Nieu* ; que *Massachuset's-bay* est au génitif, & signifie *la Baie de Massachuset* ; que *North* & *South* se rendent en françois par *Septentrionale* & *Méridionale.*

Noms des Provinces.	Capitales.
4. Connecticut......................	*Hart-fort.*
5. New-Yorck......................	*New-Yorck.*
6. New-Jerfey......................	*Burlington & Perthamboy.*
7. Penfylvanie......................	*Philadelphie.*
8. La Delaware......................	*Newcaftle.*
9. Le Maryland......................	*Annapolis.*
10. La Virginie......................	*Williamsbourg.*
11. La Nort-Caroline...........	*Edenton.*
12. La South-Caroline.........	*Charleflown.*
13. La Géorgie......................	*Savanah.*

Ces Etats, reconnus libres par la France, ont obtenu l'abolition du droit d'Aubaine par Déclaration du Roi, donnée à Verfailles le 26 Juillet 1778., & enregiftrée au Parlement le 4 Août de la même année.

3°. La Floride qui forme, comme on l'a vu, une prefqu'île au Sud des pays précédens, a, pour ville principale, Saint-Auguftin.

4°. La Louifiane, pays vafte & arrofé par le Miffiffipi. La France l'a poffédée long-tems toute entière ; actuellement la droite du fleuve eft aux Efpagnols ; & la gauche, aux Anglois.

5°. Le Mexique, Province riche & confidérable, a, pour Capitale, *Mexico* fur un Lac.

6°. Le Nouveau Mexique, dont la capitale eft *Sancta-Fe.*

7°. La Californie n'a pas de lieu confidérable.

Quant aux Terres fituées au Nord & à l'Oueft du Canada, elles font peu connues, & ne peuvent entrer dans une Géographie Elémentaire.

A a 4

Remarques.

1°. Le Canada eſt un pays immenſe qui s'a-
vance fort avant dans les terres, & dans lequel,
quoiqu'à même latitude que la France, les
hivers ſont beaucoup plus rigoureux, à cauſe
de la direction des montagnes, des bois, des
eaux, &c., qui le couvrent en grande partie.
Il y a cependant des contrées très-fertiles. Quebec, eſt diviſée en ville haute & baſſe, & toutes
deux ſont aſſez bien bâties. Les François ont
long-tems poſſédé ce pays.

2°. On ne peut décider encore quel ſera le
ſort de ces provinces, appelées Etats-Unis de
l'Amérique, ni expoſer en ce moment leur état
actuel, quelles ſeront leurs richeſſes, leur population, &c.

Dans toutes ces provinces l'hiver commence
plutôt, & finit plus tard qu'en Europe à même
latitude. La différence même y étoit autrefois
plus ſenſible; mais plus on cultive, plus on
abat de bois, & plus la température de ces
pays ſe rapproche du nôtre. Le ciel y eſt preſque toujours ſerein; les pluies y ſont abondantes, mais de courte durée.

Boſton, Capitale de la Maſſachuſets'-bay, eſt
la ville la plus conſidérable de toute l'Amérique
ſeptentrionale : elle eſt ſur une preſqu'île au fond
d'un très-beau port, garanti de la violence des
vents par un grand nombre d'îles & de rochers.

La Penſilvanie a pris ſon nom du fameux
Wiliam (1) Pen, parce que ce pays lui fut

_____

(1) Nom qui répond à *Guillaume* en François. La ma-

Pl. VI.

AMÉRIQUE
SEPTENTRIONALE
pour
LA COSMOGRAPHIE
ÉLÉMENTAIRE.
1781.

RENVOIS
des ÉTATS UNIS
D'AMÉRIQUE

1. New-Hampshire
2. Massachusetts-Bay
3. Rhode-Island
4. Connecticut
5. New-York
6. New-Jersey
7. Pensilvanie
8. La Delaware
9. Mariland
10. La Virginie
11. La North Caroline
12. La South Caroline
13. La Georgie

GRANDE MER DU OUEST

MER GLACIALE

BAYE D'HUDSON

CANADA

NOUVEAU MEXIQUE

LOUISIANE

GOLFE DU MEXIQUE

OCEAN

SUD

J. Desmadrÿ Sculpsit.

cédé en 1680 pour y établir une colonie de Quakers. Elle est très-fertile.

Philadelphie, dont le nom signifie *amitié fra-ternelle*, est bâtie sur une langue de terre au confluent de la *Délaware* & du *Schulkil*. C'est un carré long, partagé en d'autres carrés sur le plan supposé de l'ancienne Babylone. Les deux principales rues ont cent pieds de large, & chaque maison a son petit jardin. Des vaisseaux assez considérables peuvent y re-monter.

3°. La Floride fut découverte vers l'an 1510, par Ponce de Léon, Espagnol. Je ne remar-querai ici que la cause de cette découverte. Une tradition Indienne, fort extravagante, avoit fait croire aux Espagnols, qu'il existoit vers ces quartiers une fontaine, dont les eaux avoient la vertu de rendre la première jeunesse. Cette fontaine imaginaire en a pris le nom de *Fon-taine de Jouvence.*

4°. La Louisiane est un grand & magnifique pays. Le climat, le sol, les rivieres tout con-tribue à sa fécondité, & à sa salubrité. On en tire, sur-tout, de l'indigo, du coton, du riz & du bois. La Nouvelle-Orléans, sa capitale, est une ville médiocre. Cette province, après avoir long-tems appartenu aux François, a passé aux Espagnols & aux Anglois ; les premiers ont la partie à l'Ouest, & les seconds celle qui est à l'Est du Mississipi.

---

nière dont Guillaume établit sa Colonie & la régla, mérite d'être étudié, & lui fera à jamais le plus grand honneur.

5°. Le Nouveau Mexique, qui n'a été connu que depuis le Mexique ancien ou Nouvelle Eſpagne, eſt une très-vaſte contrée, ſous un beau climat, & dans laquelle on trouve preſque toutes les choſes néceſſaires à la vie. Il y a même des mines d'or & d'argent. Il eſt habité par des Indiens, & ſoumis aux Eſpagnols.

6°. La Californie eſt une longue preſqu'île. Il y a tout auprès une pêcherie de perles fort belles, & elle eſt fort abondante. La Californie ſera à jamais célèbre par la mort de M. l'Abbé Chappe, Aſtronome François, qui, s'y trouvant pour obſerver le dernier paſſage de Vénus, ſacrifia les précautions néceſſaires à la conſervation de ſa vie, au mérite de faire, avec exactitude, une obſervation alors très-importante. Il mourut peu de tems après l'avoir faite.

§. II.

Amérique Méridionale.

On trouve dans cette partie de l'Amérique les pays ſuivans.

1°. La Terre-Ferme où ſont *Porto-Bélo* & *Carthagène.*

2°. La Guyanne Hollandoiſe, où une Colonie établie ſur la rivière de Surinam, & qui en porte le nom, a pour principal lieu *Paramaribo* (1).

---

(1) Je fais remarquer à deſſein que la Colonie a pris le nom de la rivière, & qu'il n'y a point de lieu qui ſe nomme *Surinam*, afin de mettre en garde contre cette erreur qui ſe trouve ſur beaucoup de Cartes & dans beaucoup de Livres où l'on donne Surinam comme une ville.

Et la Guyanne Françoiſe où eſt *Cayenne*, dans une île ſéparée du Continent par l'embouchure de quelques Fleuves qui s'y rendent dans la Mer.

3°. Le Pérou, où ſont *Quito*, ſous l'Equateur, & LIMA, Capitale, plus au Sud.

4°. Le Chili, où ſont *Saint-Yago* & *la Conception*.

Ces deux pays ſont, en très-grande partie, ſur la chaîne des Cordilières ; ils s'étendent du Nord au Sud le long de la Mer *du Sud*, qu'il convient mieux d'appeler la Grande Mer.

5°. Le Pays des Amazones, nommé ainſi parce que les premiers qui le découvrirent rapportèrent qu'ils y avoient trouvé des ſociétés de femmes ſe conduiſant, à-peu-près, comme les anciennes Amazones de l'Aſie, dont l'exiſtence paroît elle-même douteuſe à quelques Ecrivains. Ce pays n'a pas de lieu conſidérable.

6°. Le Paraguay dans l'intérieur duquel les Jéſuites avoient eu l'adreſſe de ſe rendre Souverains indépendans. On y trouve l'ASSOMPTION, capitale ; & *Buenos-Aires*, ſur le Rio de la Plata.

Ces pays, excepté les deux Guyannes, appartiennent aux Eſpagnols.

7°. Le Bréſil, où ſe trouvent SAINT - SALVADOR, Capitale, & *Saint-Sébaſtien-de-Rio-Janéïro.*

Ce pays eſt aux Portugais.

8°. Le Pays des Patagons au Sud, & connu dans les Géographies ordinaires ſous le nom de *Terre Magellanique.* Mais cette diviſion ne ſe trouve point ſur les Cartes Eſpagnoles : tout ce pays porte le nom de Chili.

Remarques.

1°. La Terre-Ferme a pris fon nom de ce qu'au tems de la découverte on s'apperçut qu'elle faifoit partie du continent, à la différence des îles qui n'y tenoient pas. Elle eft divifée en douze grandes provinces, & renferme de très-hautes montagnes. En général ce pays eft fort arrofé. Il y vient des grains, des fruits, du cacao, de la vanille, &c., & les pâturages y font excellens.

Porto-Bélo eft recommandable par la bonté de fon port, & très-redoutable aux étrangers par l'infalubrité de fon air. C'eft ordinairement dans ce port que l'on embarque, fur les galions d'Efpagne, toutes les richeffes que produit le commerce de l'Amérique.

Cartagène, bâtie dans une prefqu'île, eft plus grande & mieux bâtie que la précédente : elle eft très-bien fortifiée, & fes rues font tirées au cordeau.

2°. La Guyanne eft un pays très-vafte & fort peu connu dans fon intérieur, qui renferme beaucoup de bois & de montagnes. On y trouve des traces de volcan. Les Indiens y font ftupides, indolens, & ne prennent de foin que ce qu'il en faut pour fatisfaire les befoins les plus preffans de la nature. Ils fe peignent le corps avec du roucou, ce qui les rend rouges; & deffinent enfuite par deffus différentes figures, avec des couleurs plus foncées.

La Colonie Hollandoife établie fur la rivière de *Surinam* a, pour chef-lieu, Paramaribo ; &

même il n'y a pas d'autre lieu habité, qui ait l'apparence d'une ville ou d'un village

La Colonie Françoise, qui est plus au sud, est établie à Cayenne, espece d'île séparée du continent, par l'embouchure de deux fleuves, qui s'y rendent à la mer. Il y a aussi des habitations sur le continent, le long de quelques rivières considérables. Cayenne est fortifiée, a un Etat-Major, & une garnison.

3°. Le Pérou est sur la mer du Sud, ou la Grande-Mer. C'est la meilleure des provinces Espagnoles, puisqu'elle n'est ni moins riche, ni moins étendue que le Mexique, & qu'elle l'emporte de beaucoup sur ce pays, par la température de son climat. Je n'entends point ici parler de la côte, qui n'est qu'un amas de sable sec & stérile, excepté près des bords des ruisseaux. On en tire de l'or & de l'argent, du vin, de l'huile & de l'eau-de-vie, de la laine très-bonne & du quinquina.

Lima, Capitale du Pérou, est une fort belle ville, dont les rues très-régulières, se coupent mutuellement à angle droit ; chaque maison a son petit jardin, elles font couvertes de nattes & peu élevées, à causes des fréquens tremblemens de terre.

Quito, qui est dans la partie septentrionale, est aussi une ville considérable, & il s'y fait un grand commerce avec les Indiens.

4°. Le Chili est au Sud du Pérou, & est très-fertile dans le plat-pays, où l'abondance des rosées supplée, pendant une partie de l'année, aux pluies qui y font alors fort rares. Ce pays produit de toutes les choses nécessaires à la vie , & , de plus , de l'or , de l'argent, du cuivre , du fer , &c. Mais le peu d'habitans n'y permet pas une agriculture bien générale , ni une exploitation de mines bien avantageuse. Les villes y sont mal bâties, & d'un aspect désagréable. Ces deux pays appartiennent aux Espagnols , & ont un Vice-Roi commun.

5°. Le pays des Amazones a pris son nom de la vue de quelques femmes armées , qui furent prises alors pour des guerrières comparables aux Amazones de l'Antiquité , & dont l'existence paroît avoir la même réalité. Ce vaste pays est arrosé par une rivière immense, qui commence dans les Cordilières & finit dans l'Océan. Elle reçoit du Sud & du Nord une infinité d'autres rivières , dont plusieurs sont très-considérables. Les Espagnols se regardent comme les maîtres de la plus grande partie de ce pays, à partir du Pérou. Les Portugais ont quelques établissemens à l'embouchure du fleuve.

6°. Le Paraguay est au Sud ; il est bien arrosé & très-fertile. La province que l'on appelle, du nom de la rivière , Rio de la Plata, est une très-grande plaine, où l'air est assez doux, les fruits abondans , & les eaux salubres : elle ne manque que de bois.

Buenos-Ayres , port, a pris son nom de sa salubrité : c'est le principal lieu de commerce ; mais il n'est pas habituellement considérable.

7°. Le Brésil, qui s'étend assez avant dans les terres , est baigné à l'Est par l'Océan. Il est très-fertile , & produit toutes les choses nécessaires à la vie : on y connoît aussi des mines d'or & de diamans. On en tire de plus du fucre, du tabac, de l'indigo, de l'ipécacuana, du baume de Capahu & du bois de Bréfil.

S. Salvador, ou S. Sauveur, fa Capitale, eft bâtie fur un rocher efcarpé, ayant d'un côté la mer & de l'autre un lac : elle eft d'ailleurs très-bien fortifiée. C'eft où fe rendent les flottes, qui partent tous les ans du Portugal pour le Bréfil.

8°. Le pays nommé des Patagons, fur ma carte, eft fur les cartes ordinaires, appelé Terre Magellanique. Mais M. Danville a très-bien fait obferver, que cette dénomination ne fe trouvoit dans aucune carte Efpagnole, & qu'elle n'étoit point avouée par cette nation, qui en eft regardée comme la fouveraine. Quant à l'exiftence d'une race d'hommes de grandeur gigantefque, fans infirmer cé que plufieurs voyageurs eftimables & anciens en ont dit, je remarquerai feulement que les voyageurs modernes n'ont vu dans les Patagons, que des hommes d'une haute ftature, quelques-uns au-deffous de fix pieds, & le plus grand nombre au-deffus. » Ce qu'ils ont de gigantefque, dit M. de Bou-» gainville, c'eft leur énorme quarrure, la » groffeur de leur tête & l'épaiffeur de leurs » membres ».

Des principales Iles de l'Amérique.

Ces îles font, en commençant par le Nord, L'île de *Terre-Neuve* découverte en 1495. Elle eft une des plus grandes de l'Amérique ; il y a un bourg que l'on appelle *Plaifance*. C'eft dans fes environs que fe fait la pêche de la morue.

L'île Royale, ou Cap Breton, peu éloignée du continent, est de figure très - irrégulière ; son climat est froid mais fain, & elle produit de beaux arbres : la chasse & la pêche y font constamment abondantes. Son meilleur port est Louisbourg.

L'île de S. Jean, fort près du Canada, dans le golfe de S. Laurent ; elle a aussi beaucoup de gibier & de poissons.

Anticosti est bien plus longue que large ; elle a beaucoup de bois, mais son terrein est rempli de roches : elle n'a ni port ni havre ; & cette île, non plus que la précédente, ne sont habitées qu'en certaines saisons de l'année.

Les Lucayes font médiocrement fertiles & font peu habitées ; le climat en est assez bon : les principales font : Bahama, fameuse sur-tout par son canal qui est un passage dangereux : on y trouve une espèce d'araignée singulière ; & S. Sauveur, qui est la première où aborda Christophe Colomb en 1492. Il n'y trouva que du coton & des perroquets. Mais les habitans portoient sur le nez des plaques d'or ; & il apprit d'eux qu'il y en avoit dans d'autres îles.

Les Antilles font en fort grand nombre ; je ne nommerai ici que les plus considérables.

Cuba est peu fertile : elle est fort montagneuse, on y trouve quelques mines d'or & de cuivre ; quelques oiseaux, comme perdrix, tourterelles & perroquets. Elle a 300 lieues de tour. Sa capitale est la Havane. Cette île est aux Espagnols,

La *Jamaïque* a 40 lieues de long sur environ 20 de large. Elle est très-fertile, & produit surtout

tout des cannes à fucre, de l'indigo, du cacao
& du coton très-fin ; il y a beaucoup de bétail
dans fon intérieur & de tortues fur fes côtes.
C'eft la plus belle poffeffion des Anglois en Amérique. Spanish-Town, ou la ville Efpagnole, en
eft la capitale. Il y a un Gouverneur & un Confeil
de Régence.

Saint-Domingue a près de 180 lieues de long
& environ 60 de large. Elle eft partagée entre
les François à l'Oueft, & les Efpagnols à l'Eft.
Cette île eft fertile en cannes à fucre, en café,
en maïs ; on y a découvert plufieurs fortes de
mines.

Saint-Domingue eft la capitale de la partie
Efpagnole.

Le Cap, ou le Cap François, à l'Eft de la partie
Françoife. Il y a deux Confeils Souverains dans
cette île ; l'un au Cap, l'autre au Port-au-Prince (1).

La *Martinique* n'eft pas grande, mais elle eft
fertile. On y trouve des terres volçanifées. Les
principaux lieux font le Fort S. Pierre & le Fort
Royal.

La *Guadeloupe* a cela de particulier, qu'elle eft
partagée en deux par une rivière qui communique des deux côtés à la mér. Il y vient du fucre
& du coton. Il y a de beaux arbres. La Soufrière
eft une montagne avec un volcan.

La *Marie-Galande* eft peu confidérable.

On en peut dire autant de la *Marguerite* & de
la *Trinité* : cette dernière eft fertile en fucre &

---

(1) Et non pas à Léogane, comme difent prefque toutes
les Géographies, parce que le P. Charlevoix l'a écrit il y
a long-tems, lorfqu'en effet cela avoit lieu.

*Bb

en tabac. Quant à la Marguerite elle a pris son nom des perles (en latin *Margarita*) qui se pêchent sur ses côtes.

Les *Açores*, entre l'Europe & l'Amérique, avoient déjà été reconnues, lorsqu'en 1449 Gonsalve Velez en prit possession pour le Roi de Portugal, qui les possède encore. On y trouva beaucoup d'éperviers, appelés en Portugais *Açores* : de-là s'est formé le nom actuel.

Quoique montagneux le terrein y produit du bled, de la vigne & des fruits. Mais la Noblesse accordée à des familles Bourgeoises y a fait négliger la culture & le commerce. *Tercere* est la plus considérable de ces îles, & Angra, sa capitale, est bien bâtie. Le Gouverneur y réside.

Des Terres peu connues, & des nouvelles découvertes.

J'ai dit que l'on divisoit la surface de la terre en Continent ancien & nouveau, & en Terres *peu connues*. On peut comprendre, sous ce dernier nom, différentes terres de la mer des Indes & de la Grande-Mer. Le continent Austral de la mer des Indes, qui se trouve au Sud des îles de la Sonde & des Molucques, & dont quelques côtes étoient connues, commence à l'être davantage, depuis le retour des derniers voyageurs François & Anglois.

Il ne m'est pas possible de parler ici des différentes découvertes faites, presqu'en même tems, par MM. Wallis, Byron, de Bougainville, &c. Mais je ne puis me refuser au

fentiment d'admiration, que l'on doit aux talens & au courage de l'immortel Cook, dont
les découvertes ont fi prodigieufement ajouté
à nos connoiffances fur les parties auftrales du
Globe. Nous lui devons les détails les plus in-
téreffans, fur l'île de Taïti ou d'Otaïti, & fur
plufieurs autres de la même mer ; fur la nouvelle Zélande, dont le pilote Tafman nous
avoit à peine appris l'exiftence, & qui eft reconnue aujourd'hui pour deux îles féparées par
un détroit ; fur plufieurs côtes de la nouvelle
Guinée, & fur l'impoffibilité de s'avancer plus
près que le foixante - dixieme degré vers le
Pôle antarctique, &c. &c. Son quatrième voyage,
qui nous procurera de nouvelles richeffes, alloit
mettre le comble à fa gloire, lorfque la mort a
terminé fa brillante carrière. L'Angleterre s'hono-
rera long-tems d'avoir vu naître ce grand homme,
& la terre, agrandie en quelque forte par fes
découvertes, offrira, d'un Pôle à l'autre, des
monumens de fon activité, de fon courage &
de fon zele à perfectionner nos connoiffances,
fur l'état du Globe que nous habitons.

CHAPITRE QUATRIEME.

Détails particuliers concernant la France.

LA France est bornée, au Nord, par *la Manche* & les *Pays-Bas ;* à l'Est, par le Rhin qui la sépare de l'*Allemagne*, par la *Suisse* & la *Savoie*, & par les *Alpes* qui la séparent de l'Italie ; au Sud, par la *Mer Méditerranée*, & par les *Monts Pyrénées* qui la séparent de l'Espagne ; à l'Ouest, par l'Océan, qui prend dans la partie Septentrionale, depuis la Normandie, le nom de *Manche ;* & au Sud de la Bretagne, le nom de *Golfe de Gascogne.*

On a vu précédemment l'étendue de ce Royaume qui a plus de 212 lieues du Nord au Sud, & 221 de l'Ouest à l'Est ; mais c'est dans ses plus grandes dimensions.

Ce Royaume est le plus ancien de tous les Etats modernes. On le commence à l'an 420, & l'on y compte 67 Rois divisés en trois Races.

Celle des *Mérovingiens*, commençant à Pharamond en 420, & renfermant 22 Rois.

Celle des *Carlovingiens*, commençant à Pepin en 751, & comprenant 13 Rois.

Et celle des *Capétiens*, commençant à Hugues Capet en 987, & renfermant 32 Rois, en y comprenant Louis XVI actuellement régnant.

On compte en France 21 Universités, 19 Archevêchés, 118 Evêchés, dont 5 dans l'Ile

de Corfe, & 1 *in-partibus* (1); 13 Parlemens,
11 Chambre des Comptes, 9 Cours des Aides,
2 Confeils Souverains, 1 Confeil Provincial
d'Artois, 1 Cour & 30 Hôtels des Monnoies.

Il n'eft pas poffible de donner des détails fur
chacun de ces objets. Seulement je mettrai à
la fin une lifte des Archevêchés & des Evêchés
pour la commodité de ceux qui pourront en
avoir befoin.

On divife la France en 40 Gouvernemens généraux, dont 32 offrent des divifions très-com-
modes pour l'étude de la Géographie : on les
nomme les 32 *grands* Gouvernemens (2) ; les
autres font les 8 *petits*.

Grands Gouvernemens.

Il y a *huit* de ces Gouvernemens au Nord; 1°.
la Flandre Françoife; 2°. l'Artois; 3°. la Picardie; 4°. la Normandie; 5°. l'île de France; 6°.
la Champagne; 7°. la Lorraine; 8°. l'Alface.

Il y en a *treize* au milieu, en allant d'Occident
en Orient.

---

(1) C'eft-à-dire, Evêque d'un pays éloigné, hors des
poffeffions de la France.

(2) Par une ordonnance du 18 Mars 1776, le Roi
déclare que la France demeure divifée en 39 Gouvernemens Généraux, divifés en deux claffes; dont 18 de
la première, & 21 de la feconde. De ces 39 Gouvernemens, 32 renferment des Provinces, les fept autres
ne renferment guère que des villes. Il paroîtroit donc
que ma divifion de 40 Gouvernemens contrarie l'Ordonnance, mais le Gouvernement de Paris n'y étant
point énoncé, je dois cependant l'ajouter, puifqu'il
exifte ; cela donne 8 petits Gouvernemens & 32 grands.

I. 1°. La Bretagne ; 2°. le Maine ; 3°. l'Anjou ; 4°. la Touraine ; 5°. l'Orléanois ; 6°. le Berri ; 7°. le Nivernois ; 8°. la Bourgogne ; 9°. la Franche-Comté.

II. 10°. Le Poitou ; 11°. l'Aunis ; 12°. la Marche ; 13°. le Bourbonnois.

On en compte *onze* au midi.

I. 1°. La Saintonge, comprenant aussi l'Angoumois ; 2°. le Limosin ; 3°. l'Auvergne ; 4°. le Lyonnois ; 5°. le Dauphiné.

II. 6°. La Guyenne ; 7°. le Béarn ; 8°. le Comté de Foix ; 9°. le Roussillon ; 10°. le Languedoc ; 11°. la Provence.

Petits Gouvernemens.

Les huit petits Gouvernemens sont ceux, 1°. de Paris, dans l'île de France ; 2°. Boulogne, avec le Boulonnois, en Picardie ; 3°. le Havre-de-Grace, en Normandie ; 4°. Saumur & le Saumurois, entre l'Anjou & le Poitou ; 5°. les deux Evêchés de Metz & de Verdun ; 6°. & celui de Toul, en Lorraine ; 7°. Sedan ; 8°. l'île de Corse.

On ne suivra pas la division de ces petits Gouvernemens pour la Description Géographique ; mais on en parlera aux articles des Provinces où ils sont situés.

Pl. VII.

Nord

270 280 290 300 310 320 330 340 350

10

GRANDE

O

Equateur

L.t Galapa

C

Terre Ferme

Trinidad

Paramaribo

Cayenne

C. du Nord

E

MER

DES

AMAZONES

Pays

Perou

Bresil

Sergipe

Salvador

C. S.t Augustin

A

Tropique du Capricorne

Paraguai

N

DU

Buenos Ayres

R.de la Plata

C. S.te Marie

C. S.t Antoine

SUD

J. Chiloe

Pays des Patagons

Magellan

Isles Malouines

N.le Georgie

AMÉRIQUE
MÉRIDIONALE
pour
LA COSMOGRAPHIE
ÉLEMENTAIRE.
1781.

Det. de
Terre de

C. de Horn

250 260 270 280 290 300 310 320 330 340 350 360 370

Midi

Ouest

Est

OCEAN

0

10

20

30

40

50

60

J. Devrocha-Sculpsit

GRANDS GOUVERNEMENS.

1. *De la Flandre Françoise.*

CE Gouvernement, baigné au Nord, par la Mer, & resserré entre l'Artois à l'Ouest, & les Pays-Bas à l'Est, s'étend au Sud jusqu'à la Picardie. C'est un Pays fertile.

Il comprend la Flandre Françoise, le Hainaut & le Cambraisis.

I. La Flandre a pour capitale LILLE, sur la *Deule*, grande & belle Ville, avec une bonne Citadelle.

Le Hainaut a pour capitale *Valenciennes*, sur l'*Escaut*, Place forte, avec une bonne Citadelle.

Le Cambraisis a pour capitale *Cambrai*, aussi sur l'*Escaut*, & Place forte.

II. 1°. La Flandre Françoise faisoit partie d'un Comté, qui avoit ses Seigneurs particuliers : une partie en revint à la France sous le règne de Philippe-le-Bel, en 1312. Le Roi Jean la donna en 1363 à son quatrième fils Philippe-le-Hardi, Duc de Bourgogne, d'où ce Pays passa à l'Espagne (1). Louis XIV en fit la conquête en 1667.

2°. Le Hainaut François n'est qu'une partie de

_____

(1) Lorsque le Roi Jean donna les Châtellenies de Lille & de Douai à Philippe, il étoit convenu, qu'au défaut d'enfans mâles dans sa postérité, elles reviendroient à la Couronne ; ce cas avoit eu lieu, mais on n'avoit pas rendu les Châtellenies. Cette infraction justifioit la conquête de Louis XIV.

la Province de ce nom ; elle fut cédée à Louis XIV par le Traité des Pyrénées en 1660 , & par celui de Nimegue en 1678,

3°. Le Roi a la souveraineté dans le Cambraisis , qui lui fut cédé par la Maison d'Autriche en 1678. Mais l'Archevêque en est Comte , & y jouit de plusieurs droits domaniaux.

2. De l'Artois.

I. Ce Gouvernement a au Nord , à l'Ouest & au Sud, la Picardie , & la Flandre à l'Est.

Sa capitale est *Arras* , sur la *Scarpe* , Ville bien peuplée & bien bâtie.

II. L'Artois , comme Province dite des Pays-Bas , appartint long-tems à la Bourgogne , puis à l'Espagne. Louis XIII en fit en partie la conquête sur cette Couronne en 1640. Louis XIV y ajouta quelques Places en 1678,

3. De la Picardie.

I. Ce Gouvernement qui s'étend le long de la mer , & au Nord de l'île de France , se divise en haute & basse Picardie.

La haute renferme ;

1°. L'Amiénois , capitale AMIENS , sur la *Somme* , Ville grande & riche.

2°. Le Santerre , capitale *Péronne* , sur la *Somme* , Place forte.

3°. Le Vermandois , capitale *Saint-Quentin* , sur la *Somme* , Place forte.

4°. La Thiérache , capitale *Guise* , sur l'*Oise* , Ville peu considérable.

La baſſe Picardie renferme, en commençant par le Nord,

1º. Le Pays reconquis, capitale *Calais*, port très-fréquenté.

2º. Le Boulonois, capitale *Boulogne*, ſur la Liane, port fort petit & ville très-agréable.

3º. Le Ponthieu, capitale *Abbeville*, ſur la *Somme*, & capitale de toute la baſſe Picardie.

4º. Le Vimeux, capitale *Saint-Valery*, port.

II. Les Peuples de cette Province furent les derniers ſoumis par les Romains, & les premiers à ſe liguer avec les François pour ſecouer leur joug. Elle eſt une des plus anciennes poſſeſſions des Rois de France, dont ſes Souverains particuliers étoient Vaſſaux.

4. *De la Normandie.*

I. La Normandie, bornée toute entière à l'Oueſt par la Manche, eſt à l'Oueſt de l'île de France. On la diviſe en haute & baſſe, qui enſemble ſe ſubdiviſent en 7 Diocèſes.

La haute Normandie, qui eſt au Nord, renferme les Diocèſes de Rouen, de Lizieux & d'Evreux.

1º. Le Diocèſe de Rouen eſt un riche Archevêché : il renferme ;

Le Véxin Normand, capitale ROUEN, ſur la *Seine*, ville d'un aſpect peu agréable, mais riche & fort commerçante.

Le Roumois, capitale *Quillebœuf*, ſur la *Seine*.

Le Pays de Caux, capitale *Dieppe*, port.

Le Pays de Bray, capitale *Gournay*, ſur l'*Epte*.

2º. Le Diocèſe de Lizieux, capitale *Lizieux*, ſur la *Touque*.

3°. Le Diocèfe d'Evreux , capitale *Evreux* , fur l'*Iton*.

La Baffe-Normandie , qui s'étend vers l'Oueft , & renferme 4 Diocèfes.

1°. Le Diocèfe de Séez , capitale *Séez* , fur l'*Orne*.

2°. Le Diocèfe de Bayeux , capitale *Bayeux* , fur l'*Aure*. Mais *Caën* , à l'Eft fur l'*Orne* , en eft la ville la plus confidérable ; elle eft la feconde ville de la Normandie , & la capitale de toute la baffe.

3°. Le Diocèfe de Coutances , capitale *Coutances* , fur la *Soule*.

4°. Le Diocèfe d'Avranches , capitale *Avranches* , fur la *Sée*.

II. La Normandie , comprife dans le Pays que , fous nos premiers Rois , on appeloit Neuftrie , fût cédée fous le règne de Charles le Simple vers l'an 912 à Rollon , chef d'une horde de Peuples qui , venus du Nord , l'avoient fouvent ravagée , & s'étoient même avancés jufqu'à Paris. L'un de leurs Ducs , Guillaume le Bâtard , ayant fait la conquête de l'Angleterre , & s'en étant fait reconnoître Roi , n'en conferva pas moins la Normandie à titre de Duché , relevant de la France. En 1204 , Philippe-Augufte en fit la conquête fur l'Angleterre , & la garda.

5. De l'Ile de France.

I. Ce Gouvernement , dans lequel je comprends auffi le Gouvernement particulier de Paris , eft entre la Picardie au Nord ; la Champagne , à l'Eft ; l'Orléanois , au Sud ; la Normandie à l'Oueft. Il renferme dix petits Pays.

1°. L'Ile de France propre, capitale PARIS, qui l'eſt auſſi de tout le Royaume, ſur la *Seine* qui y forme pluſieurs îles.

2°. La Brie Françoiſe, capitale *Corbeil*, ſur la *Seine.*

3°. Le Gâtinois François, capitale *Melun*, ſur la *Seine.*

4°. Le Hurepoix , capitale *Dourdan* , ſur l'*Orge.*

5°. Le Mantois, capitale *Mantes*, ſur la *Seine.*

6°. Le Vexin François , capitale *Pontoiſe* , ſur l'*Oiſe.*

7°. Le Beauvoiſis , capitale *Beauvais* , ſur le *Thérin.*

8°. Le Valois, capitale *Creſpy.*

9°. Le Soiſſonnois , capitale *Soiſſons* , ſur l'*Aiſne.*

10°. Le Laonnois, capitale *Laon* (1).

II. Ce Pays eſt, comme la Picardie , une des plus anciennes poſſeſſions des Rois de France ; & même dans les commencemens il y avoit un Roi à Soiſſons & un autre à Paris ; & malgré les conquêtes des Anglois, il n'a jamais été cenſé détaché des propriétés de la Couronne.

6. *De la Champagne.*

I. Ce Gouvernement a l'Ile de France à l'Oueſt ; la Lorraine à l'Eſt ; au Nord une partie des Pays-Bas ; & au Sud la Bourgogne. Il comprend la Champagne & la Brie.

La CHAMPAGNE ſe diviſe en haute & baſſe.

---

(1) Prononcez *Lanais* , & *Lan*, comme Pan & Fan, écrits Paon & Faon.

La haute, à partir du Nord, renferme ;

1°. Le Rhételois, capitale *Rhétel*, près l'*Aiſne*.

2°. Le Rémois ; capitale *Reims*, ſur la *Veſle*. Cette ville eſt auſſi la capitale de toute la haute Champagne.

3°. Le Pertois ; capitale *Vitri-le-François*.

La baſſe Champagne renferme ;

1°. La Champagne propre ; capitale TROYES ſur la *Seine* ; c'eſt la capitale de toute la Province.

2°. Le Vallage ; capitale *Joinville* ſur la *Marne*.

3°. Le Baſſigny ; capitale *Chaumont*, ſur une montagne.

4°. Le Sénonois, à l'Oueſt ; capitale *Sens*, au confluent de l'*Yonne* & de la *Vanne*.

La BRIE, quoique bien moins conſidérable que la Champagne, ſe diviſe en trois parties : elle eſt à l'Oueſt.

Là haute Brie ; capitale *Meaux*, ſur la *Marne*.

La baſſe Brie ; capitale *Provins*.

La Brie Pouilleuſe ; capitale *Château-Thiéry*, ſur la *Marne*.

II. Ce Pays, l'un des premiers dont les Francs s'emparèrent à leur entrée dans les Gaules, commença à avoir des Comtes au dixième ſiècle. Ils ne poſſédoient pas, il eſt vrai, toute la Champagne actuelle. Le premier fut Robert, Comte de Vermandois, qui s'empara de Troyes en 953. Eudes, qui lui ſuccéda, prit le titre de *Comte Palatin* de Champagne. Lors de l'érection des douze Pairies de France, au commencement du treizième ſiècle, la Champagne y fut compriſe. En 1284, elle fut réunie à la Couronne avec la Brie, par le mariage de Jeanne, fille unique & héritière de Henri, avec Philippe le Bel, Roi de France. - -

7. *De la Lorraine.*

I. Je comprends ici, avec la Lorraine, les deux petits Gouvernemens de Toul, Metz & Verdun. Cette Province est entre la Champagne à l'Ouest, & l'Alsace à l'Est.

Sa capitale est NANCY près de la *Meurte*. C'est une assez belle ville.

On y trouve de plus ;

Metz, au Nord, sur la *Mozelle*.

Verdun, au Nord-Ouest, sur la *Meuse*.

Toul, à l'Ouest, & peu loin de *Nancy*, sur la *Mozelle*.

II. La Lorraine fit partie du Royaume d'Austrasie dans les commencemens de la Monarchie Françoise. Elle échut ensuite en partage à l'Empereur Lothaire, fils de Louis le Débonnaire. C'est de ce Prince Lothaire que s'est formé, par corruption & en le traduisant en François, le nom de Lorraine. La Province fut ensuite partagée en Haute & Basse. Après avoir eu long-tems ses Souverains particuliers, elle fut cédée au Roi Stanislas par le dernier Duc François-Etienne en 1736. A la mort du Roi Stanislas en 1766, la Lorraine revint à la France, ainsi que cela étoit convenu.

Metz & son territoire, après avoir été la capitale de l'Austrasie à la mort de Clovis, eut des Comtes particuliers. Elle fut ensuite *Ville Impériale*. Le Roi de France Henri II y entra en 1552, sous le titre de Protecteur. Charles-Quint l'affiégea inutilement en 1558; le Duc de Guife la défendit. Comme les Evêques y avoient alors la principale autorité, l'un d'eux la céda à Louis XIII qui fe rendit auffi maître de Toul & de Verdun. Et ces Villes furent abfolument cédées à la France par le Traité de Weftphalie en 1648.

8. *De l'Alface.*

I. Cette Province eft bornée à l'Eft par le *Rhin*; elle s'étend fur-tout du Nord au Sud. On la divife en *Haute* & *Baffe* Alface, & en *Suntgau.*

1°. La Baffe Alface eft au Nord; capitale STRASBOURG, fur l'*Ill :* la ville n'eft pas belle; mais elle eft bien forte & bien peuplée (1).

2°. La Haute Alface eft au Sud; capitale *Colmar*, près de l'*Ill.*

3°. Le Suntgau, plus au Sud, a pour capitale *Befort*, place forte.

II. L'Alface paffa fous la domination des Rois d'Allemagne, lors du partage de la Lorraine en 870. Gouvernée depuis par des Ducs & des Landgraves, elle devint *Province immédiate* de l'Empire en 1268. Le Traité de Munfter l'adjugea en 1648 à Louis XIV qui fe contenta de l'Alface Autrichienne : infenfiblement le refte reconnut

---

(1) Je ne m'étends fur aucune des villes dont je parle; cependant je ne puis me refufer à donner ici la mefure du clocher de Strasbourg que tout le monde, fur la foi de la Martinière, de D. Vaiffette, de la Croix, &c. &c. croit être de 574 pieds: cela ne doit s'entendre que du pied de Strasbourg : il a 445 pieds de Roi; ce qui eft différent.

fon pouvoir. Et Strasbourg, ville *libre* de l'Empire, fe foumit volontairement au Roi en 1681, à condition qu'elle garderoit fes privilèges.

9. *De la Bretagne.*

Cette Province occupe une grande prefqu'île, qui s'avance dans l'Océan à l'Oueft de la France, & qui de trois côtés eft ainfi environnée d'eau.

I. On la divife en *Haute* & en *Baffe.*

1°. La Haute renferme cinq Evêchés, favoir;

L'Evêché de Rennes; capitale RENNES, fur la *Vilaine*; c'eft auffi la capitale de toute la Province.

L'Evêché de Nantes, au Sud; capitale *Nantes*, port fur la *Loire.*

L'Evêché de Dol, au Nord, capitale *Dol*, dans des marais.

L'Evêché de S. Malo; capitale *S. Malo*, port dans une prefqu'île.

L'Evêché de S. Brieux; capitale *S. Brieux*, port.

2°. La Baffe renferme les Evêchés fuivans;
Au Nord.

L'Evêché de Tréguier; capitale *Tréguier* près de la mer.

L'Evêché de Léon; capitale *S. Paul de Léon.*
Au Sud.

L'Evêché de Quimper; capitale *Quimpercorentin*, au confluent de l'*Oder* & de la *Benauder.*

L'Evêché de Vannes; capitale *Vannes.*

II. La Bretagne, foumife par les Rois de la première Race, fe rendit indépendante fous les

fils de Louis le Débonnaire. Le Pays fut enfuite partagé en plufieurs Comtés. Puis il y eut
des Ducs. Anne de Bretagne, fille & héritière
de François II, dernier Duc, après avoir époufé
Charles VIII, époufa Louis XII, &, par le mariage de leur fille Claude avec François I, en
1532, la Bretagne fut réunie pour toujours à la
France.

10. *Du Maine.*

I. Ce Gouvernement renferme auffi le Perche.

1°. Le Maine fe divife en Haut & en Bas ; mais
on varie fur leur pofition ; les uns nomment
le Haut ce que les autres nomment le Bas.

Dans l'ufage ordinaire,

Le Haut Maine a pour capitale le MANS, fur
la *Sarte.*

Le Bas a pour capitale *Mayenne*, fur une rivière de même nom.

2°. Le Perche ne fe divife point ; mais deux
villes fe difputent l'honneur d'être fa capitale.
Selon le fentiment commun, c'eft,

Mortagne, à quelque diftance à l'Eft de la
Sarte.

II. Le Maine, après avoir eu des Ducs & des
Comtes, étoit paffé avec l'Anjou à l'Angleterre,
lorfqu'un Prince de la Maifon de Château Lan-
don y fut monté fur le trône ; mais il revint
auffi à la France en même tems que l'Anjou,
lorfque Philippe-Augufte les confifqua fur Jean
Sans-Terre en 1203. Il fut depuis donné deux
fois en apanage à des Frères du Roi ; la première fois par S. Louis qui le donna à Charles,
depuis Roi de Naples ; la feconde, par le Roi
Jean

Jean qui le donna à son frère Louis. Il fut érigé en Duché par ce même Roi l'an 1471. Il revint à la Couronne sous Louis XI dans la même année.

Le Perche eut long-tems pour Souverains des Seigneurs appelés d'abord *Comtes de Mortagne*, puis *Comtes de Perche*. Ce Comté fut réuni à la Couronne sous le règne de S. Louis. Il fut donné en apanage à la branche des Valois, & revint à la France en 1525.

11. *De l'Anjou.*

I. L'Anjou se divise aussi en haut & en bas.

Le haut a pour capitale ANGERS sur la *Sarte.*

Le bas a pour capitale *Saumur* sur la *Loire* ; on a vu qu'elle est la capitale d'un petit Gouvernement particulier.

II. L'Anjou, ainsi que l'on vient de le dire à l'article du Maine, après avoir eu ses Comtes particuliers, étoit passé aux Rois d'Angleterre, & fut conquis sur eux par Philippe Auguste en 1203 ; il fut, comme le Maine, réuni à la couronne en 1471.

12. *De la Touraine.*

I. On peut diviser la Touraine en *septentrionale* & en *méridionale.*

La Touraine septentrionale s'étend au Nord de la Loire, excepté sa capitale qui est au Sud.

TOURS, capitale sur la *Loire.*

La basse s'étend au Sud de la Loire ; sa capitale est *Amboise* sur la *Loire.*

* C c

II. La Touraine qui avoit fait partie d'abord du royaume d'Auftrafie, puis de celui de Neuftrie, paffa enfuite aux Comtes de Blois, puis aux Comtes d'Anjou, & enfin aux Rois d'Angleterre. Elle fut confifquée avec le Maine & l'Anjou, par Philippe Augufte ; & Henri III, Roi d'Angleterre, renonça abfolument à fes prétentions fur cette province, par un traité fait avec S. Louis en 1255. Le Roi Jean l'érigea en Duché l'an 1356, en faveur de Philippe fon fils, depuis Duc de Bourgogne. Mais à la mort de François, Duc d'Alençon & frère de Henri III, elle eft revenue au Domaine, & n'en a plus été féparée.

13. De l'Orléanois.

I. Le Gouvernement de l'Orléanois comprend plufieurs pays.

L'Orléanois propre, capitale ORLÉANS fur la *Loire*.

2. La Beauce, capitale *Chartres* fur l'*Eure*.

3. Le Blaifois, capitale *Blois* fur la *Loire*.

4. Le Gatinois Orléanois, capitale *Montargis* fur le *Loin*.

II. L'Orléanois eft une des premières conquêtes de Clovis en France. La ville d'Orléans fut enfuite capitale d'un royaume fous les fils de ce Prince. Il fut réuni à la couronne par Hugues Capet, & érigé en Duché par Philippe de Valois qui le donna à fon fils. Ce Duché a été depuis l'apanage de plufieurs frères de nos Rois, & appartient encore à ce titre au Prince qui en porte le nom, arrière-petit-neveu de Louis XIV.

14. *Du Berri.*

I. Ce Gouvernement, qui eſt au milieu de la France, ne renferme qu'une ſeule province diviſée en haut & en bas Berri.

Le haut Berri a pour capitale BOURGES ſur l'*Yevre* ou l'*Eure.*

Le bas a pour capitale *Iſſoudun* ſur un ruiſſeau qui ſe rend dans l'Aſmon.

II. Le Berri paſſa au pouvoir des François dès le règne de Clovis.; il fit enſuite partie des Etats des Ducs d'Aquitaine. Charlemagne y établit des Comtes qui ſe rendirent indépendans, ſe regardant ſeulement comme vaſſaux. Eudes Arpin le vendit à Philippe I, en 1100, pour avoir de quoi fournir à un voyage de TerreSainte. Le Roi Jean l'érigea en Duché l'an 1360, en faveur de Jean, ſon troiſième fils. Il a depuis été pluſieurs fois l'apanage d'un fils de France, & appartient encore aujourd'hui à ce titre à Monſeigneur le Comte d'Artois.

15. *Du Nivernois.*

I. Le Nivernois, ſitué entre la Loire & la Bourgogne, n'eſt pas fort étendu.

Sa capitale eſt NEVERS ſur la *Loire.*

II. Ce pays fit partie du Royaume de France après l'établiſſement de Clovis, puis il paſſa à la Maiſon de Courtenay, à la Bourgogne, aux Ducs de Mantoue. Ce fut d'Anne & de Louiſe, Princeſſes de cette Maiſon, que le Cardinal de Mazarin acheta le Duché de Nevers en 1659; il en difposa en faveur du Marquis de Mancini, dont les defcendans le poffèdent encore aujourd'hui.

16. *De la Bourgogne.*

I. Ce Gouvernement eft fort étendu depuis la Champagne au Nord jufqu'au Lyonnois au Sud. Il renferme la *Bourgogne*, la *Breffe* & le *Bugei*.

1º. La Bourgogne fe divife en huit petits pays.

Le Dijonois, capitale DIJON, ville grande & très-peuplée, fur l'*Ouche*.

Le Pays de la Montagne, au Nord, capitale *Châtillon*, *fur Seine*.

L'Auxerrois, au Nord-Oueft, capitale *Auxerre*, fur l'*Yonne*.

L'Auxois, capitale *Semur*, fur l'*Armançon*.

L'Autunois, capitale *Autun*, fur l'*Arroux*.

Le Châlonois, capitale *Châlons*, fur la *Saone*.

Le Charolois, capitale *Charolles*, fur un ruiffeau.

Le Maconois, capitale *Mâcon*, fur la *Saone*.

2º. La Breffe, au Sud, a pour capitale *Bourg*, fur un lieu élevé.

3º. Le Bugey, à l'Eft, a pour capitale *Belley*, au Sud-Eft fur un ruiffeau.

II. La Province de Bourgogne tire fon nom d'un peuple de Germanie qui s'y établit un peu avant l'entrée des Francs dans les Gaules. Ils formèrent de ce côté un royaume plus étendu que ne l'eft la province actuelle. Dans le feptième fiècle il fut réuni au Royaume de Neuftrie. A la mort de Louis-le-Débonnaire, ce grand Etat fut partagé. La partie située à la gauche de la Saone, demeura à Charles-le-Chauve; c'est à-peu-près la Bourgogne actuelle. Elle fut gouvernée ensuite par des Ducs du Sang Royal. La première Maison de ces Princes commença à Othon, frère de Hugues Capet; ou plutôt, comme lui & son frère Henri moururent sans enfans, on doit compter de Robert, frère de Henri I, fait Duc en 1032. La seconde famille de ces Ducs commence à Philippe, quatrième fils du Roi Jean, en 1368. Cette Maison s'éteignit en la personne de Charles-le-Hardi, tué devant Nancy le 5 Janvier 1477. Il ne laissoit qu'une fille nommée Marie, dont il sera parlé à l'article suivant. Louis XI, dès ce moment, réunit la Bourgogne à la France, & elle n'en a point été séparée depuis.

La Bresse & le Bugey avoient été achetées par les Ducs de Savoie, de quelques Seigneurs du Dauphiné. Emmanuel Philibert les céda en 1601, à Henri IV, en échange du Marquisat de Saluces, à l'Est d'une partie du Piémont en Italie.

17. *De la Franche-Comté.*

I. Cette Province est séparée à l'Est de la Suisse & de la Principauté de Montbéliard (1).

On la divise en quatre Bailliages du Nord au Sud.

Le Bailliage de *Vezoul* sur un ruisseau qui se rend dans la *Saone*, à l'Ouest.

---

(1) Qui appartient au Duc de Wirtemberg.

Le Bailliage de BESANÇON fur le *Doux.* C'eft une belle & grande ville.

Le Bailliage de *Dôle* auffi fur le *Doux.*

Le Bailliage d'Aval, capitale *Salins* ; fur un ruiffeau.

II. La Franche-Comté faifoit partie du premier Royaume de Bourgogne. Elle paffa enfuite au pouvoir de Conrad-le-Salique, Empereur d'Allemagne, & eut des Comtes qui relevoient de l'Empire. Mais Renaud III, ayant refufé d'en faire hommage à l'Empereur Lotaire, & s'étant maintenu dans cette prétention, on donna au pays le nom de *Franche - Comté.* Après avoir changé de différens maîtres, la Franche-Comté vint au pouvoir des Ducs de Bourgogne. Marie, fille de Charles-le-Hardi, la porta en dot, avec les Pays-Bas, à Maximilien d'Autriche, qui forma de ce pays un cercle de l'Empire fous le nom de *Cercle de Bourgogne.* Charles-Quint, petit-fils de Maximilien, hérita de ces pays, & les fit ainfi paffer à la Couronne d'Efpagne, fur laquelle Louis XIV en fit la conquête en 1674, ce qui fut confirmé par la paix de Nimègue en 1678.

18. *Du Poitou.*

I. Le Poitou eft une grande Province à l'Oueft fur le bord de la mer.

On le divife en Haut & en Bas.

Le Haut a pour capitale POITIERS, fur le *Clain :* elle eft grande, mais mal bâtie.

Le Bas a pour capitale *Fontenai-le-Comte* fur la *Vendrée.*

II. Le Poitou, compris dans la Province que l'on nommoit Aquitaine, fut conquife par Clovis; mais elle continua depuis d'appartenir aux Ducs d'Aquitaine. Pepin-le-Bref la conquit de nouveau, & la réunit à la Couronne : il y établit des Comtes qui, vers la fin du neuvième fiècle, prirent le titre de Ducs d'Aquitaine ; leurs poffeffions étoient fort étendues ; mais Eléonor, fille & unique héritière de Guillaume X, dernier duc d'Aquitaine, de la race des Comtes de Poitiers, répudiée par le Roi Louis-le-Jeune en 1152, ayant époufé Henri, Comte d'Anjou & Duc de Normandie, cette Province, ainfi que la Normandie, toute l'Aquitaine, l'Anjou, la Touraine & le Maine, paffèrent à l'Angleterre lorfque ce Prince y fut reconnu Roi fous le nom de Henri II.

Philippe-Augufte confifqua le Poitou fur Jean Sans-Terre ; & ce pays paffa à la France par un Traité en 1259. Mais les Anglois le reprirent en 1356, après la bataille de Poitiers gagnée fur le Roi Jean ; & il leur fut abandonné par le Traité de Brétigni, en 1360. Mais Charles V la reprit en 1377 & la donna en 1378, en apanage à fon fils Jean. A la mort de ce Prince, en 1416, le Poitou revint, & pour toujours, à la Couronne.

19. *De l'Aunis.*

I. L'Aunis eft un fort petit pays au Sud-Oueft du Poitou.

Sa capitale eft la ROCHELLE, port de Mer.

II. La Rochelle n'étoit au commencement

qu'un petit Château, où Guillaume X, Comte de Poitiers, fonda une ville. Elle eut le fort du Poitou & de l'Aquitaine dont je viens de parler. Dans les guerres de Religion qui défolèrent la France, elle étoit dans le parti des Religionnaires, & fut affiégée deux fois. Elle fut prife la feconde fois, en 1628, par Louis XIII ; le Cardinal de Richelieu commandoit le fiège.

20. *De la Marche.*

I. La Marche eft une petite Province à l'Eft du Poitou, & au Sud du Berry.

Elle fe divife en Haute & Baffe.

La Haute a pour capitale Gueret, près de la Gartempe.

La Baffe a pour capitale *le Dorat* fur la *Sevre.*

II. La Marche eut long-tems des Comtes particuliers. Elle paffa enfuite dans les Maifons de Montgomery & de Luzignan. Guy de Luzignan l'ayant laiffée par teftament à Philippe-le-Bel, ce Prince la donna à fon troifième fils Charles, qui, étant devenu Roi en 1322, fous le nom de Charles IV, l'échangea avec Louis-de-Bourbon, pour le Comté de Clermont en Beauvoifis. Elle appartenoit au Connétable de Bourbon, lorfque fes biens furent confifqués, en 1531, par François I, & réunis à la Couronne.

21. *Du Bourbonnois.*

I. Le Bourbonnois n'eft que de très-peu de chofe plus grand que la Marche. Il eft au Nord de l'Auvergne, & prefque au Sud du Nivernois.

On le divise en Haut & en Bas.

Le Haut a pour capitale Moulins , fur l'*Allier.*

Le Bas a pour capitale *Mont - Luçon* , près du *Cher.*

II. Le Bourbonnois a pris fon nom de *Bourb* , mot Celtique ou Gaulois , défignant des Eaux , parce qu'il y en a à Bourbon qui n'étoit qu'un château dépendant de l'Aquitaine au huitième fiècle. Il fut mis vers l'an 932 fous la mouvance de la Couronne , & eut des Seigneurs dont fept portèrent le nom d'Archambaud ; ce qui fit donner à la Ville , qui fuccéda au Château , le nom de Bourbon-l'Archambaud.

Cette Seigneurie paffa à la Maifon de Bourgogne , & Béatrix de Bourgogne porta ce Domaine en dot à fon mari Robert , Comte de Clermont , cinquième fils de S. Louis (1). La Terre de Bourbon-l'Archambaud fut érigée en Duché-Pairie en faveur de Louis , fils de Robert , l'an 1327. Le Connétable de Bourbon , Comte de Montpenfier , époufa Jeanne , fille & héritière de Pierre II , Duc de Bourbonnois , & eut ainfi ce Comté qui , après fa révolte , fut confifqué par François I en 1523. Il fut enfuite

_____

(1) C'eft de ce Prince Robert , fils de S. Louis, que defcendent les Princes de la Famille de Bourbon , actuellement régnant , & qui a pris fon nom de ce Comté. Voici la fuite de ces Princes. Robert , Comte de Clermont , puis Duc de Bourbon; Louis I; Jacques , Comte de la Marche ; Jean , Comte de la Marche ; Louis , Comte de Vendôme ; Jean , Comte de Vendôme ; François Comte de Vendôme ; Charles , Duc de Vendôme ; Antoine de Bourbon , roi de Navarre ; & Henri IV.

donné à Louis II , Prince de Condé , par Louis XIV , en échange d'autres Terres ; & on l'érigea de nouveau en Duché-Pairie.

22. *De la Saintonge.*

I. Ce Gouvernement qui , au Sud du Poitou , a la Mer à l'Ouest , renferme aussi l'Angoumois.

1º. La Saintonge est divisée en Haute & Basse.

La Haute a pour capitale SAINTES , sur la *Charente.*

La Basse a pour capitale *S. Jean - d'Angely* , au Nord , près de la *Boutonne.*

2º. L'Angoumois , à l'Est , a pour capitale *Angoulême,* sur une montagne au pied de laquelle coule la *Charente.*

II. Cette Province , comprise dans l'ancienne Aquitaine , a eu à-peu-près le sort du Poitou. Elle avoit été donnée en propriété , par Louis VIII , à Hugues , Comte de la Marche , auquel elle fut ôtée par S. Louis. Ce Prince la céda aux Anglois ; mais Philippe-le-Bel en fit la conquête. Les Anglois la réprirent après la bataille de Poitiers , en 1350. Charles V la reprit , & la réunit à la couronne.

L'Angoumois , repris sur les Anglois comme la Province précédente , fut donné , par Charles V , à son frère Jean , duc de Berry , qui le céda à Charles VI. Après avoir été plusieurs fois engagé , l'Angoumois a été dernièrement compris dans l'apanage de Monseigneur le Comte d'Artois.

23. *Du Limosin.*

I. Ce pays eft fitué au Sud de la Marche, & à l'Oueft de l'Auvergne.

On le divife en Haut & Bas-Limofin.

Le Haut a pour capitale LIMOGES, fur la *Vienne.*

Le Bas a pour capitale *Tulle,* fur la *Corrèze.*

II. Le Limofin, qui fit partie des conquêtes de Clovis, paffa enfuite aux Ducs d'Aquitaine, & eut le même fort que le Poitou & la Saintonge. Et quelques villes qui avoient appartenu à la Maifon de Bretagne, revinrent par fucceffion à Albret de Navarre, & à Henri IV qui en hérita.

24. *De l'Auvergne.*

I. L'Auvergne eft entre le Limofin & le Lyonnois, au moins en partie.

Cette Province fe divife en Haute & Baffe.

La Haute a pour capitale *Saint-Flour,* au Sud, près d'un ruiffeau.

La Baffe a pour capitale *Clermont,* fur une montagne.

II. Après avoir fait partie des Etats du Roi de France, l'Auvergne avoit paffé aux Ducs d'Aquitaine ; elle eut enfuite des Comtes de fon nom. Enfuite l'Auvergne fut partagée. De ces Souverains, les uns étoient *Comtes,* les autres *Dauphins* d'Auvergne. La partie qui appartenoit aux Dauphins porte le titre de Duché de Montpenfier, & appartient à Mgr. le Duc d'Orléans. L'autre partie avoit été donnée il n'y a pas long-tems, à Mgr le Comte d'Artois, qui l'a échangée contre le Poitou.

25. *Du Lyonnois.*

I. Ce Gouvernement eſt fort petit ; il eſt entre l'Auvergne à l'Oueſt, & la *Saone* & le *Rhône* à l'Eſt.

Il comprend le *Lyonnois*, le *Beaujolois* & le *Forez*.

Le Lyonnois a pour capitale LYON, au confluent de la *Saone* & du *Rhône*. Cette ville eſt fort marchande, & commence à être ornée.

Le Beaujolois a pour capitale *Ville-Franche*, ſur le Morgon, près de la *Saone*.

Le Forez a pour capitale *Montbriſſon*, ſur la *Veſiſe*.

II. Le Lyonnois appartint pendant quelque tems au Royaume de Bourgogne. Il fut enſuite diſputé entre les Archevêques de cette ville, les Comtes de Forez, puis poſſédé par les premiers. Mais Philippe-le-Bel l'acquit en 1312, & le réunit à la Couronne.

Le Forez, après avoir eu des Comtes, paſſa au Connétable de Bourbon, puis à Louiſe de Savoie, mère de François premier ; & par une tranſaction du 25 Août 1557, elle conſentit que cette Province, ainſi que le Beaujolois, ſeroient réunis au Domaine de la Couronne.

Les Comtes de Beaujeu ont été partagés en deux Races. Le dernier de la ſeconde, Edouard II, ayant fait donation de ſon comté à Louis II, Duc de Bourbon, en 1400, le Beaujolois paſſa au Connétable, puis revint à la France, comme on vient de le dire.

26. *Du Dauphiné.*

I. Cette Province a le Rhône au Nord &
à l'Oueft ; la Provence au Sud , & les Alpes
à l'Eft. C'eft un pays très-montagneux.

On le divife en Haut & Bas-Dauphiné.

1°. Le Haut-Dauphiné comprend fix petits
Pays.

Le Graifivaudan , dont la capitale eft GRE-
NOBLE , fur l'*Isère.*

Le Royanès , capitale *Pont-de-Royan* , au Sud-
Oueft fur le Royan.

Les Baronnies , capitale *le Buis* , fur l'*Aurez* ,
tout-à-fait au Sud.

Le Gapençois, capitale *Gap* , fur la *Bene.*

L'Embrunois, capitale *Embrun* , fur la *Durance.*

Le Briançonnois, capitale *Briançon* , fur une
montagne.

2°. Le Bas-Dauphiné comprend quatre petits
pays.

Le Viennois , capitale *Vienne* , fur le *Rhône.*

Le Valentinois , capitale *Valence* , fur le
Rhône.

Le Tricaftin , capitale *S. Paul trois Châteaux* ,
près du *Rhône.*

Le Diois, capitale *Dié* , fur la *Drome.*

II. Le Dauphiné avoit fait long-tems partie
du Royaume de Bourgogne. Il eut enfuite des
Souverains qui prenoient le titre de *Dauphins.*
On n'eft pas d'accord fur l'origine de ce nom.
On partage les Dauphins en trois familles. La
troifième eft celle de Humbert de la Tour-du-

Pin, dont Humbert II. fut le dernier. Accablé de douleur de la perte de ſes deux fils, l'un tué à la bataille de Crecy, l'autre enfant tombé d'une fenêtre ; & preſſé de dettes, il vendit le Dauphiné à Philippe-de-Valois, le 13 Mars 1349, à condition qu'un des fils des Rois de France porteroit le nom de Dauphin.

Il ſe fit enſuite Jacobin, & eut le titre de Patriarche d'Alexandrie. Lors du premier Traité fait à ce ſujet, Philippe, ſecond fils de Philippe-de-Valois, avoit eu le nom de Dauphin. Mais depuis lui ce titre a toujours été porté par le fils aîné du Roi. Charles V fut le premier qui le porta.

27. *De la Guyenne.*

I. Ce Gouvernement eſt le plus étendu de tout le Royaume : il eſt vers la Mer, & s'étend depuis l'Angoumois & le Limoſin, juſqu'aux Pyrénées.

Il comprend la Guyenne & la Gaſcogne.

1°. La Guyenne, qui eſt au Nord, comprend ſix petits pays.

La Guyenne propre, capitale BORDEAUX, port ſur la Garonne : cette ville eſt belle & riche, & ſon port eſt magnifique par ſon étendue.

Le Périgord, diviſé en Haut où eſt PÉRIGUEUX, capitale, ſur l'*Ile ;* & en Bas où eſt *Sarlat,* 's la *Dordogne.*

Le Bazadois, capitale *Bazas,* près de la *Lavaſanne.*

L'Agénois, capitale *Agen,* ſur la *Garonne.*

Le Quercy, divisé en Haut, capitale CAHORS, sur le *Lot ;* & en Bas, capitale *Montauban*, sur le *Tarn.*

Le Rouergue, qui renferme le Rouergue, capitale *Rodez*, sur l'*Aveirou ;* la Basse Marche, capitale *Villefranche*, aussi sur l'*Aveirou ;* & la Haute Marche, capitale *Milhaud*, sur le *Tarn*.

2°. La Gascogne, qui s'étend jusqu'aux Pyrénées, se divise en huit petits Pays, savoir ;

Les Landes, capitale *Acqs*, appelée vulgairement *Dax*, sur l'*Adour.*

La Chalosse, capitale *S. Sévère*, sur l'*Adour.*

Le Condomois ; capitale *Condom*, sur la *Baise.*

L'Armagnac ; capitale *Auch*, sur le *Gers.*

Le Pays des Basques, qui renferme le Labour, capitale *Bayonne*, port sur l'*Adour ;* & le Vicomté de Soule, capitale *Mauléon*, au Sud-Est, sur le Gave de *Suson.*

Le Bigore ; capitale *Tarbes*, sur l'*Adour.*

Le Comminge ; capitale *S. Bertrand*, près de la *Garonne.*

Le Couserans ; capitale *S. Lizier*, sur la *Sallac.*

II. Si je voulois entrer dans quelques détails historiques par rapport à chacun de ces Pays, cet article seroit trop long pour l'Ouvrage. Il me suffit de rappeler ce que j'ai dit du sort de l'Aquitaine dont la Guyenne faisoit partie : après avoir appartenu à l'Angleterre, elle fut reconquise, & pour toujours, sous le règne de Charles VII en 1451.

Quant à la Gascogne, plusieurs parties en revinrent à la France sous Louis XI, puis sous Henri IV.

28. *Du Béarn.*

I. Ce petit Gouvernement comprend le Béarn & la Baffe Navarre.

Le Béarn a pour capitale PAU, fur une hauteur près du Gave de Pau.

La Baffe Navarre; capitale *S. Jean Pied-de-Porc*, fur la *Nive*.

II. Le Béarn, conquis d'abord par les Vafcons, appelés actuellement Gafcons, & gouverné par des Ducs, fous l'autorité des Rois de France, fut donné depuis aux Ducs d'Aquitaine. Après un grand nombre de révolutions, il paffa dans la Maifon d'Albret, dont Henri IV réunit les Domaines à la Couronne.

La Baffe Navarre faifoit partie du Royaume de Navarre, dont une grande partie eft encore à l'Efpagne; mais Ferdinand, Roi d'Arragon & de Caftille, s'en étant emparé en 1512 fur Jean d'Albret, il ne refta à ce Prince que les portions de fes Etats qui fe trouvoient en France. Henri IV, en ayant hérité par fa mère, les réunit à la Couronne.

29. *Du Comté de Foix.*

Ce Gouvernement ne renferme qu'un fort petit Pays.

Sa capitale eft PAMIERS, fur l'*Arriège*.

Ce Comté appartenoit à une des plus anciennes Maifons de France, qui tiroit fon origine des Comtes de Carcaffonne. Etant paffé enfuite aux Rois de Navarre, il fut réuni à la Couronne par Henri IV.

30.

30. *Du Roussillon.*

I. Le Roussillon est un petit Pays au pied des Pyrénées, & baigné à l'Est par la Méditerranée.

On le divise en trois parties.

La Viguerie de PERPIGNAN, capitale, sur le *Tet.*

La Viguerie de Conflans; capitale *Villefranche* sur le *Tet*, entre les montagnes.

La Cerdagne Françoise; capitale *Mont-Louis*, Place forte, sur les Pyrénées.

II. Ce Comté fut long-tems un Fief relevant de la France. Il passa ensuite à Alphonse IX, Roi d'Aragon, puis aux Rois de Majorque sur lesquels il fut pris par Pierre, Roi d'Aragon, en 1426. Jean II l'engagea à Louis XI pour trois cent mille écus d'or, consentant à le perdre, si dans neuf ans il ne rendoit cette somme avec les intérêts. Le terme étant expiré sans que ce Roi pût tenir ses engagemens, le Roussillon fut réuni à la France. Charles VIII eut la foiblesse de le rendre en 1493 à Ferdinand, Roi d'Aragon, à condition qu'il ne secourroit pas les Napolitains: ce Prince manqua à sa parole. Louis XIII en fit la conquête, & le Roussillon fut cédé à la France par le Traité des Pyrénées en 1659.

31. *Du Languedoc.*

I. Ce Gouvernement est fort considérable: il s'étend depuis celui de Guyenne jusqu'au Rhône, & depuis le Lyonnois jusqu'à la Méditerranée.

Il renferme le *Languedoc* & les *Cévennes.*

* D d

1°. Le Languedoc fe divife en *Haut*, & en *Bas.*

Le Haut Languedoc renferme neuf Diocè-fes (1).

Le Diocèfe de TOULOUSE, fur la Garonne : cette ville eft fort grande, mais pas belle.

Le Diocèfe de *Montauban.* (Cette ville eft dans le Quercy.)

Le Diocèfe d'*Albi*, fur le *Tarn.*

Le Diocèfe de *Caftres*, fur l'*Agoût.*

Le Diocèfe de *Lavaur*, fur l'*Agoût.*

Le Diocèfe de *S. Papoul*, près de l'*Aude.*

Le Diocèfe de *Mirepoix*, fur le *Lers.*

Le Diocèfe de *Rieux*, fur la *Rife.*

Le Diocèfe (en partie) de *Comminge.*

Le Bas Languedoc renferme onze Evêchés;

Le Diocèfe de *S. Pons*, près de l'*Orbe.*

Le Diocèfe de *Carcaffone*, fur l'*Aude Infé-rieur* (2).

Le Diocèfe d'*Aleth*, fur l'*Aude Inférieur.*

Le Diocèfe de *Narbonne*, fur un canal.

Le Diocèfe de *Beziers*, près le Canal Royal.

Le Diocèfe d'*Agde*, à l'embouchure de l'*Erault* & du Canal Royal.

Le Diocèfe de *Montpellier*, près la rivière de *Lez.*

Le Diocèfe de *Nifme*, à la fource de la *Viftre*, peu confidérable.

Le Diocèfe de *Lodève*, fur la *Lerque.*

---

(1) En nommant les Villes, on fent bien que c'eft nommer les Diocèfes.

(2) Je l'appelle ainfi pour le diftinguer de celui qui eft au Nord du canal.

Le Diocèse d'*Alès*, sur le Gardon.

Le Diocèse d'*Usez*, peu éloigné du *Rhône*.

2°. Les Cévennes sont vers le Nord ; elles comprennent,

Le Vélai, capitale le *Puy*, sur la *Loire*.

Le Gévaudan, capitale *Mende*, sur le *Lot*.

Le Vivarais, capitale *Viviers*, sur le *Rhône*.

II. Le Languedoc étoit au pouvoir des Wisigoths, lorsque Clovis fit la conquête des Gaules. Il prit sur eux Toulouse & la partie Orientale : la partie Occidentale leur demeura avec l'Espagne. Ces Wisigoths furent détruits par les Sarazins qui le furent eux-mêmes par Pepin. Charlemagne y établit des Gouverneurs. Les Comtes de Toulouse s'étoient rendus maîtres de presque tout le Languedoc. Il revint à la Couronne en 1271 sous le règne de Philippe le Hardi ; & par Lettres-Patentes en 1361, sous le Roi Jean.

32. *De la Provence.*

I. Cette Province, située au Sud du Dauphiné, a la Méditerranée au Sud, le Rhône à l'Ouest, & les Alpes à l'Est. Elle se divise en *Haute* & *Basse*.

1°. La Haute Provence renferme six Diocèses.

Le Diocèse d'*Apt*, sur la *Caulon*.

Le Diocèse de *Sisteron*, sur la *Durance*.

Le Diocèse de *Digne*, sur la *Bléonne*.

Le Diocèse de *Riez*, sur le *Vardon*.

Le Diocèse de *Sénez*, sur une hauteur.

Le Diocèse de *Glandève*, ruinée. Le Siège de l'Evêque est à Entrevaux sur le *Var*.

2°. La Baſſe Provence renferme ſept Dio-cèſes.

Le Diocèſe d'AIX , ſur le *Larc.*

Le Diocèſe d'*Arles*, ſur le *Rhône.*

Le Diocèſe de *Marſeille* , port.

Le Diocèſe de *Toulon* , Port de la Marine Royale.

Le Diocèſe de *Fréjus*, autrefois Port de mer.

Le Diocèſe de *Graſſe* , ſur une hauteur.

Le Diocèſe de *Vence* , ſur le *Loup.*

II. La Provence a pris ce nom du latin *Provincia* (Province), que les Romains lui donnèrent après l'avoir conquiſe dans les Gaules. Elle paſſa des Wiſigoths aux Rois de Bourgogne. Elle appartenoit avec titre de Comté à la Maiſon de Barcelonne , lorſque Béatrix , héritière de Raymond-Bérenger , le porta dans la Maiſon d'Anjou , par ſon mariage avec Charles d'Anjou , frère de S. Louis. La ſeconde Maiſon d'Anjou, iſſue du Roi Jean , étant éteinte en la perſonne de Charles d'Anjou , Comte du Maine , mort en 1481 , & ce Prince décédé ſans enfans ayant inſtitué Louis XI ſon héritier , la Provence vint à la France ; & Charles VIII la réunit à la Couronne en 1486.

Du Comtat Vénaiſſin.

I. Ce Comtat , qui eſt un aſſez petit Pays , eſt au Nord de la Provence , ſur les bords du *Rhône.*

Sa capitale eſt AVIGNON , ſur le *Rhône.*

II. Ce Pays , ainſi que la Provence , faiſoit partie des États de Raimond VI , Comte de Toulouſe , quand il fut obligé , à cauſe de la guerre des Albigeois, de remettre en féqueftre plufieurs de fes poffeffions : & même la Provence fut mife entre les mains du Pape. Ses fucceffeurs gardèrent le Comtat Vénaiffin. Ils le rendirent cependant en 1234 ; & Jeanne, fille de Raimond VII, en difpofa en faveur de Charles d'Anjou. Mais Philippe le Hardi le céda à Grégoire X, en 1274.

Il faut remarquer que la ville d'Avignon n'a pas toujours fuivi le fort du Comtat : elle fut achetée de Jeanne, Reine de Naples, par le Pape Clément VI ; & fi, pour quelques conteftations, elle a été depuis quelquefois enlevée aux Papes, elle leur a toujours été rendue, dès que les affaires ont été arrangées.

De l'Ile de Corfe.

La France poffede dans la Méditerranée l'île de Corfe, depuis que les Génois en 1768 lui ont abandonné leurs droits fur cette île. Elle produit à-peu-près tout ce qui eft néceffaire à la vie. J'en parlerai en détail dans ma *Géographie comparée*. Sa capitale eft *Baftia*, au Nord. Elle eft affez marchande, & fon château eft affez fort.

LISTE

Des Archevêchés avec les Evêchés qui en dépendent.

Noms des Archevêchés & Evêchés.	Provinces.
PARIS, Archevêché............	*Ile de France.*
Chartres.............................	*Pays Chartrain.*
Meaux................................	*Brie.*
Orléans..............................	*Orléanois.*
Blois..................................	*Blaifois.*
LYON, archevêché..............	*Lyonnois.*
Autun................................	*Bourgogne.*
Langres..............................	*Champagne.*
Mâcon................................	
Châlons-fur-Saone.	*Bourgogne.*
Dijon.................................	
ROUEN, archevêché..........	
Bayeux.	
Avranches.	
Evreux.	*Normandie.*
Séez.	
Lifieux.	
Coutances..........................	
SENS, archevêché..............	
Troies................................	*Champagne.*
Auxerre..............................	*Bourgogne.*
Nevers...............................	*Nivernois.*
Bethléem (1)......................	

(1) Cet Evêché eft un de ceux que l'on nomme *in*

Noms des Archevêchés & Evêchés.	Provinces.
REIMS, archevêché...........	*Champagne.*
Soiſſons...........................	*Ile de France.*
Châlons - ſur - Marne...........	*Champagne.*
Laon...............................	
Senlis..............................	*Ile de France.*
Beauvais...........................	
Amiens............................	*Picardie.*
Noyon.............................	*Ile de France.*
Boulogne..........................	*Picardie.*
TOURS, archevêché.........	*Touraine.*
Le Mans...........................	*Le Maine.*
Angers..............................	*Anjou.*
Rennes.............................	
Nantes.	
Quimpercorentin.	
Vannes.	
S. Pol de Léon.	*Bretagne.*
Treguier.	
S. Brieux.	
S. Malo.	
Dol.................................	
BOURGES, archevêché....	*Berry.*
Clermont..........................	*Auvergne.*
Limoges............................	*Limoſin.*
Le Puy en Velay...................	*Gouv. deLanguedoc*
Tulles..............................	*Limoſin.*
S. Flour...........................	*Auvergne.*

partibus. Son titre eſt dans une chapelle du fauxbourg de Clamecy, en Nivernois.

Noms des Archevêchés & Evêchés.	Provinces.
ALBI, archevêché..............	*Languedoc.*
Rhodez......................	*Rouergue.*
Castres.....................	*Languedoc.*
Cahors.....................	*Quercy.*
Vabres.....................	*Le Rouergue.*
Mende.....................	*Le Gévaudan.*
BORDEAUX, archevêché.....	*Guienne.*
Agen......................	*Agénois.*
Angoulême.................	*Angoumois.*
Saintes...................	*Saintonge.*
Poitiers..................	*Poitou.*
Périgueux.................	*Périgord.*
Condom....................	*Gascogne.*
Sarlat....................	*Périgord.*
La Rochelle...............	*Pays d'Aunis.*
Luçon.....................	*Poitou.*

AUCH, archevêché.........	
Acqs, ou Dax.	
Leictour.	
Comminges.	
Couserans.	
Aires.	*Gascogne.*
Bazas.	
Tarbes.	
Oléron.	
Lescar.	
Bayonne...................	

NARBONNE, archevêché.....	
Béziers.	*Languedoc.*
Agde.....................	

Noms des Archevêchés & Evêchés.　　　Provinces.

Carcaffonne.........................
Nîmes.
Montpellier.
Lodève.
Uzès.　　　　　　　　　　　　*Languedoc.*
S. Pons.
Aleth.
Alais.........................

TOULOUSE, archevêché.....
Montauban.
Mirepoix.　　　　　　　　　*Languedoc.*
Lavaur.
Rieux.........................
Lombez.........................　*Gafcogne.*
S. Papoul.........................　*Languedoc.*
Pamiers.........................　*Comté de Foix.*

ARLES, archevêché..........
Marfeille.........................}*Provence.*
S. Paul - trois - châteaux........　*Dauphiné.*
Toulon.........................　*Provence.*

AIX, archevêché.............
Apt.
Riez.
Fréjus.　　　　　　　　　　　*Provence.*
Gap.
Siftéron.........................

VIENNE, archevêché.......
Grenoble.　　　　　　　　　*Dauphiné.*
Viviers.........................

Noms des Archevêchés & Evêchés. Provinces.

Valence...............................
Die.. } *Dauphiné.*

E M B R U N , archevêché...... *Dauphiné.*

Digne..................................
Graffe.
Vence. } *Provence.*
Glandève.
Senez...................................

Les Prélats fuivans ne font pas compris dans le Clergé de France. Mais la Géographie doit y comprendre leurs diocèfes. Ce font :

S. Claude........................... *Franche-Comté.*

Metz.....................................
Toul.
Verdun. } *Lorraine.*
Nanci.
S. Diez................................
Perpignan........................... *Rouffillon.*
Orange................................ *Dauphiné.*

B E S A N Ç O N , archevêché. *Franche-Comté.*
Belley , *fuffrag. de Befançon.* *Bugey.*

C A M B R A Y , archevêché... *Cambréfis.*
Arras.... } *fuffrag. de Cambray.* *Artois.*
S. Omer

Strasbourg , évêché, *fuffrag.* } *Alface.*
de Mayençe..........................

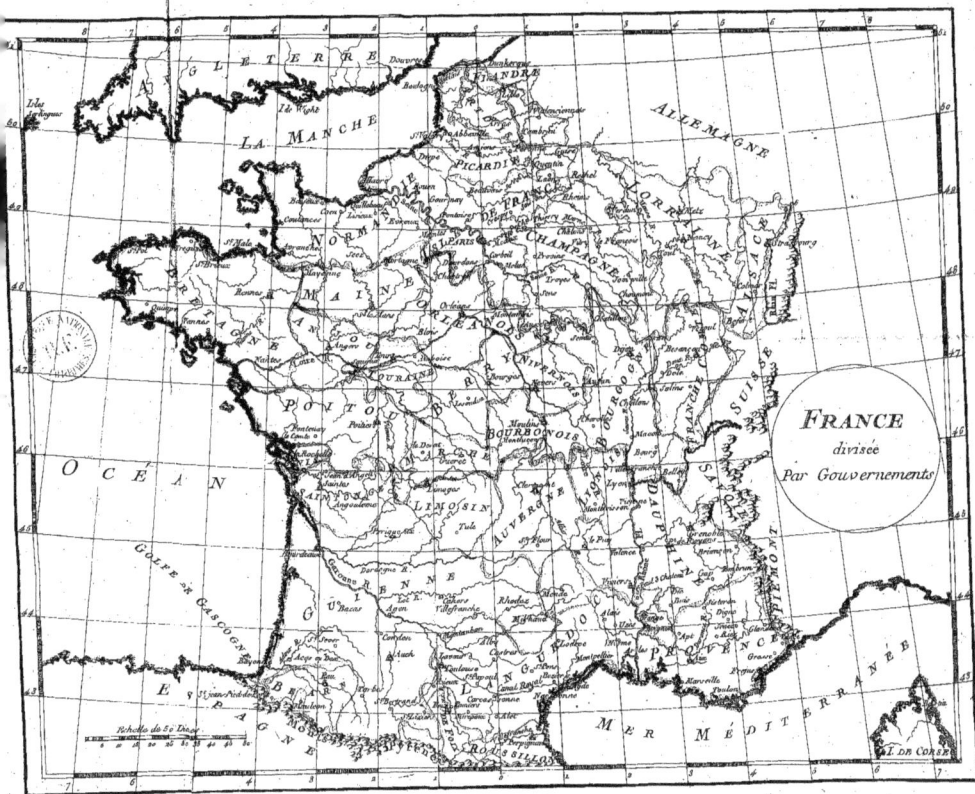

ANGLETERRE

Isles de Sorlingues

LA MANCHE

Douvres
I. de Wight

Dunkerque
FLANDRE
Boulogne
PICARDIE
ALLEMAGNE

LORRAINE

NORMANDIE
CHAMPAGNE
PARIS
MAINE
ORLEANOIS
BRETAGNE
TOURAINE
NIVERNOIS
BERRI
BOURGOGNE
POITOU
BOURBONNOIS
FRANCHE COMTÉ
SUISSE
AUNIS
SAINTONGE
LIMOSIN
AUVERGNE
LYONNOIS
DAUPHINÉ
SAVOYE

OCÉAN

GOLFE DE GASCOGNE

GUIENNE
GASCOGNE
PIEMONT
LANGUEDOC
PROVENCE

ESPAGNE
BEARN
NAVARRE
ROUSSILLON

MER MÉDITERRANÉE

I. DE CORSE

FRANCE
divisée
Par Gouvernements

Échelle de 50 Lieues

EVÊCHÉS DANS L'ILE DE CORSE.

Ajacio..............⎫
Sagone..............⎬ *ſuffragans de Piſe, en Toſcane.*
Aléria..............⎭

Mariana ⎫ *réunis.* ⎫
Acia...... ⎬   ⎬
Nebbio............. ⎭ *ſuffragans de Gênes.*

Fin de la Partie Géographique.

ERRATA.

PAGE 36, ligne *dernière.* 19 ans, *lisez* 9 ans.

Page 40, lig. *dern.* 3 est à 7, *lif.* 7 est à 3.

Page 67, lig. 8. 368000 à 1385478, *lif.* 1385478 à 368000.

Page 77, lig. *dern.* de l'Equateur ou, *lif.* de l'Equateur &

Page 155, *deuxième alinea.* L'apparition, *lif.* L'oppofition.

Page 163, lig. 13. plus denfe, *lif.* moins denfe.

Page 172, lig. 8. la loi des vapeurs, *lif.* la loi de la vaporifation.

Page 197, lig. 15. trembler, *lif.* rougir.

Page 200, lig. 9. pénible, *lif.* paifible.

Page 217, lig. 21. d'Occident en Orient, *lif.* d'Orient en Occident.

Page 227, lign. 26. pendant 24 heures, *lif.* pendant 12 heures.

Page 232, lig. 30, 31. deux fois Equinoxes & deux fois Solftices, *lif.* Equinoxe & Solftice.

Page 235, lig. 9. la pofition éclairée, *lif.* la portion, *ou* la moitié éclairée.

Page 237, lig. 1ere. une efpèce, &c. *lif.* font une efpèce.

Page 240, lig. 17. plus long d'un jour, *lif.* d'un mois.

Page 253, lig. 2 du premier *alinea.* pag. 150 & fuiv. *ajoutez* & pag. 235 & fuiv.

Page 255, lig. 7 du §. II. Comme on les compte, *lif.* on en compte les degrés.

Page 256, lig. *avant-dern.* lieux, *lif.* lieues.

Page 259, lig. 4. 90 degrés, *lif.* 180.

Ibid. lig. 6, 90e. *lif.* 180e.

Page 272, lig. 27. précédentes, *lif.* précédens.

Page 282, *ajoutez aux remarques fur les Pays-Bas,* M. le Comte de Tefchen en eft actuellement Gouverneur.

Page 284, lig. 14. 1448, *lif.* 1648.

Page 286, *art. des Electeurs Laïques.* Le Duc de Bavière, *ajoutez* Comte Palatin du Rhin, *& retranchez ces mêmes mots à la ligne au-deffous.*

Page 287, lig. 4. celui, *lif.* le Prince ou la Ville.

Page 290, lig. 11. du §. *de la Pologne.* la Haute Pologne, *lif.* la Grande.

Page 293, lig. 8 du §. *de l'Espagne.* à l'Oueſt, *lif.* à l'Eſt.

Page 297, lig. 10. l'île de Sicile, *lif.* de Sardaigne.

Page 300, lig. 17. état, *lif.* éclat.

Page 302, lig. 12. qui porte aujourd'hui leur nom, *lif.* dont ils portent aujourd'hui le nom.

Page 316, lig. 11. Bagdag, *lif.* Bagdad.

Page 317, lig. 12. attaches, *lif.* attachés.

Page 323, ligne 30. ils, *lif.* les Peuples.

Page 327, lig. 5. que ceux qui s'occupent, *lif.* qui ont pour objet la porcelaine.

Page 342, ligne 2 du ſecond *alinea des Iles.* qui appartiennent aux François, *lif.* ces deux dernières appartiennent aux François.

Page 344, ligne 1ere. ſuivantes, *lif.* ſuivants.

Page 346, lig. 15. une obélifque, *lif.* un obélifque.

Page 356, ligne antépenult. *Ka rnè*, lif. *Karné.*

Ibid. ſur la *Bahr-al-Gaʒal*, lif. ſur le.

Page 376, lig. 21. ſe rapprochent du nôtre, *lif.* de celle du nôtre.

Page 383, lig. 3. Capahu, *lif.* Copahu.

Page 384, lig. 24. qu'il y en avoit, *lif.* qu'il y avoit de ce métal.

Page 392, lig. 13. à la Bourgogne, *lif.* au Duc de Bourgogne.

N. B. *L'impreſſion du corps de cet ouvrage étoit finie lorſque l'Europe a perdu l'Impératrice-Reine de Hongrie & de Bohême.*

APPROBATION.

J'AI lu, par ordre de Monseigneur le Garde des Sceaux, un Ouvrage qui a pour titre : *Cosmographie élémentaire*, par M. MENTELLE ; & je n'ai rien trouvé qui puisse en empêcher l'impression. A Paris, le 11 Décembre 1780.

BEJOT.

PRIVILÈGE DU ROI.

LOUIS, PAR LA GRACE DE DIEU, ROI DE FRANCE ET DE NAVARRE. A nos amés & féaux Conseillers, les Gens tenant nos Cours de Parlement, Maîtres des Requêtes ordinaires de notre Hôtel, Grand-Conseil, Prévôt de Paris, Baillifs, Sénéchaux, leurs Lieutenans Civils & autres nos Justiciers qu'il appartiendra : SALUT. Notre amé le sieur MENTELLE Nous a fait exposer qu'il desireroit faire imprimer & donner au Public un Ouvrage de sa composition, intitulé : *Cosmographie élémentaire*, s'il nous plaisoit lui accorder nos Lettres de Privilege à ce nécessaires. A ces causes, voulant favorablement traiter l'Exposant, nous lui avons permis & permettons de faire imprimer ledit Ouvrage autant de fois que bon lui semblera, & de le vendre, faire vendre par tout notre Royaume. Voulons qu'il jouisse de l'effet du présent Privilege, pour lui & ses hoirs à perpétuité, pourvu qu'il ne le rétrocede à personne ; & si cependant il jugeoit à propos d'en faire une cession, l'acte qui la contiendra sera enregistré en la Chambre Syndicale de Paris, à peine de nullité, tant du Privilege que de la cession ; & alors par le fait seul de la cession enregistrée, la durée du présent Privilege sera réduite à celle de la vie de l'Exposant, ou à celle de dix années, à compter de ce jour, si l'Exposant decede avant l'expiration desdites dix années. Le tout conformément aux articles IV & V. de l'Arrêt du Confeil du 30 Août 1777, portant Réglement fur la durée des Privileges en Librairie. Faifons défenfes à tous Imprimeurs, Libraires & autres perfonnes, de quelque qualité & condition qu'elles foient, d'en introduire d'impreffion étrangere dans aucun lieu de notre obéiffance ; comme auffi d'imprimer ou faire imprimer, vendre, faire vendre, débiter, ni contrefaire ledit Ouvrage, fous quelque prétexte que ce puiffe être, fans la permiffion expreffe & par écrit dudit Expofant, ou de celui qui le repréfentera, à peine de faifie & de confifcation des exemplaires contrefaits, de fix mille livres d'amende qui ne pourra être modérée pour la premiere fois, de pareille amende & de déchéance d'état, en cas de récidive, & de tous dépens, dommages & intérêts, conformément à l'Arrêt du Confeil du 30 Août 1777, concernant les contrefaçons : A la charge que ces Préfentes feront enregiftrées tout au long fur le Regiftre de la Communauté des Imprimeurs & Libraires de Paris, dans trois mois de la date d'icelles ; que l'impreffion dudit Ouvrage fera faite dans notre Royaume & non ailleurs, en beau papier & beaux caracteres, conformément aux Réglemens de la Librairie, à peine de déchéance du préfent Privilege ; qu'avant de l'expofer en vente, le manufcrit qui aura fervi de copie à l'impreffion dudit Ouvrage, fera remis dans le même état où l'Approbation y aura été donnée, ès mains de notre très-cher & féal Chevalier Garde des Sceaux de France, le Sieur HUE DE MIROMENIL ; qu'il en fera enfuite remis deux exemplaires dans notre Bibliotheque publique, un dans celle de notre Château du Louvre, un dans celle de notre très-cher & féal Chevalier Chancelier de France, le Sieur DE MAUPEOU, & un dans celle dudit Sieur HUE DE MIROMENIL, le tout à peine de nullité des Préfentes : Du contenu defquelles vous mandons & enjoignons de faire jouir ledit Expofant & fes hoirs, pleinement & paifiblement, fans fouffrir qu'il leur foit fait aucun trouble ou empêchement. Voulons que la copie des Préfentes, qui fera imprimée tout au long, au commencement ou à la fin dudit Ouvrage, foit tenue pour duement fignifiée, & qu'aux copies collationnées par l'un de nos amés & féaux Confeillers-Secrétaires, foi foit ajoutée comme à l'original. Commandons au premier notre Huissier ou Sergent sur ce requis, de faire pour l'exécution d'icelles, tous actes requis & nécessaires, sans demander autre permission, & nonobstant clameur de Haro, Charte Normande, & Lettres à ce contraires: Car tel est notre plaisir. Donné à Paris, le quinzieme jour de Novembre l'an de grace mil sept cent quatre-vingt, & de notre Regne le septieme. Par le Roi en son Conseil.

LE BEGUE.

Registré sur le Registre XXI de la Chambre royale & syndicale des Libraires & Imprimeurs de Paris, n°. 2214, folio 403, conformément aux dispositions énoncées dans le présent Privilege, & à la charge de remettre à ladite Chambre les huit exemplaires prescrits par l'Article CVIII du Réglement de 1723. A Paris, ce 28 Novembre 1780.

FOURNIER, *Adjoint.*

A PARIS, de l'Imprimerie de STOUPE, rue de la Harpe.

www.ingramcontent.com/pod-product-compliance
Lightning Source LLC
Chambersburg PA
CBHW031625210326
41599CB00021B/3304